空地激光雷达地质灾害排查与识别技术及遥感监测应用

吕宝雄　董秀军　曹钧恒　著

中国水利水电出版社
www.waterpub.com.cn
·北京·

内 容 提 要

本书系统介绍了激光雷达的基本概念、发展现状、分类与特点，地面激光扫描系统与机载激光雷达原理、数据获取、点云数据精度分析与处理等内容，对空地激光雷达在高寒高海拔、山高林密、艰险环境等复杂恶劣条件下崩塌、滑坡、泥石流等地质灾害的特征调查、隐患精细化排查和识别、解译及遥感监测等方面的应用进行了阐述。

本书系作者结合多年有关地质灾害激光雷达应用的工作实际和调查研究，查阅相关资料创作而成，可为从事激光雷达应用研究及地质灾害调查、监测等相关工作的工程技术人员提供参考。

图书在版编目（CIP）数据

空地激光雷达地质灾害排查与识别技术及遥感监测应用 / 吕宝雄，董秀军，曹钧恒著. -- 北京 ：中国水利水电出版社，2023.10
ISBN 978-7-5226-1853-1

Ⅰ．①空… Ⅱ．①吕… ②董… ③曹… Ⅲ．①激光雷达－应用－地质灾害－监测预报 Ⅳ．①P694-39

中国国家版本馆CIP数据核字(2023)第198108号

书　　名	**空地激光雷达地质灾害排查与识别技术及遥感监测应用** KONG - DI JIGUANG LEIDA DIZHI ZAIHAI PAICHA YU SHIBIE JISHU JI YAOGAN JIANCE YINGYONG	
作　　者	吕宝雄　董秀军　曹钧恒　著	
出版发行	中国水利水电出版社 （北京市海淀区玉渊潭南路 1 号 D 座　100038） 网址：www. waterpub. com. cn E - mail：sales@mwr. gov. cn 电话：(010) 68545888（营销中心）	
经　　售	北京科水图书销售有限公司 电话：(010) 68545874、63202643 全国各地新华书店和相关出版物销售网点	
排　　版	中国水利水电出版社微机排版中心	
印　　刷	北京印匠彩色印刷有限公司	
规　　格	184mm×260mm　16 开本　15 印张　365 千字	
版　　次	2023 年 10 月第 1 版　2023 年 10 月第 1 次印刷	
印　　数	001—600 册	
定　　价	**120.00 元**	

激光雷达（Light Detection and Ranging，LiDAR）是当前正在改变世界的传感器，其在我国兴起于 21 世纪初，是当下被广泛应用的一项新型技术。它的出现改变了传统工程测量、地质测绘以及地质灾害调查等技术方法，突破了传统单点测绘方式，是一种快速、非接触、高精度和高密度获得逼近空间表面真实模型的全新技术，已经成为三维空间信息数据获取的主要技术手段之一。其因兼具多种优势而风靡全球，且应用广度和深度都是前所未有的，特别是在我国高山峡谷地区的大型水利水电工程项目的勘察、地质灾害调查及应急抢险救灾等方面发挥了巨大作用。

本书立足于基础应用研究领域，主要基于地面激光扫描系统、机载激光雷达开展应用理论与实践研究，系统阐述了空地激光雷达技术在山高林密、艰难环境等复杂恶劣条件下的数据获取、集成与综合应用等工程实践和应用成果，针对地质灾害识别与排查以及安全监测等进行系统的归纳总结与分析研究，主要应用在诸如滑坡、崩塌、泥石流等地质灾害的特征调查，隐患潜藏于密林区的地质灾害隐患排查和识别，地质灾害变形监测预警等方面的点云数据获取、数据误差分析与处理、数据集成，旨在完善并提高激光雷达技术地质灾害防治工程的方法理论深度，提升该技术的操作能力和应用水平。

通过近 20 年的深入研究和实践，本书作者攻克了多年来制约水电工程建设中高山峡谷区高位隐蔽地质灾害调查"上不去、下不来、识不准、查不清"等技术难题，突破了地形高差显著、植被茂密、隐患识别与排查困难等技术瓶颈，解决了复杂环境地质灾害防治技术难题，实现了复杂艰难环境地质灾害识别与排查、安全监测等灾害防治工程应用，取得了丰富的成果和多项国内外自主知识产权。本书取得的突出成果主要有：①创建并提出了综合空地激光雷达的地质灾害识别与排查方法体系；②提出了高山峡谷、植被茂密山区复杂环境的机载激光雷达点云数据获取关键技术；③构建了基于激光雷达技术的地质灾害变形监测技术体系；④研发了三维空间点云数据分类、地质灾害遥感解译及识别与排查安全监测等软件系统和管理平台。

本书共有 8 章。第 1 章介绍了激光雷达的类型与特点、技术应用现状及点云数据融合处理技术现状；第 2 章对地面激光测距系统、机载激光雷达的数据获取进行了介绍；第 3 章分析了点云数据误差来源，分别阐述了地面和机载激光雷达点云数据处理方法，介绍了激光点云数据产品及其制作要求与方法，以及空地激光雷达点云数据融合和数据入库；第 4 章基于地面激光扫描地质灾害精细化排查与识别技术，对地形测量数据获取、地形成图、信息识别与提取及排查技术等内容进行了详细叙述；第 5 章介绍了机载激光雷达大场景地质灾害遥感判识技术，从解译基本方法、解译程序及要求、解译标志、仿地飞行等方面进行了详细叙述；第 6 章研究了激光雷达泥石流灾害调查技术，利用模拟实验分析了冲刷变化的过程，介绍了泥石流灾害调查技术，并结合案例进行了详细叙述；第 7 章介绍了地面激光扫描滑坡监测预警技术，分析了技术特点，结合具体案例介绍了监测方法及实施过程，并介绍了监测平台软件的开发及预警体系的建立；第 8 章总结了本书所做的工作及研究成果，阐述了当前激光雷达在数据处理方面存在的关键问题。

本书由吕宝雄、董秀军、曹钧恒所著。中国电建集团西北勘测设计研究院有限公司赵志祥、王有林、张群等专家和工程技术人员及成都理工大学李为乐教授等专家学者参加了相关研究和应用工作，在此对他们为本书所作的贡献和付出的劳动表示感谢。

激光雷达技术市场潜力巨大，应用行业广泛，其技术发展日新月异，新产品不断推陈出新。本书在编写过程中参考了相关文献，在此对参考文献的作者表示衷心感谢。限于作者知识水平，疏漏和错误之处在所难免，敬请广大读者批评指正。

作者
2023 年 3 月

目录

第 1 章

绪论

1.1 概述

我国是崩塌、滑坡、泥石流等地质灾害发生十分频繁和受灾损失极为严重的国家，地质灾害对人民生命财产及国民经济的威胁极其严重，严重影响我国社会经济的可持续发展。而我国重大工程建设如水电工程、抽水蓄能发电工程、压缩空气储能发电工程等均建设于深切峡谷区，这正是灾害孕育最为丰富的地带，加之自然环境和工作条件极为复杂，两者相互作用的影响更加凸显，使得工程建设易遭受灾害隐患威胁。尤其近年来，西南地区地震活跃、持续强降雨异常天气频繁等导致区域性重大地质灾害时有发生，以及水库区形成初期的水位抬升使得土壤含水量高度饱和，极易诱发山体滑坡、崩塌、泥石流等地质灾害，严重威胁工程建设及运行安全。2018 年 10 月，金沙江川藏交界处发生了著名的白格滑坡，前后两次堵塞金沙江，形成堰塞湖，溃坝造成的洪水影响范围波及几百千米以外的云南丽江等地，其险情影响最大，处置也最为困难，损失也最大。同年 11 月，雅鲁藏布江相继发生两次堰塞湖险情，严重危及上下游沿岸居民及基础设施安全。2019 年 6 月 7 日，乌弄龙水电站库区右岸拉金神谷坡体发生明显拉裂变形，一段时间内给沿岸居民和人民财产造成严重威胁。由此可见，崩塌、滑坡等地质灾害直接关系到经济的发展和社会的稳定，已经受到当今世界的广泛关注，因此非常有必要采取切实有效的技术手段对工程区域灾害隐患进行全面调查，便于有效防治，避免不可估量的损失，为工程提供必要的安全保障。

我国地势特点是西高东低，呈三级阶梯分布，阶梯分界处落差大，水能资源丰富。西南、西北地区位于一级、二级阶梯分界处或过渡处，其中西南地区主要集中在四川、云南两个省份，主要河流包括金沙江、雅砻江、红水河、澜沧江等；西北地区开发重点主要集中在黄河中上游，已建成龙羊峡、李家峡、拉西瓦等大型水电站。中南地区在二级、三级阶梯分界处，但水电工程建设地环境条件特殊，如高寒高海拔、山高坡陡、地形落差大、植被茂密、气候多变等，使得地质灾害调查基础数据获取异常艰难。另外，我国经过几十年的水电开发，水库规模越来越庞大，水库数量急剧增加，主要大江大河基本都已分布有梯级成群的水电工程，大部分水库已蓄水多年，地质灾害已成为水电行业关注的重点，尤其库区滑坡、塌岸等状况层出不穷，针对众多水库区水位长期往复、地震灾害等易诱发地质灾害突发问题该如何应对，特别是在山区道路不畅、环境复杂情况下，如何快速、准确识别灾害位置、规模等信息显得尤为重要。

近年来，激光雷达技术是测绘遥感领域新兴发展起来的一项新技术，其获取的空间信息可以真实反映目标体的整体形态特征，能快速构建具有准确地物地理位置信息的真三维空间场景，直观地掌握目标区域内地形地貌的细节特征，为地质灾害调查提供现势、详尽、精确、逼真的空间基础地理信息数据。

激光雷达技术（LiDAR）作为能大面积、高密度地获取地表信息的主要手段，已成为当前地表信息技术最有效的获取方式之一。激光雷达技术可快速获取地表三维空间数据，具有精度高、数据精细、速度快等特点，在诸多行业、诸多领域得到广泛应用。以水电行业地质灾害排查为例，水电工程坝址区选址基本都处于地形高陡的深切峡谷区域中，大量的工程边坡开挖所揭露的岩体结构信息，对于高边坡的稳定性分析、评价具有十分重要的意义。工程地质工作的一项重要内容就是对边坡岩体结构条件进行调查和描述。诸如青海黄河上游的玛尔挡水电站、拉西瓦水电站，西藏怒江流域梯级水电站以及易贡藏布、帕隆藏布流域的梯级水电工程，其坝址两岸均山体雄厚、边坡陡峻，坡高成百上千米，自然坡角陡倾，局部坡段甚至近直立。在有关这些电站工程自然斜坡的地质灾害以及边坡岩体结构的调查研究中，在重视区域性的、规模较大的构造面（层）、地层分界面的同时，也特别注重小规模结构面对边坡工程特性的影响和作用，实际上真正决定边坡岩体结构类型的往往是这种小规模的硬性结构面，所以全面、准确掌握这类结构面的分布特征、发育状态及其空间组合情况，是岩质高边坡稳定性评价的重要基础数据。传统地质勘察中的地质测绘、地形图测量、滑坡判识、崩滑体调查等工作，受山高坡陡、植被茂密等不利因素影响，作业人员难以抵达作业区、或因严重遮挡无法准确获取地表重要基础数据，同时存在人身安全隐患等困难而导致无法正常开展工作。譬如黄河流域最大规模的拉西瓦水电站，在施工过程中，拱肩槽上部边坡的危岩体调查就遇到了地质人员难以抵近、地形及地质测量工作难以开展等窘境，给危岩体的调查、稳定性分析判断带来了困难和极大挑战。近十余年来，空地激光雷达技术在水电勘测中发挥了重要作用，但在高陡山体地形中，地面和机载激光雷达的数据获取受制于地形特征和设备视场角度，不同方式获取的数据均存在稀疏或盲区而无法识别，如地面激光雷达仅能获取陡立面部位的岩体结构特征，而对地形稍缓或者物体遮挡区域的数据获取就显得无能为力，尤其对于一些大型的变形体（滑坡），地面激光雷达更是力不从心，无法有效识别后缘部位的拉裂缝、倾倒变形迹象特征，更有甚者，针对西南地区高植被覆盖区域的地质灾害排查工作，激光雷达技术的应用受到严重制约。

近年来，已建水电站库区滑坡、崩塌、塌岸等地质灾害日益突出，同时水电高坝建设工程地质灾害调查评价愈来愈多，而大多数水电站库区位于人烟稀少的山区，其覆盖范围大、山高坡陡、植被茂密，道路交通条件很差甚至不具备通行条件，在如此复杂艰难的环境下，对可能存在地质灾害隐患的水电站库区开展早期识别、地质调查等，工作难度极大。即便采用卫星遥感或者无人机光学航空摄影测量，但是由于大部分山区被植被遮挡，因此对于重大地质灾害的早期识别也存在一定局限性。机载激光雷达技术可在很大程度上解决复杂山区地形、植被茂密条件下的地质灾害识别和调查工作，无论从精度、效率还是可靠性等方面来说都具有其他技术无法比拟的优势，而且机载激光雷达技术可同轴获取三维激光点云与光学影像，两者综合应用于灾害调解译识别，目前在国内外已有大量成功的工程应用实例。

综上，激光雷达技术实现了从空中到地面、从静态到移动测量，从单一技术到多源数据集成。技术的飞速发展为水电工程地质勘测提供了新的途径，无疑多平台激光雷达数据融合集成势必成为未来勘测手段的重要发展方向，也是技术发展的必然，可弥补传统地质灾害调查方法的不足。

　　虽然激光雷达在水电行业得到广泛应用，成效显著，但其技术弊端和局限也不断暴露出来，应用场景条件也不断明晰。地面激光雷达技术在高陡边坡调查中具有绝对的技术优势，但是在植被茂密、地形复杂、空间狭小等特定条件下，地面激光雷达技术的应用也面临诸多问题。随着新技术的不断发展和涌现，激光雷达技术近年来推陈出新、发展迅猛，机载激光雷达等移动激光测量技术的不断成熟与完善，大大丰富了激光雷达技术的应用，这些新技术为水电行业应用提供了新的手段与方法，为传统的水电地质灾害排查提供了全新解决方案。单纯依靠某一技术解决所有问题显然不科学，技术的发展已然进入大数据时代，综合空地激光雷达多源数据的集成融合发展已然成为主流，系统技术的集成应用也势必成为水电行业应用重要的发展方向，解决更多传统方法难以应对的技术问题，由此发展空地激光雷达数据集成技术并对其设备进行改进及提升设备性能、突破地质灾害调查技术瓶颈等是水电工程应用的重要研究课题，具有重要的理论意义与现实的工程应用价值。

1.2　激光雷达的类型及特点

　　通常所说的激光雷达（LiDAR），其实是一种光学雷达遥感技术，通过向目标照射一束光（通常是一束脉冲激光），来测量目标的距离等参数。其工作原理如图 1.1 所示。

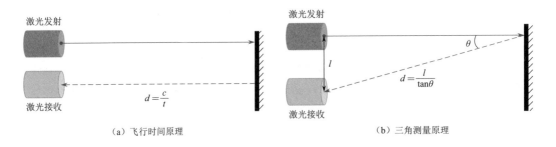

（a）飞行时间原理　　　　　　　　　　　　　（b）三角测量原理

图 1.1　LiDAR 测量距离的原理

d—激光接收器到目标体的距离，m；c—激光在空气中的传播速度，m/s；

t—发射和接收所用的时间，s；l—激光接收器和激光发射器之间的距离，m；

θ—激光发射遇到目标体后返回接收器形成的夹角，（°）

　　激光雷达起源于 20 世纪 60 年代初，在激光技术发明后不久，人们发现，激光器发射出的脉冲激光，触碰到物体上引起散射，一部分光波会反射到激光雷达的接收器上，根据激光测距原理计算，就能得到从激光雷达到目标点的距离，进而获取物体空间信息。

　　它的早期应用来自气象学，美国国家大气研究中心（national center for atmospheric research，NCAR）用它来测量云；1968 年，美国锡拉丘兹大学的 Hickman 和 Hogg 建造了世界上第一个激光海水深度测量系统；1971 年，阿波罗 15 号任务期间，当宇航员使用激光高度计绘制月球表面时，人们意识到激光雷达的准确性和实用性，从此便一发不可收。如今，激光技术已被综合应用于不同行业的方方面面。

　　为了适应不同场景的应用需求，人们研发了搭载于不同平台的激光雷达，依据平台类型，可分为星载激光雷达（spaceborne LiDAR）、机载激光雷达（airborne laser scanner，ALS）、无人机激光雷达（drone laser scanner，DLS）、车载激光雷达（vehicle‑mounted laser scanner，VLS）和地面激光雷达（terrestrial laser scanner，TLS），其中星载激光雷达、机载激光雷达和地面激光雷达如图 1.2 所示。

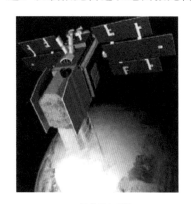

（a）星载激光雷达　　　　　　　（b）机载激光雷达　　　　　　　（c）地面激光雷达

图 1.2　不同平台的激光雷达

如今，LiDAR 已经成为一种集激光、全球导航卫星系统（global navigation satellite system，GNSS）和惯性导航系统（inertial navigation system，INS）三种技术于一身的系统，结合这三种技术，不仅可以主动、实时感知环境、物体动态空间位置关系，而且可在一致绝对测量点位的情况下，生成精确的三维空间模型，应用于地表遥感，例如地面高程和地貌、林业调查等数据获取，以及自动驾驶和高精度地图制作。

激光雷达点云数据，显示非常直观，就是"点构成的云"。前面我们提到，激光雷达主动发射激光束，通过测量光线触碰到物体表面再反射回来所需的时间，计算激光雷达到目标点的距离，这个行为在快速重复过程中会获取数百万个数据点，仪器会构建出其正在测量的空间表面的复杂"地图"，称为"点云"。在经过联合解算、偏差校正等预处理、聚类、提取组织后，可构建人类视觉易于分辨的数字三维空间，类似于"聚沙成塔"的效果。

正是因为点云是仪器收到的光束对物体的反馈数值，所以其每个点都包含了三维坐标（X，Y，Z），有时还包含颜色信息（RGB）、反射强度信息、回波次数信息等。"两点成线、三点成面、四点成体"，透过这些点，不仅可以精准定位到地表空间上某个点，还能计算其长度、面积、体积、角度等信息，如此便构成了一系列测绘要素，且在大比例尺缩放的情况下，空间中的每个点都可保持准确的相对空间位置关系。所以，基于三维点云的建模与空间分析等可快速实现。这些特性，构成了激光雷达"地表最强"的应用优势。

1.2.1　激光雷达的主要类型

激光雷达（LiDAR）是激光探测及测距系统的简称，由发射机、天线、接收机及信息处理等部分组成。激光雷达以激光作为信号源，通过测量激光信号的时间差、相位的时间差、相位来确定距离，脉冲激光不断地扫描目标物，就可以得到目标物上全部目标点的数据，用点云数据进行成像处理后，就可得到精确的三维立体图像。相比毫米波雷达、超声波雷达、摄像头等，激光雷达集激光、全球导航卫星系统（GNSS）和惯性导航系统（INS）三种技术于一体，可以准确地定位激光束触碰在物体上的光斑，测距精度可达厘米级，因此其在测量精度上优势明显，受到行业应用人员的青睐。

激光雷达作为非接触、主动式快速获取物体表面三维高密度点云的测绘技术，已成为高时空分辨率三维对地观测的一种主要手段。该技术可直接获取具有三维坐标（X，Y，Z）和一定属性（反射强度等）的海量、不规则空间分布的三维点云，而且受天气影响小，同时具有一定的穿透性，在智慧城市、资源调查、环境监测、基础测绘等方面发挥着越来越重要的作用。

激光雷达可以从激光类型、测距方式、工作距离、搭载平台等角度进行多种分类。从宏观角度讲，激光雷达按其功能划分主要有两大类：一类是测深机载 LiDAR（或称海测型 LiDAR），主要用于水底地形测量；另一类是地形测量 LiDAR（或称陆测型 LiDAR）。根据搭载平台划分又包括星载激光雷达、机载激光雷达、车（船）载激光雷达、地面激光雷达、手持或背包式激光雷达、钻孔激光雷达等；从数据采集方式上又可分为移动测量和地面固定式的激光雷达设备。激光雷达测量技术正广泛应用于各个领域，在高精度三维地形数据的快速、准确提取方面，具有传统手段不可替代的独特优势。尤其对于一些测图困难区的高精度数字高程模型（digital elevation model，DEM）数据的获取，如植被覆盖区、海岸带、岛礁地区、沙漠地区等，激光雷达技术的优势更为明显。

激光雷达独特的技术性能使其在多个行业领域都有应用，发展推广迅猛。因各行业应用环境及领域关注的重点不同，激光设备的搭载平台也各不相同。为满足不同行业领域的应用需要，从而演化形成以激光雷达设备不同载体为平台的作业模式，即地面固定站的静态条件模式、地表移动平台（车辆、船载）的移动激光雷达、手持激光雷达以及空中搭载飞行器平台的机载激光雷达等，常见激光雷达扫描设备如图 1.3 所示。

（a）机载激光雷达

（b）车载激光雷达

（c）地面激光雷达

（d）手持激光雷达

（e）钻孔激光雷达

（f）水上水下一体三维测量系统

图 1.3　激光雷达扫描设备

1. 地面激光雷达

地面激光雷达，顾名思义是在地面上使用，数据采集过程中设备保持在某一固定位置，在静态条件模式下获取三维点云数据的技术。该系统通常由激光测距系统、激光扫描系统、CCD数字摄影以及仪器内部校正系统等组成，扫描距离从几米到几千米不等，可获取采集对象的全场信息。根据地面激光雷达作业原理、载体方式又可分为固定式激光扫描仪（图1.4）和移动式激光扫描仪。另外，诸如 Riegl 激光扫描仪制造商将多回波技术也应用到该技术之中，使其性能在植被识别和剔除等方面有了较大的提高。

地面移动式激光雷达以背包式和车载激光雷达系统为代表，通常整合了激光雷达传感器、全球导航卫星系统（GNSS）、惯性导航测量单元（inertial measurement unit，IMU）等硬件，来辅助实现所获取的激光雷达数据的自动拼接。由于地面激光雷达可以详细准确地提供目标物体的三维点云数据，它的出现弥补了现有观测手段的不足，正逐渐成为林业调查、文物保护等测绘的主要手段，特别是对地质灾害、水电工程岩体结构与质量调查评价来说，更是一个有力工具。比如林业调查，其可以用于获取从单株到林分水平的高精度三维信息，为我们提供了一种非破坏性的高分辨率冠层三维测量手段，使单木几何结构

图 1.4　地面固定式激光雷达

参数自动获取和重建真实三维森林场景成为了可能。

2. 机载激光雷达

机载激光雷达以飞行器为搭载平台，通常用于区域尺度三维信息数据的快速获取。其核心的硬件包括激光雷达传感器、GNSS 和 IMU。目前机载激光雷达主要搭载的飞行器平台有航天器、飞机、汽艇、动力三角翼、无人机等，其中飞机平台和无人机平台是两个典型代表。由于机载激光雷达平台可以用于快速获取区域尺度上的三维数据，其为大面积地表信息获取提供了一种全新的技术手段。机载激光雷达工作原理如图1.5所示。

机载激光雷达系统作为一种新型的航空遥感技术，集激光测距、计算机技术、惯性导航系统和动态 GNSS 差分定位技术于一身，并通过测量激光脉冲的往返时间，结合高精度的定位定姿数据，获取地面三维点云坐标。机载 LiDAR 技术具有全天候观测、强抗干扰和短时间内获取海量、高精度三维点云的优势，使快速、低成本、大面积数据获取成为可能。近年来出现了以小型无人机为载体的激光雷达系统，高度集成的激光雷达系统可搭载在民用的通航飞行或者小型无人机平台之上，实现了数据采集工作的快速灵活。机载 LiDAR 技术具有作业周期短、数据精度高且不易受天气因素影响等优点，是一种便捷高效的主动遥感测量技术，为获取地表数据信息提供了新方式。利用机载 LiDAR 技术获取的海量信息数据能够生成高精度的 DEM，基于高精度 DEM 可开展水库滑坡等地质灾害的定性或定量分析。

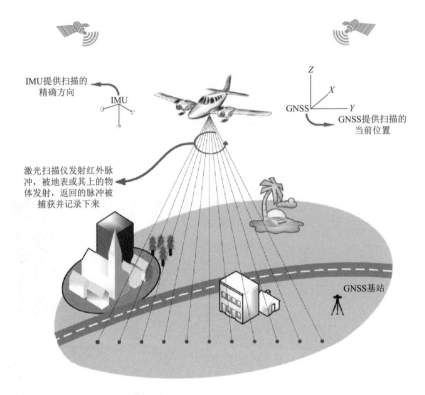

图 1.5　机载激光雷达工作原理

1.2.2　激光雷达技术的特点

激光雷达技术为空间数据获取提供了全新的测量方法和手段，实现了数据采集方式从单点式到面式的变化。激光雷达技术具有如下特点：

（1）快速性。激光雷达能够快速获得大面积目标的空间信息，扫描速率可达 100 万 pts/s。应用激光雷达技术可以实现目标物体空间数据的快速采集，及时测定目标体表面的三维立体信息，便于三维数据的及时动态更新。

（2）非接触性。运用激光雷达传感器对目标体发射、接收激光脉冲而进行的探测，是在远离目标和非接触目标物体的条件下探测目标地物，无需反射棱镜，对扫描的目标物体不需要进行任何表面处理，可直接获取物体表面的三维数据。从目标实体到三维点云数据一次完成，可以解决危险作业区、柔性目标、重点保护对象以及人员难以到达区域的测量工作。

（3）高密度。激光雷达获取的点云数据是海量、不规则的离散点，点间距离可达毫米级，能真实地反映出目标体的细部特征。激光雷达采样点间距小而获取的点云密度大，连续接近真实表面，具有整体化概念。

（4）高精度。激光具有发散特性，并无明确的指向目标，其单点位置具有随机性，采样点精度随扫描距离的增加而降低，中远距离激光雷达获取的点云数据，其单点定位精度一般为毫米至厘米级。

（5）穿透性。激光利用光斑直径及多回波技术，具有一定的穿透特性，比如地表植被，采用多次回波的方法穿透稀疏植被，可以获得地面的真实高程信息。

（6）主动性。激光雷达主动发射光源，不需要外部光线，通过探测自身发射的激光回波信号来获取目标物体的数据信息，可以不受扫描环境的时间和空间约束。高速主动地发射和接收激光，可以快速完整地获取物体的空间形态。

（7）数字化、自动化。激光雷达测量具有全数字特征，易于自动化显示输出，得到的点云图为包含采集点的三维坐标和颜色属性的数字文件，便于移植到其他系统加以处理和使用，同时数据完全真实可靠。

1.2.3　与其他地质测绘技术的区别

三维空间数据获取的手段，归纳起来主要有传统单点测量（如全站仪或 GNSS）、摄影测量（如数码相机）和激光雷达测量，这三种方法从原理到操作各不相同，获取三维空间数据的传感器的技术特征见表 1.1。

表 1.1　　　　　　　　　　获取三维空间数据的传感器的技术特征

技 术 特 征	传　感　器		
	激光雷达	数码相机	全站仪或 GNSS
空间分辨率	高	高	无
空间覆盖度	好	较好	较好
强度/色彩	有限	好	无
照明设备	主动	被动	无
三维点密度	高	依靠纹理	随机
景深	高	高	无
数据获取过程	动态	间歇	离散
三维重建效率	中等	较高	低
纹理重建效率	有限	高	无

1.2.3.1　与单点测量的区别

单点采集空间坐标的工具主要有 GNSS - RTK（全球导航卫星系统实时动态定位）、全站仪等。激光雷达技术与单点测量技术相比，优势明显的同时缺点也比较突出，主要缺点是海量点云数据的高冗余、误差分布非线性、不完整等，给海量三维点云的智能化处理带来了极大的困难。激光雷达技术与单点测量技术区别主要包括如下方面：

（1）非接触全自动测量。激光雷达主动发射激光束，对扫描目标表面无须进行任何处理；单点测量设备一般需要在测量点架设设备或者棱镜，即便免棱镜全站仪也要人为瞄准，方能进行测量。

（2）三维测量点密度。激光雷达数据采集密度大，能以高密度的方式获取反映物体表面真实的三维空间形态及细部特征，海量点云数据逼近三维原型，传统单点测量方法难以达到如此高密度。

（3）特征点定位测量。激光雷达不具有明确的合作目标，针对特征点需设置扫描标靶，扫描设备以最高精度识别扫描标靶中心点位置；而传统单点测量是在指定特征点的前提下进行测量。

（4）测量点速度。激光雷达测量速度快，最高采样点速率达到每秒百万点以上；传统单点测量方式测量效率较低，尤其在复杂场景条件下更为明显。

（5）工作条件要求。激光雷达设备主动发射激光进行扫描测量，可不需要外部光源配合；传统单点测量易受到光线、卫星信号等外部条件的影响。

（6）数据信息内容。激光雷达获取的三维数据信息丰富，获取的点云数据中除三维坐标信息外，还包含激光强度信号或彩色信息，为目标的识别和分类提供了更多途径；传统单点测量只包含三维坐标信息。

（7）数据的拼接。大多数激光雷达仪无对中定向定平装置，无法在已知控制点上设站，并且很难单站一次获取复杂场景的完整点云数据，需要进行多视角的点云数据获取和后续拼接与转换才能实现大地坐标的统一；而传统单点测量采用已知点设站，多站测量无须拼接即可实现坐标的统一。

（8）模型呈现。激光雷达能容易地对复杂对象模型结构进行识别；传统单点测量对复杂对象模型结构和语义特征表达困难，模型可用性严重受限，极大地限制了复杂场景的准确感知与认知。

1.2.3.2　与摄影测量技术的区别

激光雷达和摄影测量在数据成果上有许多相似之处，但由于两者的工作原理存在差异，因此它们在实际应用中也有不少差别。

（1）点云数据的获取方式不同。激光雷达得到的直接是三维坐标的点云，点云无须再处理便可进行空间量测；摄影测量是基于数码照片重建三维点云数据，需要多幅不同视角的照片并经大量计算才可获得三维点云数据成果。

（2）坐标转换方式不同。激光雷达只有在大地坐标转换时需要进行控制点测量，很多时候可以采用相对坐标；摄影测量往往需要做辅助的控制测量，用于进行三维点云数据的高精度重建。

（3）数据成果精度不同。激光雷达的点定位精度高于数字摄影测量中的解析点，激光雷达数据精度分布均匀；摄影测量解析数据精度受光线、像片重叠率等因素影响，数据精度不均匀。

（4）环境条件要求不同。激光雷达技术是主动发射激光光源，几乎不受环境光线的影响；摄影测量则对环境光线、温度等都有一定要求。

（5）彩色纹理实现方式不同。激光雷达技术由激光反射强度来匹配灰度信息，而彩色信息要通过数码像片进行匹配，叠加到点云数据中，存在一定的误差；摄影测量数据成果由像片像素点直接重建得到，因此色彩信息也是直接获取的。

（6）数据成果差异。激光雷达获取的是点云数据；摄影测量可以获取正射影像、点云和网格模型数据。

1.3　激光雷达技术应用现状

1.3.1　地面激光扫描技术应用现状

地面激光扫描技术的产生可以追溯到 20 世纪中叶，直到 20 世纪末，才真正进入实用阶段，其作为一种先进的测量技术一经问世，便受到了极大的关注。近 20 年来，国内外厂商在三维激光扫描硬件系统方面进行了各种努力和创新。从技术发展趋势来看，激光雷达正在从低精度（厘米级）获取向高精度（毫米级）获取迈进，从几何与强度的采集走向几何与多光谱、高光谱协同采集。相比国外，国内激光扫描硬件起步晚且仍有较大差距。此外，便携式、背包式和以无人机为平台的轻小型激光雷达描装备正蓬勃发展。比如中测瑞格测量技术（北京）有限公司研制的集成 VUX 的低空无人旋翼机激光雷达系统，武汉大学测绘遥感信息工程国家重点实验室研制的低空无人直升机激光雷达系统 Hell—Mapping，北京拓维思科技有限公司研制的"巡线鹰"等。随着 SLAM（simultaneous location and mapping，即时定位与地图构建）等技术的发展，激光雷达将通过与机器人等平台集成，实现自主测量。

以地面激光扫描为例，其应用行业主要有测绘、水电水利、交通、矿山、建筑、林业等，应用领域主要集中在工程测量、工程地质勘察、抢险救灾、城市规划、逆向等方面，内容包括地形测量、地质测绘、地质灾害调查、文物保护、安全监测以及其他拓展应用等。

在工程建设领域，国内外众多的科研、生产单位利用激光雷达技术取得了丰硕的研究成果和宝贵的应用经验。

中国电建集团西北勘测设计研究院有限公司联合成都理工大学利用地面激光扫描在西藏怒江流域、"5·12"汶川地震灾区以及黄河拉西瓦与玛尔挡、金沙江鲁地拉、大渡河金川等 60 多项大型水电工程项目中进行了深入的地质勘察应用研究，研发了点云数据地质结构面产状解译软件、数据格式存储及转换软件，在地形测量精度论证、3D 产品制作、变形监测、地质测绘编录、软件应用以及开发等方面做了大量的探索研究，取得了较为可喜的成绩。在实践中，总结了现场机位选点、架设、标靶设立、盲区的补充与补偿等技术方法；研究了不同比例尺地形图的生成技术和方法，在三维地质图辅助设计与应用，滑边坡和隧道变形观测、地质灾害的调查，以及激光雷达技术的拓展应用等方面，取得了丰富的实践经验。

赵志祥、吕宝雄、董秀军等结合《地质灾害地面三维激光扫描监测技术规程（试行）》（T/CAGHP 018—2018）编制要求，针对青海某灾害变形体进行了长达 9 年多的持续监测研究工作，获得了宝贵的灾害体全信息场资料。这些监测成果为判定该变形体的边界条件、掌握其滑动方向、预测滑坡发生时间以及预测崩滑失稳危及的范围提供了数据基础，技术上突破了传统监测方法的限制，实现了多参数与多测点监测目的，真正意义上实现了高精度、无接触、长距离快速获取位移信息的能力。

成都理工大学基于激光雷达技术，以锦屏一级水电站拱肩槽开挖边坡为研究对象，开展了为期近 2 年的现场工作，对岩体结构快速地质编录进行了大量的研究工作，提出了利用外置数码照片与点云拟合综合编录的方法。另外，在高陡边坡快速地质调查及危岩体调查方面也取得了一定的研究成果。

浙江华东测绘有限公司的龚建江等在锦屏二级水电站引水隧洞工程中，通过对引水洞绿片岩段进行扫描并建模来获取隧洞断面数据，使之能有效用于隧洞开挖评估。

北京林业大学的岳德鹏、陈晓雪等对边坡位移监测结合激光扫描技术进行了研究，在露天矿坑边坡进行了 6 个周期的连续监测。

荷兰国际地理信息科学和地球观测学院的 S. Sloband 和 H. R. G. K. Hack、中国地质大学（北京）的徐能雄、施星波等开展了基于激光雷达点云岩体结构面数据自动识别的技术方法研究，该研究基本实现了结构面较规整、出露面明显、地形情况较简单条件下的识别技术，但还存在一些问题需进一步解决。

法国的 Nicolas Brodua 和新西兰的 Dimitri Lague 共同提出了三维点云多尺度维度的概念，并系统地讨论了基于点云数据多尺度维度进行点云分类原理与基本设想，为点云数据植被剔除的研究开拓了新的思路与方法。

中国水利水电科学研究院的刘昌军在结构面产状统计分析、植被剔除方法的研究中也做了大量工作，并开发了相关的处理程序，成果较为显著。

赵志祥、董秀军、吕宝雄等在《地面三维激光扫描技术应用理论与实践》一书中，全书系统地阐述了基于地面型三维激光扫描技术的地质工程、测绘工程等在水利水电、交通建设、防灾减灾等工程实践中的综合应用成果，该技术属基础应用研究领域，有较强的实用性。书中以"应用理论→技术方法→工程实践"为框架，采用了理论分析、现场调查、对比试验等手段和方法，主要针对激光雷达应用的新技术、新方法、新理论及工程应用实例进行系统的归纳总结与分析研究，应用在地质结构面产状解译、地质测绘、地形图与平立剖面图测制、体积计算、地质灾害调查、地下工程地质编录、变形监测等方面，旨在完善并提高激光雷达技术的方法理论深度，提升该技术的操作能力和应用水平。

由中国地质灾害防治工程行业协会发布，赵志祥、吕宝雄、董秀军等主持制定的《地质灾害地面三维激光扫描监测技术规程（试行）》（T/CAGHP 018—2018）适用于植被覆盖率小于 60％、地表坡度大于 15°的崩塌、滑坡等地质灾害类型的地表变形监测。地裂缝、地面沉降、地面塌陷、泥石流以及应急抢险等地质灾害的变形监测经技术方案论证后可参考使用。该规程对地质灾害地面三维激光扫描监测数据的获取方法、监测等级、频次、精度等进行了规定，并对监测成果的制作与分析内容提出了具体要求。

1.3.2 机载 LiDAR 应用现状

1. 国外技术现状

机载激光这种遥感技术发端于 30 多年前。美国早在 20 世纪 70 年代阿波罗登月计划中就应用了激光测高技术。20 世纪 80 年代，激光雷达测量技术得到了迅速发展，美国国家航空航天局（NASA）研制的大气海洋 LiDAR 系统（AOL）化及机载地形测量设备（ATM）是其典型代表。

机载激光测量技术直到近一二十年才取得重大进展，研发出精确可靠的测量系统，包括航天飞机测高仪和火星激光测高仪及月球激光测高仪。1984 年，有机载激光地形测量系统进行了实验并给出了测量结果。荷兰测量部门自 1988 年就开始从事使用激光扫描测量技术提取地形信息的研究。德国斯图加特大学摄影测量学院在 1988 年开始研究机载激光扫描地形断面测量系统。1998 年，加拿大卡尔加里大学进行了激光雷达与 GNSS、INS 系统的集成与实验，完成了一个机载激光雷达数据采集系统，并进行了一定规模的试验，取得了理想的结果。日本东京大学 1999 年进行了地面固定激光扫描系统的集成与实验。

随后几年，随着 GNSS、IMU 等高精度定位、定姿技术的发展成熟，机载激光技术得到了蓬勃的发展。欧美等发达国家研制了多种机载激光雷达系统，包括 TopScan、Optech - ALTM、TopEye、HawkEye、Leica - ALS 等多种实用系统。

机载激光雷达技术应用领域广泛，目前国内外在电力巡线、林业调查及大范围地形测绘等行业已有较广泛应用。在地质学领域，激光点云过滤植被后生成的数字高程模型（DEM）极具价值，无论是洪水还是山体滑坡、土壤侵蚀还是冰川活动，都会在地貌上留下踪迹，这些迹象尽管会被茂密的植被覆盖，但都能够通过激光雷达技术进行识别提取。目前，其在地学领域的应用主要集中于冰川研究、海岸线提取和侵蚀、活动断裂调查、地质灾害识别调查等，但应用的比例还很低。美国国家航空航天局（NASA）早在 1994 年就利用航天飞机搭载激光测高仪建立全球控制点数据库，并于 2003 年成功发射 ICESat 卫星，载荷搭载的就是激光测距系统，主要用于对极地冰川的降雪厚度进行观测，定量研究冰川消融与全球温度变化之间的关联性。NASA 于 2018 年 9 月 15 日又发射了 ICESat 2 卫星，其搭载的是最新一代的单光子激光雷达，主要用于测量海冰变化、地表三维信息及植被冠层高度。2004 年以后，Stockdon、Robertson 等借助机载激光雷达数据开展海岸线的自动提取研究。Chust 等利用机载激光雷达数字高程模型数据开展地形地貌分析，进行海岸变化监测，实现沿海岩石区域和潮间带分类。20 世纪末，有学者利用机载激光雷达技术开展地质断裂构造的相关研究，1997 年美国科学家利用机载激光雷达数据意外发现了西雅图西部的班布里奇岛高达 5m 的断裂陡坎切断了沿南北向的冰蚀沟，此前的地质调查和航空遥感解译由于茂密植被遮挡均没有发现此断裂，这一缺漏引起了地质学家和地震学家对激光技术的关注，开始重视机载激光雷达技术在植被茂密区数据获取的穿透能力，为此在 1999 年成立了针对激光雷达提取断裂带的研究委员会。同年，美国加利福尼亚州的赫克托矿发生地震，美国地质勘探局（USGS）利用机载激光雷达沿地表破裂带采集了约 48km 的数据，以计算近场地表形变发育特征。美国国家科学基金会（NSF）自 2005 年开始，陆续资助完成了美国境内构造活跃地区近 6000km^2 激光雷达数据的采集，此后该技术在地震断裂的研究中逐渐增多。Hilley 等（2008）利用 LiDAR 数据研究了美国圣安德烈亚斯断层小型汇水盆地内挤压脊抬升与侵蚀过程，揭示出河流陡峭系数与盆地起伏度随着抬升过程不断增加的趋势，水系响应抬升速率变化的时间尺度为几千年，而地貌的响应过程时间尺度约为上万年。Lin 等（2013）基于不同分辨率的 DEM 数据和高精度 LiDAR 数据进行的比对研究表明，地貌学研究的最佳空间分辨率是 0.5m，低于该分辨率会错漏地貌特征，而超过该分辨率并未带来明显变化。目前机载 LiDAR 数据所能提供的最高数据分辨率，恰好就位于 0.25m 到 1m 之间。Hurst 等（2013）对 DragonBack 挤压脊山坡形态进行研究，探讨了用山坡地貌参数来重建区域构造抬升历史的可能性，主要就山坡对隆升速率变化或河流基准面下降速率响应的迟缓效应及其原因进行研究，来说明坡面曲率和地形起伏是如何反映由构造造成的垂直位移速率的，以及如何通过坡面曲率对构造隆升的响应特征来分辨构造隆升是处于增强状态还是减弱状态。

2. 国内技术现状

相比而言，国内机载激光起步较晚，硬件研究和制造还刚刚起步，现有技术基础比较薄弱。李树楷等研制的机载激光测距成像系统于 1996 年完成了原理样机的研制，但该系统距离实用化，尤其是形成产品尚有一段距离。武汉大学李清泉等研制开发了地面激光扫描测量系统，但还没有将定位定向系统集成到一起，目前主要用于堆积体测量。

自 2004 年开始，国内有多家企业购买了国外不同厂商的机载激光测量设备，获取了大量的原始点云和影像数据，并作了各种应用探索。经过各种工程应用项目的实践，该技术逐步得到了的认可，测绘行业于 2012 年出台了机载激光雷达数据获取与处理的指导性规范。中国科学院光电研究院研制的机载三维成像激光雷达系统（AOE－LiDAR）是目前国内相对较为成熟完整的机载 LiDAR 系统，但是目前并没有应用实例。当前，国内大部分研究机构和生产单位都采用了引进国外成熟商业系统软件的做法。武汉大学、中国测绘科学研究院和中国科学院对地观测与数字地球科学中心等单位均引进了机载 LiDAR 系统，在基础地理信息快速采集、海岛礁地形测绘以及流域生态水文遥感监测等领域发挥了重大作用。北京星天地信息科技有限公司、广西桂能信息工程有限公司以及广州建通测绘地理信息技术股份有限公司也购置了高性能的机载 LiDAR 系统，用于高速公路路线勘测、输电线路路径优化以及智能城市三维重建等领域的工程。国内机载 LiDAR 设备数量逐年快速增加，激光雷达应用也进入新阶段。

2008 年汶川大地震后，武汉大学联合相关单位采集了唐家山堰塞湖区域 $150 km^2$ 范围内的激光雷达点云数据，为唐家山堰塞湖险情的排除提供了数据支持，同时为机载激光雷达技术应用于抗震救灾进行了积极探索；地质灾害方面的识别与调查应用中，2005 年就已综合采用航空摄影测量、机载 LiDAR 和野外调查技术，针对我国台湾集集地震引发的滑坡灾害特征进行分析，基于激光雷达数据提取滑坡面积和体积方量，归纳统计滑坡体的几何形态。2011 年，沈永林等以海地地震诱发的滑坡体为研究对象，基于高分辨率航空影像和机载 LiDAR 数据，采用面向对象的分析方法，进行了多源数据地物分类和滑坡识别的有益尝试。

我国台湾地区自 2005 年以来，利用光学遥感、干涉雷达（interferometril synthetic aperture radar，InSAR）和 LiDAR 的有机结合，发现 251 处潜在大型滑坡隐患，其后在 2005—2010 年期间共发生大型滑坡 53 次，最后的检验结果表明，其中 80％的滑坡都在原来圈定的隐患点范围之内，表明其识别准确率非常高。近年来，成都理工大学地质灾害防治与地质环境保护国家重点实验室在四川省丹巴县、小金县、茂县和九寨沟县采用机载 LiDAR 等多源观测技术，对复杂山区滑坡灾害进行了长期的观测，取得了良好的数据成果（图 1.6）。

近年来，无人机激光雷达技术已在崩塌、滑坡等地质灾害中得到广泛应用，为地质灾害调查提供了全新的技术支撑和指导作用。通过满足崩塌、滑坡参数获取途径、测量技术方法以及相关设备器材的规范使用，确保技术实施管之有度、控之有方，实现该技术在地质灾害调查中有规可循、经济合理，保证调查成果质量，为地质灾害预警及勘察等研究提供可靠的数据支撑和指导依据，从而促进无人机激光雷达技术尽快应用于地质灾害和工程建设领域。由中国科技产业化促进会发布，中国电建集团西北勘测设计研究院有限公司吕宝雄、赵志祥等人主持制定的《崩塌滑坡无人机激光雷达数据采集与处理技术规程》（T/CSPSTC 87—2022），主要是针对崩塌滑坡无人机激光雷达数据采集与处理技术要求，经广泛调查研究，认真总结了无人机激光雷达在崩塌、滑坡等地质灾害中的实践经验，吸收

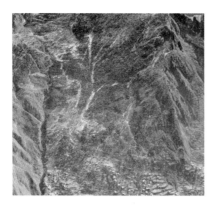

（a）光学影像　　　　　　　　　（b）基于激光雷达数据制作的DEM

图 1.6　激光雷达技术"穿透"植被识别灾害早期形变特征（拉裂缝）

了该领域的有关科研和技术发展成果，主要内容有技术准备、控制测量、航线设计、数据获取、数据处理、产品制作、质量检查、成果提交与归档以及相关附录等，使无人机激光雷达技术能够更好地服务于滑坡、崩塌地质灾害防治和重大工程建设工作。

1.4　点云数据融合处理技术现状

近年来，国内学者如武汉大学测绘遥感信息工程国家重点实验室的杨必胜、梁福逊、黄荣刚等，在点云处理理论以及数据质量改善、自动化融合、点云分类和目标提取、按需多层次表达等方法方面进行了深入研究，取得了许多关键技术。

（1）广义点云模型理论方法。针对多源多平台点云数据融合难、目标提取难和三维自适应表达难的严重缺陷，提出了广义点云的科学概念与理论研究框架体系。广义点云是指汇集激光扫描、摄影测量、众源采集等多源多平台空间数据，通过清洗、配准与集成，实现从多角度、视相关到全方位、视无关，建立以点云为基础，基准统一，且数据、结构、功能为一体的复合模型。

（2）三维点云数据质量改善。点云数据质量改善包括几何改正和强度校正。一方面，由于测距系统、环境及定位定姿等因素的影响，点云的几何位置存在误差，且分布存在不确定性，利用标定场、已知控制点进行点云几何位置改正，能够提高扫描的点云的位置精度和可用性；另一方面，激光点云的反射强度一定程度上反映了地物的物理特性，对于地物的精细分类起到关键支撑作用，然而点云的反射强度不仅与地物表面的物理特性有关，还受到扫描距离、入射角度等因素的影响，因此，需要建立点云强度校正模型进行校正，以修正激光入射角度、地物距离激光扫描仪的远近等因素对点云反射强度的影响。

（3）多源、多平台三维点云融合。由于单一视角、单一平台的观测范围有限且空间基准不一致，为了获取目标区域全方位的空间信息，不仅需要进行站间、条带间的点云融合，还需要进行多平台（如机载、车载、地面站等）的点云融合，以弥补单一视角、单一平台带来的数据缺失，实现大范围场景完整、精细的数字现实描述。此外，由于激光点云及其强度信息对目标的刻画能力有限，需要将激光点云和影像数据进行融合，使点云不仅有高精度的三维坐标信息，而且具有更加丰富的光谱信息。不同数据（如不同站点和条带的激光点云、不同平台激光点云、激光点云与影像）之间的融合，需要同名特征进行关联。针对传统人工配准法效率低、成本高的缺陷，国内外学者研究基于几何或纹理特征相关性的统计分析方法，但是由于不同平台、不同传感器数据之间的成像机理、维数、尺度、精度、视角等各有不同，其普适性和稳健性还存在问题，尚需要突破的瓶颈在于：鲁棒性、区分性强的同名特征提取，以及全局优化配准模型的建立及抗差求解。

（4）三维点云的精细分类与目标提取。三维点云的精细分类是从杂乱无序的点云中识别与提取人工与自然地物要素的过程，是数字地面模型生成、复杂场景三维重建等后续应用的基础。然而，不同平台激光点云分类关注的主题有所不同。机载激光点云分类主要关注大范围地面、建筑物顶面、植被、道路等目标，车载激光点云分类关注道路及两侧道路设施、植被、建筑物立面等目标，地面站激光点云分类则侧重特定目标区域的精细化解译。其中，点云场景存在目标多样、形态结构复杂、目标遮挡和重叠以及空间密度差别迥异等现象，是三维点云自动精细分类的共同难题。据此，国内外许多学者进行了深入研究并取得了一定的进展，在特征计算基础上，利用逐点分类方法或分割聚类分类方法对点云进行标识，并对目标进行提取。但是由于特征描述能力不足，分类和目标提取质量无法满足应用需求，极大地限制了三维点云的使用价值。目前，模拟人脑的深度学习方法突破了传统分类方法中过度依赖人工定义特征的困难，已在二维场景分类解译方面表现出极大潜力，但是在三维点云场景的精细分类方面，还面临许多难题：海量三维数据集样本库的建立，适用于三维结构特征学习的神经网络模型的构建及其在大场景三维数据解译中的应用。综上，顾及目标及其结构的语义理解，三维目标多尺度全局与局部特征的学习、先验知识或第三方辅助数据引导下的多目标分类与提取方法，是未来的重要研究方向。

（5）三维场景的按需多层次表达。在大范围点云场景分类和目标提取后，目标点云依然离散无序且高度冗余，不能显式地表达目标结构以及结构之间的空间拓扑关系，难以有效满足三维场景的应用需求。因此，需要通过场景三维表达，将离散无序的点云转换成具有拓扑关系的几何基元组合模型，常用的有数据驱动和模型驱动两类方法，其中存在的主要问题和挑战包括：三维模型的自动修复，以克服局部数据缺失对模型不完整的影响；形状、结构复杂地物目标的自动化稳健重构；从以可视化为主的三维重建发展到以可计算分析为核心的三维重建，以提高结果的可用性和好用性。此外，不同的应用主题对场景内不同类型目标的细节层次要求不同，场景三维表达需要加强各类三维目标自适应的多尺度三维重建方法，建立语义与结构正确映射的场景—目标—要素多级表达模型。

吕宝雄、曹钧恒等自主开发的滑坡远程监测点云数据后处理软件、激光点云滑坡体三维信息识别系统、激光点云识别系统、地面激光扫描点云分类处理软件、激光点云结构面产状解译软件、点云数据高精度数字高程模型提取软件等系列专用软件系统，为激光雷达点云数据的处理以及深度应用奠定了基础，广泛服务于地质灾害调查资料、工程地质勘测资料的整理与分析等工程实际工作中。

第 2 章

激光雷达点云数据获取

2.1　地面激光扫描点云数据获取

2.1.1　地面激光扫描作业流程

　　点云数据获取是地面激光扫描工作过程中的一个重要环节，基本包括作业前扫描准备、现场踏勘、方案设计、控制网布设、标靶定位、测站选择、测站布设、参数设定、数据采集等工作。地面激光雷达点云数据获取工作流程如图 2.1 所示。

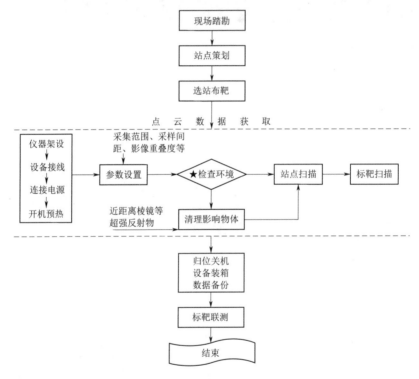

图 2.1　地面激光雷达扫描点云数据获取工作流程

2.1.2　扫描准备

　　在接收激光扫描任务后，先要收集扫描区域内已有控制点、各类地形图等成果资料，同时全面细致地了解扫描作业区域的气象、通信、交通、人文和自然地理等信息。

　　为便于顺利开展激光扫描的数据采集工作，获取目标体空间三维点云，需组织现场踏勘，掌握控制点信息，了解作业区的地形地貌、地面植被类型及稠密度等情况。

　　扫描作业前，还需要根据作业区域的地形条件及成果对点云密度及数据精度的要求，初步确定回波次数、扫描角度、扫描频率等相关参数，以及激光雷达的外观检视、通电检验和试测检验等。

2.1.3 扫描方案设计

为保证顺利完成工作任务，必须根据踏勘情况，制订合理可行的作业方案，依据工作特点、作业内容、精度以及现场踏勘时掌握的现场情况进行扫描实施方案设计。方案设计具体包含下列内容：

（1）方案设计的核心内容包括地面扫描站布设、反射标靶布设、首级控制布设、加密控制布设、点云数据采集、点云数据后处理等各工序的作业方法、技术指标和要求。

（2）明确任务来源、工作量、作业范围、工作内容以及要求完成的时间等。

（3）测区地形、气候特征、通信、交通等作业区自然地理概况。

（4）已有资料的数量、形式、技术指标和可利用价值等情况。

（5）引用的标准、规范、规程或其他技术文件。

（6）成果的种类及形式、坐标系统、高程基准、比例尺、投影方法、分幅编号、数据基本内容、数据格式、数据精度以及其他指标等。

（7）作业所需的仪器设备类型、数量和精度指标要求以及数据处理软件的数量及其功能等。

（8）作业的技术路线、流程。

2.1.4 控制网布设

地面激光扫描测量前首先进行首级观测控制网的布设，其次确定扫描机位并获取点云数据。

控制网的预设精度要高于所需测绘产品要求的精度，控制网布设要遵循以下原则：

（1）控制网布设根据需要一般分两级布网。首级网通盘考虑作业区现状，网形以导线、三角形或大地四边形建立；次级网在首级网的基础上考虑扫描目标的复杂度，以便于激光扫描仪架设位加密获取目标体完整的特征数据。

（2）首级控制网中各相邻控制点之间通视要求良好，至少有两个通视方向。

（3）在尽量保证网形结构强度的前提下，控制点应因地制宜地选择在地面稳定、便于保存和易于联测的地方。

（4）当采用 GNSS 测量扫描站坐标时，点位要远离大功率无线电发射源，距离不小于 200m，远离高压线的距离不小于 50m，点位周围不应有大面积水域，以防多路径效应影响而产生测量误差。

2.1.5 标靶定位控制

设置扫描测站点时不仅需要考虑地形，还需考虑大地坐标控制点的布置，以便后期数据坐标转换等操作。如果数据拼接采用标靶，那设置测站时需考虑标靶布设的合理性，要保证同名标靶点的通视条件。

目前针对标靶，大部分扫描设备都可以自动识别靶心。但标靶识别精度还会受到角度和距离的影响，即标靶与扫描设备激光束的夹角、距离都将影响识别精度，随着夹角角度和距离的增加，甚至无法识别。在标靶自动识别过程中，扫描设备要以高密度点云对标靶进行扫描，根据点云发射强度变化，自动识别标靶点云发射特征，拟合技术自动获取标靶的中心点坐标。点云数据采集过程中，标靶反射信号最强的位置是其中心。在实际操作中，平面型的标靶放置时与扫描方向有一定的夹角，而当扫描激光束入射角较大时，可能会导致无法自动识别标靶中心。此外，随着扫描距离的增加，激光回波反射信号会变弱，点云采样密度变低，也会导致标靶识别失败。

标靶是激光扫描数据后处理过程中用于定位和定向的参考标志，按形状可分为平面标靶和球形标靶（图 2.2），按用途可分为基准标靶和监测标靶。

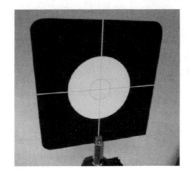 

（a）平面标靶　　　　　　　　　　　　　　（b）球形标靶

图 2.2　平面标靶和球形标靶

平面标靶采用的是一种特制的反射材料，利用两种对激光回波反差强烈的材料或者颜色。平面标靶中心部位选用白色材料，白色对激光的反射强度高，靶心周边是黑色或者蓝色材料，这种颜色的材料易于吸收激光能量，从而在平面标靶上形成反射强烈的激光回波信号，由此识别出靶心；球形标靶可以从任何一个方向扫描，通过拟合计算而得到球体中心点，原理就是球体在任意方向上的球心位置是不变的，故非常适合在具有拐角的地方或者不规则物体点云拼接扫描使用。对于球面标靶而言，或主要用于点云拼接使用，不宜作为坐标控制点使用，因为球心位置坐标用传统测量手段难以测量。在变形监测中，通常将标靶分为基准标靶和监测标靶，基准标靶主要用于定向和定位，监测标靶主要用于定位。

激光扫描设备获取点云数据点坐标的同时，会根据扫描目标材质对激光的反射率的不同，记录点云的激光信号反射强度。平面标靶提供的靶心周围为黑色（或者蓝色），中心圆圈为白色，黑色区域强烈吸收激光信号，白色区域为标靶中心点所在处。黑色和白色区域之间的强度差异，在点云数据中明显可见，从而能够较容易地确定每个标靶的中心区域，标靶如图 2.3 所示，并可根据获取的标靶白色区域点云［图 2.4（a）］拟合中心点坐标［图 2.4（b）］。

在执行扫描任务的过程中，许多因素必须加以考虑，如设备架设位置、扫描范围内设置的标靶数目、标靶放置位置、方位和所需的精度。对于使用标靶的扫描设备而言，提供 3 个标靶是最基本的要求，在某些时候标靶也可以用如建筑物转角等特征点或扫描机位点代替，建立水平面位置和空间方位。一般而言，扫描过程中将使用 3 个及以上数量的标

图 2.3 三维点云数据中的标靶

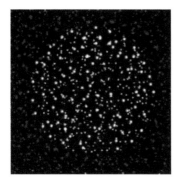

（a）标靶点云 （b）圆拟合

图 2.4 根据标靶白色区域点云拟合中心点坐标

靶，使用多个标靶的优点是可以克服外界因素不可预计的影响，因为野外操作很容易失去标靶信息（风导致标靶抖动、翻倒，车辆运动阻挡等），所以多标靶可以根据具体情况选择性地使用标靶信息。此外，在扫描视场范围内尽可能均匀分布标靶，这样可以提高识别精度，且对于多视角扫描来说也会更方便快捷。另外，要考虑扫描设备与标靶间的距离，当使用反射标靶时，最好放置在距离扫描设备 100～150m 范围内（图 2.5），这与标靶大小也有直接关系。

在实际工作中，标靶需依周围地形地貌形态紧贴地面而设，存在安置不稳固、无法保证扫描仪发射的激光垂直入射标靶的问题，尤其在扫描仪迁站后，若再次利用此标靶，因地势遮挡、入射角度过大及标靶无法上下左右转动等因素影响，会造成标靶数据获取失败或拟合中心位偏离甚至错误，致使扫描成果无法进行坐标转换或转换精度低乃至出错。为了解决地面激光雷达在标靶数据获取过程中标靶可固定安置并上下左右转动的问题，保证扫描仪发射激光能够垂直入射标靶，达到标靶再利用和更加精准定位定向以提高作业精度的目的，研究人员研制出一种可安置高精度标靶组装置（图 2.6），组件包括倒角三角状标靶组单元和半框式连接支架。倒角三角状标靶组单元包括表面贴有反光膜的圆形独立靶标、反光十字丝和连接拉杆，表面贴有反光膜的圆形独立靶标包括 30°扇形和 60°扇形，30°扇形的表面反光膜颜色为真彩色（246，242，9），60°扇形的表面反光膜颜色为真彩色

图 2.5　扫描视场的多个标靶

（43，201，200）；半框式连接支架包括半框架、旋转轴、固定安置 360°旋转圆柱孔和指压式螺杆。倒角三角状标靶组单元与半框式连接支架固连，半框架与旋转轴连接，半框架与固定安置 360°旋转圆柱孔固连，指压式螺杆固连于固定安置 360°旋转圆柱孔。

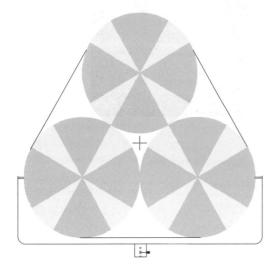

图 2.6　一种可安置高精度标靶组装置

倒角三角状标靶组单元由三个表面贴有反光膜的圆形独立靶标相互外切连接，三个独立标靶的圆心连线构成等边三角形，等边三角形的几何中心镶嵌十字丝。表面贴有反光膜的圆形独立靶标由 4 个 30°扇形和 4 个 60°扇形相间排列组成圆形连接。若倒角三角状标靶组单元上部独立靶标中心坐标为 $(X_U，Y_U，H_U)$、左侧独立靶标中心坐标为 $(X_L，Y_L，H_L)$、右侧独立靶标中心坐标为 $(X_R、Y_R、H_R)$，根据三角形关系，则反光十字丝中心坐标 $(X，Y，H)$ 计算方法为

$$\begin{cases} X = X_L + \dfrac{\sqrt{3}}{4} \times \sqrt{(X_U - X_L)^2 + (Y_U - Y_L)^2} \\[2mm] Y = Y_L + \dfrac{1}{4} \times \sqrt{(X_U - X_L)^2 + (Y_U - Y_L)^2} \\[2mm] H = H_L + \dfrac{\sqrt{3}}{4} \times \sqrt{(X_U - X_L)^2 + (Y_U - Y_L)^2} \end{cases} \tag{2.1}$$

同理，可以用其他任意两点计算反光十字丝的中心坐标，再与实际获取的标靶成果相互检核，剔除粗差，及时发现错误，达到提高点云数据转换精度的目的。

利用标靶执行扫描任务，野外定位控制的方法如下：

方法一（图 2.7）：此方法是在有两个已知点坐标的情况下使用，即将地面激光雷达用三脚架设置在一个已知点处，再将地面激光雷达旋转机座调整为水平，并将标靶放置在另一个已知点坐标处，用扫描设备对这个已知点处标靶进行扫描（图 2.7 中，P1 为扫描机位点，T1 为标靶点），然后在控制软件中输入 P1 和 T1 坐标，这样地面激光雷达将自动计算其设备空间位置及方位。通过此操作后，在不搬站的前提下，激光雷达以底座为基点进行旋转、倾斜等操作都会被系统自动计算，所获取的点云数据都将自动进行坐标转换。移站后，可重复操作以上步骤，直至完成整个场地的扫描工作（图 2.8）。这样多个扫描站所获取的点云数据不用经过数据拼接，直接进行格式转换后，导入的数据便在一个完整的影像中，其中所有的点云数据都在以现场已知点坐标为基准的系统坐标中。

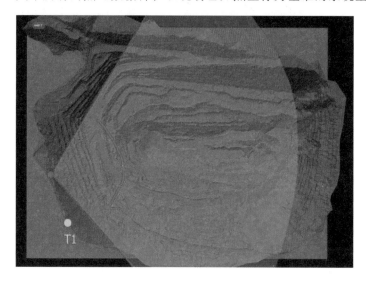

图 2.7　野外定位方法一示意图（引自北京中翰仪器有限公司多媒体资料）

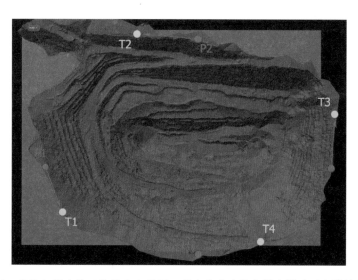

图 2.8　完整扫描定位工作设点布置图（引自北京中翰仪器有限公司多媒体资料）

方法二（图 2.9）：此方法是在扫描视场中有多个已知点（三个或三个以上）坐标的情况下使用。此时地面激光雷达（P1）无须整平，也不必放置在已知点处，只需将图中的三点 T1、T2、T3 扫描后，再将三个已知点的坐标输入控制软件中，系统自动计算地面激光雷达空间位置及方位，然后该站扫描的所有点云数据都将自动计入该坐标系统中。

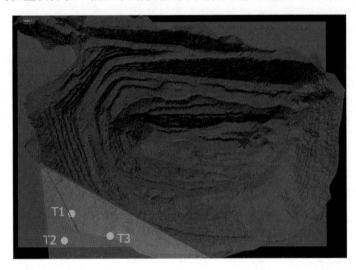

图 2.9　野外标靶定位方法二示意图（引自北京中翰仪器有限公司多媒体资料）

　　以上方法是在扫描过程中利用事先准备的标靶进行控制定位的方法。在实际工作中，由于各种因素的影响，也可以先进行数据拼接，后选择三个或三个以上特征点，根据特征点的情况进行补充测量，然后在软件中进行坐标转换工作。

　　方法三：此方法适用于低精度的多站点扫描测量，只需一个已知点坐标，并且保证地面激光雷达具有对中置平装置。将其架设在一个已知点上，以地面激光雷达器指定的北方向为基准，利用罗盘概略定位出其扫描方位，记录扫描站点的相关信息，如扫描概略方位、仪器高度等，获取站点数据后迁站。下一站点可重复以上步骤，直至完成整个场地的扫描工作为止。这样多个扫描站所获取的点云数据通过概略方位进行粗拼接，然后采用共轭面法将所有的点云数据计算平差，再转换到所需的坐标系统下。

2.1.6　扫描测站选择

　　很多情况下，三维空间物体的复杂性决定了扫描过程很难通过一个角度或一个站点就可以获取全面的三维数据，大多数情况都需要从不同角度获取目标体的三维数据，而多角度获取三维数据就需要考虑站点位置的合理性与科学性。结合扫描数据获取的特点，在选择扫描站点的时候需注意以下几方面问题：

　　（1）数据的可拼接性。一般而言，更换站点时为了保证扫描数据能够表现物体的连续性，需注意前后两站所扫描的目标物有部分重叠，对于基于点云数据进行匹配拼接的扫描设备，要求重叠部分应达到 30%；对于基于标靶拼接的扫描设备，应有三个或三个以上的同名标靶点存在。因此，选择站点时应考虑前后两站所扫描的目标点云数据的可拼接性。

（2）点云数据的匹配。这里提到的"匹配"主要包括两个方面：①前后两站扫描点云数据，采样间距尽可能一致或接近，尤其是基于点云数据拼接匹配的扫描设备，如果两次获取的点云数据采样点间距相差较大，在后期数据多站点拼接匹配过程中，容易产生较大的拼接误差，为尽量避免这种误差，各站扫描过程中采样点间距尽量保持一致；②各站的扫描距离尽量控制得不宜过大，即各站点与扫描物体间的距离变化尽量不大，因为点云数据的定位及测距精度与扫描距离息息相关，其精度误差随着距离的增加而增大，站点距离目标的值相差较大，两站获取的点云数据精度相差越大，如此点云数据匹配易产生较大误差。

（3）激光入射角的影响。根据激光特性，发射出去的激光在扫描目标体表面反射形成回波信号，从而完成测距过程。激光在扫描目标体表面入射角较大的情况下，其回波信号较弱或难以返回，这种条件下测得的数据精度较差。换言之，在扫描过程中，应尽量避免扫描设备发射的激光在目标体表面产生过大的入射角度，尽可能地使扫描设备的激光发射点垂直于目标体，这样扫描距离最近，精度最高。

（4）重叠部位的选择。基于点云数据拼接匹配的站点，选择时还需注意前后两站扫描的公共部分，宜选择光滑、规则的物体表面，尽量避免大量、茂密的植被等部位。植被枝叶的杂乱及风动等特点，易造成后期数据拼接产生过大的误差。

（5）扫描测站的稳定性。选择扫描测站点时，需选在地基密实、稳定的地点，尽量远离公路等机动车较多的地点，尽可能减少因振动而产生的扫描误差。同时，也需注意风力的影响，风力对仪器精度也可产生较大影响，在山区注意避开风口。

（6）点云数据重叠精度。在获取点云数据的过程中，越能全面反映扫描目标越好，遮挡越少、盲点越少越好，这就需要设置更多的扫描测站点。但过多设置扫描测站点，会造成点云数据后期拼接的多重性，拼接的次数越多，产生误差的概率越大。因此，应在数据的全面性与拼接精度之间取得平衡，设置合理的站点，达到以尽可能少的站点获得尽可能全面的点云数据。

根据上述原则，在现场选择扫描测站时，高陡边坡工程（包括自然边坡、人工开挖边坡）应该考虑仪器与目标体的有效距离和其他环境因素等，保证仪器和目标体的扫描水平夹角在30°左右，仰角和俯角不大于40°；如冲沟、山脊较多或边坡凹凸不平而导致盲区较多，应搬站进行补扫。例如水电站基坑工程，多采用俯视扫描的方法，对基坑扫描面进行对角扫描，消除死角和盲区，必要时可在另一个方向的第三点进行补扫；又如对大洞室扫描面，一般在洞壁两侧进行对扫，如遇洞形不规则、盲区较多情况时，可在洞底处两侧壁架站，向外方向进行补扫。

2.1.7 扫描测站布设

地面固定式激光雷达测站的选取，是测量区域现场数据获取的一个重要步骤。选取合理的扫描测站点不但可以提高效率，节省时间，减少扫描盲区，而且可以提高扫描数据的质量，改善点云数据拼接的精度。

现场三维数据的获取方式与研究对象的复杂程度、要表现的精细程度、扫描设备的特性等都有很大的关系。不同品牌的地面激光雷达设备，现场数据采集测站点的选择不尽相同，除主要考虑扫描距离外，还需要考虑测站位置，尽量选在地势较高、视野开阔、交通便捷的地方，扫描范围越大越好，避开地基不稳固且极易受大型作业机械和车辆活动影响的区域，同时考虑后续的控制联测手段，必要时避开大功率无线电发射源、高压线以及大面积水域等地方。

自然界地形地势万千，需要依据现场地形因地制宜地选择扫描测站。不同特征地形处，扫描测站的布设方式不尽相同，根据不同的扫描现场地形（如孤立型、凸型和凹凸相间型）来设置扫描站点。

（1）孤立型［图 2.10（a）］。如建筑物、孤山包等物体，对其进行全面扫描，应设置不少于 4 个扫描测站，以完成数据采集，同时需保证相邻测站扫描区域具有足够的重叠度，首尾扫描站点数据重叠形成闭合，以此避免单链式扫描引起的点云数据误差累积而导致首尾拼接误差过大，形成多余的扫描观测条件，有利于拼接后的平差处理。

（2）凸型［图 2.10（b）］。如原始地形中的山脊部位，为保证此类地形的扫描，需在转折的两侧分别设置扫描站点，如果转折部位较宽，还需加设站点进行补充扫描。此类地形条件尤其要保证足够大的重叠度，以避免因两侧扫描站激光入射角较大而使获得的点云数据存在较大的误差，因此有必要适当增大重叠度，以提高数据拼接精度。

（3）凹凸相间型［图 2.10（c）］。这类情况下，需要根据地形特征分类按需布设扫描测站，主要把控相邻扫描站数据的重叠度和物体表面数据的完整性两大关键，同时保证扫描测站到目标体的距离基本接近，以及避免过大的激光入射角。

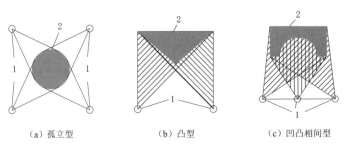

（a）孤立型　　　　　（b）凸型　　　　　（c）凹凸相间型

图 2.10　扫描站布设方式
1—扫描站；2—目标物

2.1.8　扫描参数设定

扫描点采样间距除受到设备硬件技术参数限制外，还应根据不同的扫描目的加以设置。如果获取地形数据只用于采集地形等高线或者剖面线，采样点间距可以设置较大，间距可以在数厘米至十余厘米；如果扫描的目的是作结构面精细编录、滑边坡变形监测，间距应设置在数厘米至数毫米间。

总体而言，无论扫描的目的是什么，采样间距越密，反映的扫描物体细节越丰富，其分辨率也就越高。现场数据采集过程中尽可能地将扫描采样间距设置得小一点，以便于后期信息提取。当然，也不是越小越好，因为越小的扫描采样间距，在同等扫描面积情况下，其获取的点云数据量越大，需要的时间越长，庞大的数据使得后期计算机处理任务繁重，过大的数据量可能导致软件难于处理或超出计算机的计算处理能力，增大后期数据处理的难度。一般情况是，数据后期处理的时间要远远大于现场数据采集的时间，因此并不是数据采集得越多越好，正确的方法是根据扫描目的在采样间距与扫描时间之间取得一个平衡，即要保证数据反映足够的细节信息，也要减少现场扫描时间，也就是尽可能让扫描间距大一点。做好这一点是困难的，需要长期的实践经验。

不同的扫描设备硬件、不同的后期处理数据软件，选取的平衡点是完全不一样的，比如 ILRIS-3D 激光雷达，其采集的点云速率一般在 2000pts/s 左右，后期处理软件为 Polyworks，现场每站扫描时间控制在 10min 左右，十多站的扫描数据拼接后基本上就达到了 Polyworks 8.0 的处理极限，虽然后续版本加强了对大数据量的处理能力，但在实际使用中还是有很多困难的，这是基于文件管理的软件系统难于克服的弊病。又如 Leica ScanStation 2 激光雷达，其最小采样间距可以达到 2mm，其后处理软件 Cyclone 是基于数据库管理的，最大可以管理十亿个点云数据，可以控制每次调入、显示软件中点云数据的数量，并根据硬件设备实时渲染，这种软件处理模式可以保证程序在大数据量的情况下快速运行，是比较先进的一项技术。同样，奥地利 Riegl 公司扫描设备的采样间距与扫描距离成正比线性关系，其最小采样间距在扫描距离为 10m 时可达到亚毫米级，采样间距随扫描距离增大而增大。随机 Riscan Pro 软件在计算机设备允许的情况下，可管理、处理容量巨大的点云数据，达十亿点以上，对点云数据的调入、显示、处理都较为流畅。各模块程序对海量点云数据的浏览、量测等具有一定的优势，但也并不是说这种方法就不存在问题。Cyclone、Riscan Pro 软件是其扫描设备专用的处理软件，其他扫描设备的点云数据是不能直接导入的，需要进行格式转换，同时反射强度、彩色信息等数据信息将丢失；而 Polyworks 是开放的平台，可以处理多种扫描设备的点云数据，在某些方面各具优势。

2.1.9 数据采集

地面激光雷达的数据采集包括点云数据采集和影像数据采集。

1. 点云数据采集

不同品牌地面激光雷达的使用环境条件不尽相同，在点云数据获取方式上也存在一定的差异，如基于标靶拼接的激光雷达、基于点云数据自动匹配的激光雷达、全站型激光雷达等。

地面激光雷达必须在厂商规定的环境条件下使用，开机后先预热和静置 3～5min 再开始扫描工作，以防激光发射产生大量热能后遇冷空气，造成激光头损坏。激光雷达不具有全天候性能，尤其在雨天作业时，扫描物体表面含有大量水分，信号遇水出现衰减，致使无法接收到反射信号。扫描作业过程中，须避免仪器震动，同时激光头不得近距离直接对准棱镜、镜面玻璃、大面积荧光屏等强反射物体。每站扫描作业结束，待检查确认获取的点云数据完整无误后再迁站。

（1）基于标靶的点云数据采集。采用基于标靶拼接的激光雷达进行点云数据采集时，必须保证相邻扫描站扫描范围具有足够的重叠度。在视野开阔、视线良好、易于点云或影像识别的位置布设不少于 3 个反射标靶，在扫描测站周边按全圆均分角度、错落有致、均匀分布，并覆盖扫描对象的范围，严禁布设在一条直线上或偏向一侧，应在扫描站点周围构成一定的空间几何图形。布设时要避开有强反射背景的区域，反射标靶在作业期间须稳定并可见，保证与激光雷达激光入射角垂直。在高陡危险、遮挡严重的区域，以及无法布设定位控制反射标靶的区域，因拼接需要而必须进行标靶布设时，可利用目标唯一、易于识别的陡壁、建筑物、桥梁及线杆等具有棱角的固定地物特征点代替标靶。

基于标靶的点云数据采集方法，优势在于扫描测站可以任意架设，但要求相邻测站扫描区有共同的反射标靶，扫描时需要对标靶进行精扫描。该方法适合区域较小的单一扫描工程。

（2）基于自动匹配拼接的点云数据获取。基于点云数据自动匹配拼接的激光雷达，实际是将定平对中装置架设在已知点上，无定向点且无须布设标靶，即对扫描区域进行扫描而获取点云数据。其核心是要求相邻测站扫描区域重叠度不小于 30%，且重叠区域尽量选择在光滑、规则、裸露条件较好的部位。该方法适合高山峡谷区大场景的扫描工程，在作业效率上具有绝对优势。

（3）全站型激光雷达点云数据获取。全站型激光雷达综合了各种测量技术的优点，是集智能自动化、免棱镜测量、图像获取和点云扫描于一体的集成设备。其作业方法多样，是智能自动化的超级全站仪，可以在已知点设站，在另一控制点上进行定向，在第三个控制点检核无误后，即可进行点云数据采集。也可以采用后方交会的方法任意设站而获取点云数据。不论哪种作业方法都不需要相邻扫描区具有重叠度，获取的点云数据无须进行拼接和坐标转换，操作简单，大大减少了控制点布设的测量工作量，作业灵活性高，适用于较大范围的扫描工程。

2. 影像数据采集

地面激光雷达在获取三维点坐标的同时，也可根据反射激光的强弱获取扫描目标体的灰度值，其灰度值与扫描目标体属性及激光本身特性相关。而彩色信息主要通过数码相机获取彩色影像，将目标体的彩色影像与点云数据进行纹理映射匹配，并将二维数码像片的像素点色彩信息与对应的物体三维点坐标进行匹配计算，两者叠加后的点云影像就包含了彩色信息。

点云数据彩色信息能更全面地反映物体的表面细节，对识别评价地质几何信息、性状、边界、提取地物特征等有重要意义。点云数据彩色信息获取主要采用内置相机和外置相机两种方式。内置相机位于激光雷达内部，焦距是固定的，其成像空间位置和扫描点云获取的几何匹配关系在设备出厂时就已标定完成，此时获取的彩色信息不需要后期人工匹配。而对于外置数码相机而言，彩色点云信息的获取一般需要结合后期的手动匹配工作。

在激光雷达设备采集彩色数据信息的过程中需注意以下几个事项：

（1）采集彩色信息时，应充分考虑天气、光线明暗变化等条件，选择光线较为柔和、均匀的天气拍摄，尽量避免逆光拍摄或扫描范围内出现较大区域的光线明暗变化，尽可能一次采集数码相片，保持相同的光线环境条件，尽可能避免正对光源，如太阳光等。

（2）应尽量减少多站扫描及数据拼接，以免多站数据拼接后的彩色点云出现色差而造成影像色彩杂乱现象。

（3）尽可能选用外置相机，以获取清晰度更高、色彩更饱满的彩色图像及三维彩色信息。

（4）如采用数码像片后期匹配叠加的方法获取点云数据，先将三维点云数据拼接完成，后利用彩色数码像片对同名点进行匹配叠加。用此种方法采集彩色数码相片时，为保证匹配精度，应尽可能获取大范围的彩色图像，减少贴图次数。

（5）使用外置数码相机获取彩色影像，应尽可能保持摄影角度与扫描角度的一致，以免两者角度相差过大而导致两者遮挡物体角度不同，形成彩色贴图误差。也可自由拍摄，拍摄角度上，保持镜头正对目标面，无法正面拍摄全景时，先拍摄部分全景，再逐个正对拍摄，后期再合成。

2.2　机载激光雷达数据获取

2.2.1　技术路线

（1）收集分析基础资料，包括 1∶10000 基础地理信息数据库，1∶50000 基础地理信息数据库，第一次国情普查数据库，作业区地质灾害防治区域已有水文、区域地质、地形地貌、自然地理、交通等数据。

（2）制订航摄方案，获取点云数据及光学影像数据。

（3）利用获取的点云数据及光学影像数据，通过点云分类、滤波、影像纠正等，制作数字表面模型（digital surface model，DSM）、DEM 和数字正射影像图（digital orthophoto map，DOM）。

（4）综合点云数据、3D 数据（DSM、DEM、DOM）、InSAR 监测数据和作业区其他已有地质灾害资料，开展地质灾害解译，并对解译部分开展野外核查。

（5）制作地质灾害专题图件，并基于解译调查成果，编制地质灾害重点防治区域 LiDAR 遥感调查报告书。

（6）成果整理入库。

2.2.2　作业流程

地质灾害重点防治区域 LiDAR 遥感地质灾害调查总体作业流程如图 2.11 所示。

（1）分析项目区行政区划、交通、通信和自然地理等基础资料。

（2）开展飞控系统综合检校，消除系统误差和其他干扰因素。

（3）开展地面检校，消除地形影响。完成上述工作后，可开展正常航摄任务，获取点云数据。

（4）获取点云数据后，对机载定位定姿系统（position and orientation system，POS）开展后差分处理并生成航迹线文件，利用上述数据联合解算，最终生成 LAS 格式点云数据。

（5）基于生成的 LAS 数据，进行数据去噪和航带平差工作，待上述工作完成后，可获得合格的点云数据，数据获取作业流程如图 2.12 所示。

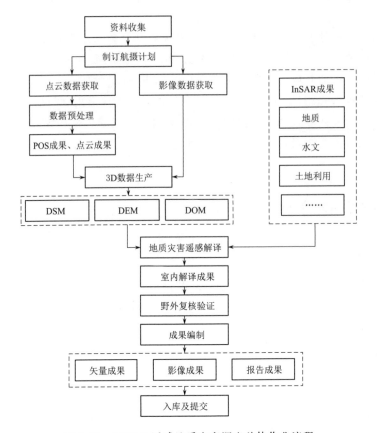

图 2.11　LiDAR 遥感地质灾害调查总体作业流程

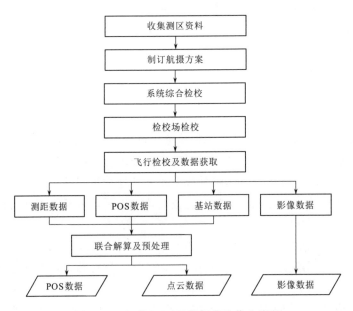

图 2.12　机载 LiDAR 数据获取作业流程

2.2.3　地面基站静态观测

对地面基站静态观测数据和机载动态 GNSS 数据进行联合差分处理可得到激光雷达系统在各个时刻的空间三维坐标及姿态，将此结果与激光扫描测距数据进行组合处理即可得到目标地物的三维坐标。地面基站静态观测要求如下：

（1）必须在 LiDAR 系统启动前至少 15min 开始采集数据，系统关闭后至少 15min 终止数据采集，应准确记录开机关机时间。

（2）观测人员必须按照 GNSS 接收机操作手册的规定进行观测作业。

（3）天线安置在脚架上直接对中整平时，对中误差不得大于 1mm。

（4）观测时应防止人员或其他物体触动天线或遮挡信号。

（5）每时段的观测应在测前、测后分别量取天线高，两次天线高之差应不大于 3mm，并取平均值作为天线高。

（6）观测点位 10m 以内不得使用对讲机。

（7）每日观测结束后，应将外业数据文件及时转存到存储介质上，不得作任何剔除或删改，必要时做双备份。

2.2.4　检查点采集

检查点需均匀分布在整个测区，通过 CORS（continous operational reference system，连续运行卫星定位导航服务系统）或 GNSS - RTK 测定检查点的目标坐标系的三维坐标。检查点具体设置要求如下：

（1）检查点在整个测区内可到达的地方需均匀设置。

（2）检查点设置在道路斑马线拐角处，有明显的地物凸起。

（3）无通行条件的区域可根据情况设置。检查点选取现场如图 2.13 所示。

图 2.13　检查点选取现场

2.2.5　航线规划

以安全、经济、周密、高效的原则设计航线。根据项目实施方案和项目设计书要求，充分了解测区的实际情况，包括测区的地形、地貌、起降场的位置、已有资料的情况、气象条件等，结合系统自身的特点，如航高、航速、相机镜头焦距及曝光速度、激光扫描仪的扫描角和扫描频率及功率等，同时考虑航带重叠度、激光点间距、影像分辨率等，选择最为合适的航摄参数。

2.2.6　飞行平台及传感器指标

此次航测位于航摄困难区域且作业区植被茂密，为保证飞行安全及激光雷达的穿透性，飞行载体宜采用有人直升机平台，激光雷达系统须采用具有多次回波技术的设备。其具体飞行指标如下：

（1）POS 系统采用双频航空型 GNSS 接收机，采样频率不低于 2Hz，IMU 记录频率不低于 64Hz，系统具有良好的抗加速能力。

（2）地面 GNSS 接收机采用双频接收机，采样频率不低于 2Hz。

（3）飞行高度预定为相对地面 650～1300m，激光点云旁向重叠度为 35%。

（4）影像航向覆盖率为 60%～65%，旁向重叠度为 15%～30%。

2.2.7　飞行准备

（1）飞机停机坪四周需开阔，视场内的高度角应不大于 20°，避免 GNSS 信号失锁。

（2）所有基站应在起飞前进入观测状态，所有设备在观测过程中应保持连续状态。

2.2.8　检校飞行

（1）飞行前要在检校场进行检校飞行，设计两个航高，6 条航线，低航高 2 条交叉航线，高航高 2 条交叉航线，1 条对飞航向，1 条平行航线（旁向重叠 50%）。检校飞行示意图如图 2.14 所示。

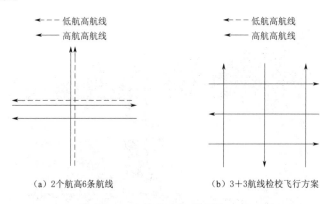

图 2.14　检校飞行示意图

（2）检校飞行应满足卫星数量大于 10 颗、高度角大于 15°的要求，并应选择好的观测时段，项目起始段和结束段均应通过检校场。

（3）再次确定 POS 系统、地面接收机、数码相机是否满足该测区技术规范要求，并如实填写航摄偏心分量测定表。

2.2.9　航飞数据采集

经上述步骤检查合格后，根据设计的航线和飞行高度飞行，使搭载的激光雷达对整个测区进行扫描，得到激光测距数据、POS 数据和真彩色数码影像。点云数据采集过程中需要满足如下几点要求：

（1）飞行过程中转弯坡度应小于 25°。

（2）数据采集过程中航线间不应有相对漏洞和绝对漏洞。

（3）航摄影像倾角不宜大于 3°，个别最大不应大于 6°。

（4）航线弯曲度不应大于 3%；像片旋偏角一般不大于 6°，最大不超过 8°。

（5）飞行速度应该依据不同航高和不同激光光线强度等情况下的标称精度要求、项目精度要求、现场气象条件等综合确定。

（6）整个测区内，航飞速度应基本保持一致。

（7）在同一条航线内，飞机上升、下降速度不超过 10m/s。

（8）每个架次飞行完成后，关闭整个激光雷达系统需等待 3min，确保 IMU 及 GNSS 数据记录完整，得到的原始数据主要包括激光原始数据、IMU 的姿态数据、原始数码照片、机载 GNSS 数据、基准站 GNSS 数据。

（9）数据获取后，在整理数据的同时，需要按照规定，现场填写航摄飞行记录单，包括飞行时长、作业时天气状况、参与人员等信息。

2.2.10　现场数据检查

航摄任务结束，需要现场对点云数据完整性、照片数据完整性、POS 数据完整性进行检查，具体检查项如下：

（1）点云数据。初步检查判断激光测距数据量大小是否正常，文件命名是否连续。

（2）照片数据。查看照片命名是否连续，是否存在过度曝光，影像色调、阴影、云是否满足要求。

（3）POS 数据。检查 POS 数据是否为正常时序，航迹线是否正常，是否满足旁向重叠度要求等。

（4）激光测距数据。检查激光测距数据是否按照时间顺序自然命名，数据量是否大小合理。

（5）设备检查。检查激光设备和飞机是否有故障或硬件问题。

2.2.11　补飞与重飞

（1）航飞过程中出现绝对漏洞、相对漏洞及其他严重缺陷要补飞，并做好记录。

（2）POS 系统局部数据记录缺失时，要补飞或重飞。

（3）原始数据质量存在局部缺陷，影响点云的精度或密度不满足项目设计要求，需要补飞。

第 3 章

点云数据精度分析与处理

各种激光雷达扫描系统的几何测量原理基本相同，即利用激光发射点与目标之间的距离结合激光发射器的位置和姿态信息进行联合解算，得到目标区域的三维点云（X，Y，Z）。其中，距离主要采用脉冲式测距的方式观测。根据观测目标几何结构的不同，单条激光束可能有多个回波，准确分离和探测每个回波是距离观测的基础。多回波和全波形两种回波记录方式，回波探测方法有所不同。多回波方式在数据获取过程中利用简单的回波探测方法（Constant Fraction Discriminator，CFD）实时检测回波，但存在一些问题：算法对用户保密；算法过于简单，对复杂波形处理效果较差，容易造成部分回波漏提取。全波形方式则以一定间隔不断记录后向散射信号，并提供给用户进行后续波形处理，以得到回波的位置及形状参数，常用的处理方法有高斯分解、去卷积方法等。

激光雷达同其他数据获取设备一样，在数据采集过程中不可避免地会存在误差。从误差理论来分析，激光雷达测量的误差分为系统误差和偶然误差。系统误差会引起激光雷达点云数据的坐标偏差，可通过公式修正的方法减小；偶然误差是一些随机性误差的综合体现。

与传统的测量方式相比，激光雷达扫描数据具有采集速度快、采样频率高等优势，同时导致点云数据具有高冗余、误差分布非线性、不完整等特点，给海量三维点云的智能化处理带来了极大的困难：①多视角、多平台、多源的点云数据难以有效整合，限制了数据间的优势互补，可导致复杂场景描述不完整；②复杂对象模型结构和语义特征表达困难，模型可用性严重受限，极大地限制了复杂场景的准确感知与认知。

三维点云数据在获取过程中会受到多种外界因素的影响，如植被的覆盖、被扫描物表面的干湿程度、风力和风向、施工粉尘、移动的车辆、人员等，造成点云数据产生噪点，需在后期数据处理中剔除。同时，多视点云数据的拼接、坐标转换也是后期点云数据处理的重要工作内容。

激光雷达获取的现场三维点云数据处理主要包括点云数据预处理、点云拼接与坐标转换、点云数据分类、点云数据精简、纹理映射以及地形要素提取等。制作地形图时还要对扫描区域内的各类属性要素进行识别提取，无法分辨或判识不确定的，需要按先外后内的顺序进行调绘，或以扫描站为单位，以草图形式注记相应区域的要素信息，按照相应比例尺的成图要求，调绘扫描区域内的地物、地貌及植被等信息。

3.1　扫描系统的误差来源与影响因素

激光雷达系统在扫描过程中，受到各种外界因素的影响，从而导致点云数据质量不高。数据误差包含粗大误差、系统误差和随机误差三部分。许多误差来源在传统测量工作中也普遍出现。如激光束发散特性导致距离扫描测量的角度定位具有不确定性，扫描系统各个部件之间存在连接误差等，这些因素都会造成最终的点云数据中含有误差。激光雷达系统的误差传播同样遵循测量误差传播的基本规律。

3.1.1 地面激光雷达系统的误差及影响因素

1. 误差来源与分类

激光雷达在短时间内可以快速测量目标物体上的离散点，而离散的扫描点中可能包含许多种误差，这些误差来源可能和仪器本身的测量能力、外界环境干扰因素、仪器率定或人为操作等有关。根据传统测量对观测误差的基本概念分析，影响扫描点坐标的误差类型有三类。

（1）随机误差。随机误差是无法用系统参数来描述的误差，其大小及符号呈现偶然性且具不可预测性，随机误差量的统计性通常偏向正态分布。激光雷达随机误差的中误差可根据仪器的测距精度、测角精度及其大气折光等进行推算，中误差可直接反映仪器本身的测量能力。

（2）系统误差。系统误差则是指具有系统性或者规律性的误差，产生原因主要是仪器的率定不够完善，当仪器制造商仪器率定工作不严谨或仪器长时间使用未进行检验，就容易使扫描成果存在系统误差。系统误差包括仪器测距误差、扫描测角误差、参考原点误差以及坐标轴方向误差等。有时环境的影响也存在一定的系统误差，此种误差容易识别，使用者只要通过适当的检验方法确定仪器有何种系统误差存在或有一种合适的环境数学改正模型，便能对激光雷达获取的三维数据进行系统误差改正，以保证资料的正确性。

（3）人为误差。此种误差大多是仪器操作不当、扫描参数设置不当或数据后期处理不当造成的，尤其对具有绝对定向功能的激光雷达，测站点和后视点定位定向精度会影响扫描获取数据的精度。如激光雷达整平对中操作过程中，人为因素造成的误差也是制约数据精度的一个重要原因。

作业中只要严格遵守仪器操作步骤，注意数据处理细节及关键参数的选取等，均可避免此类问题的发生。人为误差的原因很多，通常可利用多种手段相互检验或者重合一定区域进行扫描测量加以避免，有利于数据的检验。

激光雷达数据具体误差分类、误差来源及采取措施见表3.1。

表 3.1　　　　　　　　激光雷达数据误差分类、误差来源及采取措施

分　类	误差原因	误差来源	采取措施
随机误差	偶然性	仪器本身的测量能力、测距与测角观测值本身的偶然误差	无法避免
系统误差	仪器测距误差、扫描测角误差、参考原点误差以及坐标轴方向误差等	仪器率定、外界环境	仪器检定、数学模型改正
人为误差	多种因素造成	仪器操作、参数设置或数据后期处理不当	提升操作者的工作经验和精细水平，利用多种手段相互检验或者重合一定区域进行扫描测量

2. 设备性能影响因素

激光雷达系统采样数据精度主要取决于激光光斑的尺寸和光斑的点间距，这是影响其

分辨率的主要因素。小的光斑能提高细节的分辨率，小的点间距能增大采样点的密度，同时提高模型的构建精度，通常情况下，模型的精度要显著高于单点点云数据精度。激光雷达的工作角度和距离对测量精度有着直接的影响。仪器与扫描目标的距离越近，激光光斑越小，分辨率越高，回波信号也越强，相应的测量精度就越高，反之，则测量精度越低；入射激光与扫描目标的曲面法线形成的角度越小，激光光斑越小，分辨率越高，点间距越小，回波信号也越强，相应的测量精度就越高，反之，则测量精度越低，而夹角大到一定程度，仪器将无法获得足够的回波信号。此外，由于仪器是通过激光的回波信号来测定距离的，因此在激光被全反射和全透射的情况下，会造成扫描映象数据盲点。

激光雷达最终获取的成果通常包括点云数据和对应点云数据的影像信息。对于影像信息，可以应用传统的摄影测量理论和处理方法来单独处理。对于激光雷达系统的测距系统而言，扫描采样的点位是通过激光雷达发射的激光束唯一确定的。

地面激光雷达设备本身影响扫描精度的主要因素包括激光光束的发散、步进器的测角精度、仪器的测时精度、激光信号的信噪比、激光信号的反射率、回波信号的强度、背景辐射噪声的强度、激光脉冲接收器的灵敏度、仪器与被测点间的距离、仪器与被测目标面所形成的角度等。

（1）激光光束发散的影响。众所周知，激光雷达系统的主要组成部分是扫描测距系统，市面上使用的大多数激光雷达系统都是基于激光脉冲的时间测量来进行距离量测的。激光束的发散特性，使得激光束到达实体表面的光斑大小影响着回射点云的分辨率和定位的不确定性。假设发射激光束呈圆形发散，则最终得到实体表面的光斑。一般而言，光斑的大小是随着扫描距离的增加而线性增大的。发散的光斑的大小可以由一个扫描距离的线性方程来表示。许多仪器厂家都标定了各自系统的光斑发散值的大小，如瑞士徕卡 HDS3000 单次扫描点的精度为 6mm@50m，奥地利 Riegl VZ-1000 为 2mm@100m，加拿大 Optech 公司的 ILRIS-3D-ER 为 7mm@100m。

（2）激光测距的影响。通常条件下，脉冲式激光雷达测距远、精度低，相位式激光雷达测距近、精度高。远距离地面激光雷达主要采用脉冲式原理，虽然脉冲式激光雷达受外界环境因素影响小，但是扫描激光束入射角度较大时，激光点云的斑点将变形（圆形变成椭圆或畸形），会使精度显著降低。脉冲式激光雷达是利用发射和接收信号之间的时间间隔与激光的速度计算距离，并多次测量取其平均值。相位式激光雷达使用连续信号，以不同的频率调制载波信号，测出发射和接收信号之间的相位差，计算出其测量距离。无论是哪种方式，测距精度都具有测距等效性、精度与光斑大小的相关性和多因素影响的特点。

测距等效性是指获得的测量距离为光斑面内不同激光脚点到仪器发射中心距离的加权值，可用式（3.1）表示为

$$R = \frac{\sum_{i=1}^{n} S_i P_i}{\sum_{i=1}^{n} P_i} \tag{3.1}$$

式中：R 为激光脚点到仪器发射中心距离的加权值；S_i、P_i 分别为第 i 个激光脚点的距离及对应的权。

激光测距的期望距离是仪器发射中心到激光脚点光斑中心的距离，实际测量的距离是一个等效点或者等效面到仪器的距离。

激光脚点光斑点的大小与测距精度有密切关系，光斑越大，测距精度越低；反之测距精度越高。光斑的直径大小 d 与激光的发射和接收装置的孔径 D、激光束的发散角 r 有关，如式（3.2）表示为

$$d = D + 2S\tan\frac{\gamma}{2} \tag{3.2}$$

式中：d 为光斑的直径，m；D 为接收装置的孔径，m；S 为到激光脚点的最大距离，m；γ 为激光束的发散角，（°）。

影响激光雷达测距的因素有仪器、反射面和外界环境条件等，主要表现为如下两个方面。①仪器零部件的安置和电子传感器处理信号引起的误差；②反射面可分为反射面粗糙度、介质特性、反射面倾斜和形状四个方面，它们都会影响测距精度。

曾有学者做过粗糙程度对激光测距影响的实验，得出在物体表面反射能力足够强的情况下，粗糙程度对测量数据影响不明显。不同色彩和材质的目标物，吸收和折射激光的能力不同，吸收和折射改变反射光线的速度也不同。黑色物体、暗物质及透明物体，对测距影响大。反射面倾斜，激光脚点位置会发生改变，引起光斑面积增大，导致测距精度降低。反射面形状是指反射表面的切面形状，自然地表的切面多为不规则的曲面，曲面使激光脚点位置不在同一平面内，光斑的等效面积增大，致使测距精度降低。

激光测距信号处理的各个环节都会产生一定的误差，特别是光学电子、电路中激光脉冲回波信号处理时，引起的误差主要包括激光雷达脉冲计时的系统误差和测距计时过程中不确定间隔的缺陷引起的误差。脉冲计时的系统误差造成循环、混淆现象，与测距的凸角误差相似；测距计时过程中不确定间隔则可能造成数据突变，目前运用一些技术，如频率倍乘、微调作用等，可以处理这种突变的误差。激光测距误差综合表现为测距过程中的固定误差和比例误差，可以通过仪器检定来确定测距误差的大小。

（3）扫描角度的影响。扫描角度的影响包括水平扫描角度的影响和竖直扫描角度的影响。扫描角度引起的误差源于扫描镜的镜面平面角误差、扫描镜转动的微小震动、扫描电机的非均匀转动控制误差等。

水平方向扫描角度和垂直方向扫描角度是地面激光雷达直接获取的两个基本观测量，其误差直接影响点云坐标的精度。尽管目前激光雷达的角度测量精度已达亚秒级，但由于仪器生产制造的误差或性能上的限制（如扫描镜的镜面平面角误差、扫描镜转动的微小震动、扫描电机的非匀速转动控制等），角度测量过程中仍有一定的系统误差。该误差伴随着仪器的生产而产生，每台激光雷达在仪器出厂时都经过参数补偿，合格后才能投入生产使用，因此该角度测量产生的误差是极其微小的，对精度不会构成严重的影响。

通过大量的实践可知，激光雷达与目标体之间（或标靶）的夹角在小于 30°时，获取的点云数据效果比较理想；夹角大于 30°时，将产生较大范围的盲区，要获取全景数据需多次搬站，增大扫描工作量，且点云数据易产生畸变。故此认为，一般情况下激光雷达与目标体之间（或标靶）的夹角以小于 30°为宜。

（4）光斑大小的影响。在不考虑信号测量误差的情况下，激光雷达系统采样数据精度

主要取决于激光光斑的尺寸和光斑的点间距,这是影响其分辨率的主要因素。小的光斑能提高细节的分辨率,小的点间距能增大采样点的密度,同时提高模型的构建精度,通常情况下,模型的精度要显著高于单点点云数据精度。

(5)回波信号的强度。仪器是通过激光的回波信号来测定距离的,因此激光被全反射(基于光滑镜面非入射光路全反射)和全投射(激光穿越目标,无回波信号而不能被检测到的情形),会造成距离影像的盲点,这一点应在测绘时加以避免或采取适当方式予以补偿。

3. 作业环境对点云数据误差的影响

作业环境对点云数据误差的影响主要源于内部误差(观测噪声,光束发散的不确定性)和外部误差(测量点匹配,仪器架设误差),在此主要针对仪器的各种随机误差对系统获取点云数据精度的影响进行分析。

(1)反射面的形状产生的测距误差。不规则形状的反射面产生的测距误差难以估算,规则形状的反射面产生的测距误差易于估算,故应取用规则形状的反射面产生的最大距离偏差替代估算反射面形状对测距产生的误差。激光雷达测量为面状式,作业时无法避开有明显凹凸感的反射面,如电杆、门柱、桥墩等柱状地物形成的反射面及山体、河滩、耕地等自然地表凹凸形成的反射面。假定发射的激光束光斑的最大直径等于一圆球状目标物的直径,此时产生激光脚点的最大距离偏差,应等于球的半径,根据测距的等效性,此时反射面形状产生的测距中误差可以用 $M_形 = \pm d/4$ 估算,即

$$M_形 = \frac{D + 2S\tan\frac{\gamma}{2}}{4} \tag{3.3}$$

式中:$M_形$ 为测距中误差,mm;D 为接收装置的孔径,m;S 为到激光脚点的最大距离,m;γ 为激光束的发散角,(°)。

(2)目标物体表面倾斜产生的测距误差。当扫描目标的反射面与扫描光束交角较小时,激光光斑投影面积变大,影响测距精度,造成的误差相对要大;当扫描目标的反射面与扫描光束交角小到一定程度的时候,扫描设备便无法有效采集到回波信号,造成无测量数据的结果。

激光雷达测距系统中激光测距单元包括激光发射头和激光接收器两部分,目标物体倾斜引起的测距误差如图3.1所示。

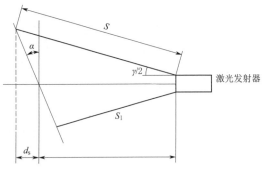

图 3.1 目标物体倾斜引起的测距偏差

当扫描目标物体倾斜时,则出现扫描目标物体表面切平面法线与激光光束方向不重合的情况。当表面切平面法线与激光光束方向的夹角为 α 时,根据式(3.4),其存在的几何关系为

$$\tan\alpha = \frac{S - S_1\cos\frac{\gamma}{2}}{S_1\sin\frac{\gamma}{2}} \tag{3.4}$$

式中:S 为到激光脚点的最大距离,m;

S_1 为激光发射器到目标体的最小距离，m。

则引起激光脚点位置的最大偏差 d_s 为

$$d_s = S_1 - S \tag{3.5}$$

由于 $\dfrac{\gamma}{2}$ 很小，则有 $\sin \dfrac{\gamma}{2} \approx \dfrac{\gamma}{2}$，所以

$$d_s = S_1 - S = \frac{S\gamma \tan \dfrac{\gamma}{2}}{2} \tag{3.6}$$

（3）温度、气压及空气质量等外界环境条件的影响。激光雷达受外界环境的影响主要表现在温度变化、气压等对仪器结构造成的细微影响。现场扫描过程中风力、风向和风速等的变化，会产生风的振动，使激光在空气中的传播方向受到干扰。对于近距离扫描而言，这些影响很小，通常被忽略掉，但外界环境十分恶劣时，影响较大。

1）自然光线的影响：阴天或晴天，对测距的影响不大，但是太阳光特别强时，射程会下降；在黑夜扫描时获取的激光点的噪声会少，激光点密度稍微大些，距离稍长些。

2）气象条件影响：温度、气压等影响激光在空气中的传播速度和调制波的波长，温度的变化对精密机械的结构关系有细微的影响。

3）自然环境影响：风能改变激光在空气中的传播方向；小雨或雾天对射程会有影响，影响程度取决于雨的大小或大雾状况；雨、雪易造成障碍，致使获得错误的观测值；空气中的污染度会影响扫描的数据质量和测程；强电磁场的干扰，对测距也有较大的影响。

（4）仪器架设的影响。目前，大部分地面激光雷达设备都提供了对中整平及电子双轴补偿功能，仪器架设后大幅提高了点云定位、定向的准确性。而不具备此功能的扫描设备，在设备本身定位的前提下，误差的不确定性概率增加。另外，仪器架设部位地面震动也会对精度产生巨大影响，这些震动可能来源于车辆移动、爆破振动、水流冲刷振动等。

（5）扫描目标物体反射表面粗糙程度的影响。激光雷达点云的精度与物体表面的粗糙程度有密切关系。由于激光雷达回波信号有多值性的特点，有些激光雷达系统只能处理首次反射回来的回波信号，有些激光雷达系统只能处理最后反射回来的回波信号，也有一些激光雷达系统能够综合处理首次和最后反射回来的回波信号，这将造成测量位置的偏差。拟扫描物体表面平整光滑时，所获取的数据质量就高；反之，表面越粗糙或凸凹不平，则数据信息质量相对要差。

（6）标靶摆放位置的影响。标靶的放置也会影响到数据的精度。野外天然的岩质、土质边坡，特别是陡峭的斜坡，标靶放置困难，容易被风吹动或受施工扰动；标靶应尽可能地分布在扫描区域的大部分范围内，标靶较少时，如三个时应呈等边三角形放置，但实际工作中往往由于陡峭边坡坡顶部位人员难以到达而无法放置到理想位置；标靶放置方向与激光雷达入射角度及标靶与激光雷达距离的远近，都会对测量结果带来一定的误差。所以标靶摆放的位置恰当与否，将直接影响扫描数据的质量和精度。

（7）扫描距离的影响。大量的工程实践和对比研究显示，假设平面目标大于激光光束，且入射角垂直于目标且亮度平均时，扫描距离与设备的发射能量密切相关。标靶与扫描距离越近，精度越高；距离越远，精度越低。

测距精度的估算，要采用定性和定量分析相结合的方法，全面考虑各种影响因素，把握主次，有一定的取舍。当对不利因素采取了避开措施，以及影响因素可以忽略不计的，预算精度不考虑。如黑色物体、透明物体、不良天气等可以避开的因素，或影响较小的粗糙程度因素，或能进行改正的如温度、气压等气象因素，这些次要的影响因素一般可以忽略，或不考虑其对扫描数据精度的影响。

（8）数据后期处理的影响。数据后期处理过程中形成的误差，主要存在于点云数据的拼接和大地坐标转换的过程中。

在多站点数据拼接过程中，获取的点云精度的不同、数据拼接方式的不同都会形成拼接误差。在多站点拼接过程中还存在误差累积效应，也就是说相邻两幅点云数据在配准中存在一次误差，那么多幅点云数据逐次拼接过程中，这种误差将随着拼接匹配的点云不断累积，直至整个点云数据拼接成整体后，这种误差将累积形成一个相对较大的误差。这种累积误差难于克服。

在大地坐标转换过程中，利用控制点测量的大地坐标与拼接好的点云数据进行空间匹配，将扫描获取的点云数据转换到大地坐标中，使点云数据中的每个点的数据都与现场实际坐标相对应。转换过程中，坐标控制点一般要求有三个或三个以上，那么这些控制点的测量精度和点云数据同名点的选取精度及整体转换精度等，都将直接影响数据的转换精度。

按上述原则，舍去一些影响因素后，测距的误差主要有仪器本身的误差、反射面倾斜产生的误差和反射面形状产生的误差。仪器本身的误差可以通过检定、校验等加以确定。反射面倾斜和形状产生的测距误差及测距的综合误差，可以用下述方法定量估算。

3.1.2 机载 LiDAR 点云定位误差及分析

机载 LiDAR 点云的误差分类有系统误差、任务误差和随机误差三类。系统误差包含了测距误差、瞬时扫描角误差、安置角误差和 IMU 姿态角误差四类；任务误差分为时间偏差、GNSS 定位误差和偏心分量误差；随机误差较为复杂，这里只引入点密度所引起的高程误差。LiDAR 点云定位误差模型为非线性形式，为便于处理，Glennie 用泰勒公式将其线性化成一阶误差方程，然后预测了 LiDAR 点云的平面和高程误差，预测的结果与实际误差比较吻合。下面阐述激光扫描仪的系统误差、任务误差、随机误差对 LiDAR 点云定位影响的大小。

1. LiDAR 点云定位误差方程

机载 LiDAR 系统的误差对激光测距、平面和高程精度都有着不同程度的影响，部分误差为系统性的误差，可以借助飞行检校场予以检测消除。利用机载 LiDAR 系统中不同坐标系之间的变换矩阵，根据 Schenk（2001）所描述的数学模型，LiDAR 点云误差的大地定位方程可以表示为

$$P_{\mathrm{w}} = P_{\mathrm{GNSS}} + R_{\mathrm{w}} R_{\mathrm{GEO}} R_{\mathrm{INS}} R(R_{\mathrm{lu}} R_{\mathrm{lb}} s + l_0) \tag{3.7}$$

式中：P_{w} 为目标激光点在 WGS-84 坐标系中的坐标；P_{GNSS} 为 GNSS 天线相位中心在 WGS-84 坐标系中的坐标；R_{w} 为从局部椭球系统到 WGS-84 坐标系的转换矩阵；R_{GEO} 为导航坐标系到局部椭球系统的转换矩阵；R_{INS} 为 IMU 所在的载体坐标系到导航坐标系

的转换矩阵；R_{lu} 为激光扫描仪坐标系到 IMU 载体坐标系的转换矩阵；R_{lb} 为瞬时激光光束坐标系到激光系统坐标系的转换矩阵；s 为激光点在激光光束坐标系中的位置坐标，可用向量 $[0, 0, \rho]^{T}$ 表示；l_0 为 GNSS 天线相位中心到激光发射中心的偏心分量，它由两部分组成，即 IMU 中心到 GNSS 天线相位中心的偏心分量 l_{IG} 和 IMU 到激光发射中心的偏心分量 l_{IL}，可表示为 $l_0 = l_{IG} + l_{IL}$。

因为旋转矩阵 R_w、R_{GEO} 的值非常小，两者对应的误差矩阵 ΔR_w、ΔR_{GEO} 作为二阶项也相当小，所以 R_w、R_{GEO}、ΔR_w 和 ΔR_{GEO} 可以被当作单位阵忽略。当添加相应的系统误差后，包含系统误差的 LiDAR 点云定位方程变为

$$P_w = P_{GNSS} + \Delta P_{GNSS} + \Delta R_{INS} R_{INS} \big[\Delta R_{lu} R_{lu} \Delta R_{lb} R_{lb} (s + \Delta s) + l_0 + \Delta l_0 \big] + \Delta P_s$$

$$(3.8)$$

式中：ΔP_{GNSS} 为 GNSS 的定位误差；ΔR_{INS} 为 IMU 的姿态角误差；Δl_0 为 GNSS 天线相位中心与激光发射中心的偏心分量误差值；ΔR_{lu} 和 ΔR_{lb} 分别为安置角误差和激光扫描角误差；Δs 为激光点在瞬时激光坐标系中的测距误差，以向量表示；ΔP_s 为 GNSS、INS 与激光扫描仪之间的时间同步误差及数据内插误差的总和。

用式（3.2）减去式（3.1）可得到 LiDAR 点云的基本定位误差方程为

$$E = [E_x, E_y, E_z]^{T} = P_w^* - P_w = \Delta P_{GNSS} + R_{INS} R_{lu} R_{lb} s (\Delta R_{INS} \Delta R_{lu} \Delta R_{lb} - I)$$
$$+ \Delta R_{INS} R_{INS} \Delta R_{lu} R_{lu} \Delta R_{lb} R_{lb} \Delta s + R_{INS} l_0 (\Delta R_{INS} - I) + \Delta R_{INS} R_{INS} \Delta l_0 + \Delta P_s$$

$$(3.9)$$

2. LiDAR 系统误差分析

为了分析单个系统误差对点云定位误差的影响力，需要假设其余非相关误差为 0，这里仅就测距误差、扫描角误差、安置角误差、IMU 姿态角误差展开讨论。为了量化各误差分量，假定飞机的航高 $H = 1000 \text{m}$，激光扫描仪的视场角 $\tau = 60°$。

（1）测距误差分析。激光从发射到照射到地面目标再返回接收器的过程中会受到大气折射率、入射角度、地物反射率、光束发散度等因素的共同作用，导致测距精度降低。激光是一种方向性极强的定向光源，即便如此，朝向同一方向的激光光束仍然会有少量光束发散，传播距离越远，激光光斑就越大。沿着激光光束的中心线，LiDAR 系统会记录激光光斑的中心位置，但是实际的中心位置也并非完全确定，也可能位于激光光斑内的任意位置，为了估计最大测距误差，采用激光光斑两侧的光束距离之差 $R_1 - R_2$ 作为主要的测距误差。机载 LiDAR 在实际作业中遇到的往往是平地、下坡面和上坡面混合的复杂地形，很难直接用公式来量化表达这类地形对测距误差影响的大小。为了能以数学模型的形式来模拟地形坡度对测距误差的影响，将地表简单地分为平地、下坡面和上坡面 3 种基本地形，图 3.2（a）和图 3.2（b）分别展示了光束发散度 η 在下坡面和上坡面的情形，其中 τ_i 表示激光的瞬时扫描角。

对固定脉冲阈值的探测电路而言，测距误差 $\Delta \rho$ 与光束距离之差 $R_1 - R_2$、大气折射率 n_a、信噪比 r_{SNR} 的关系为

$$\Delta \rho = \frac{n_a (R_1 - R_2)}{\sqrt{r_{SNR}}}$$

$$(3.10)$$

根据三种基本地形与激光光束之间的关系，联合式（3.10），可以推导出平地、下坡

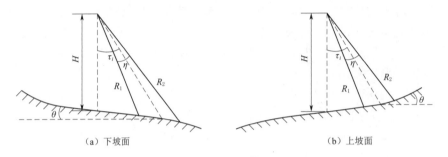

图 3.2　光束发散度在下坡面和上坡面的情形

面和上坡面三种基本地形条件下的测距误差公式，它们分别被表达为

$$\Delta\rho_{\text{p}} = \frac{4n_{\text{a}}H\sin\tau_i\sin\dfrac{\eta}{2}}{(\cos2\tau_i + \cos\eta)\sqrt{r_{\text{SNR}}}} \tag{3.11}$$

$$\Delta\rho_{\text{d}} = \frac{2n_{\text{a}}H\tan\dfrac{\eta}{2}\tan(\tau_i + \theta)}{(\cos\tau_i + \sin\tau_i\tan\theta)\sqrt{r_{\text{SNR}}}} \tag{3.12}$$

$$\Delta\rho_{\text{u}} = \frac{2n_{\text{a}}H\tan\dfrac{\eta}{2}\tan(\tau_i - \theta)}{(\cos\tau_i + \sin\tau_i\tan\theta)\sqrt{r_{\text{SNR}}}} \tag{3.13}$$

式中：$\Delta\rho_{\text{p}}$、$\Delta\rho_{\text{d}}$ 和 $\Delta\rho_{\text{u}}$ 分别代表平地、下坡面和上坡面情况下的测距误差；n_{a} 为大气折射率；τ_i 为瞬时扫描角；θ 为地形坡度角。

上述公式综合了飞机的航高、大气折射率、光束发散度、瞬时扫描角、地形坡度和信噪比因素来表示测距误差，考虑的影响因素较为全面。假设测距误差以外的误差为 0，则式（3.9）可化为

$$e_{\text{w}}^{\Delta s} = R_{\text{lb}}\Delta s = \begin{bmatrix} 1 & 0 & 0 \\ 0 & \cos\tau_i & -\sin\tau_i \\ 0 & \sin\tau_i & \cos\tau_i \end{bmatrix} \begin{bmatrix} 0 \\ 0 \\ \Delta\rho \end{bmatrix} = \Delta\rho \begin{bmatrix} 0 \\ -\sin\tau_i \\ \cos\tau_i \end{bmatrix} \tag{3.14}$$

将式（3.11）、式（3.12）和式（3.13）分别代入式（3.14）可得平地、下坡面和上坡面 3 种地形条件下的点云定位误差为

$$E_{\text{w}}^{\Delta s_{\text{p}}} = \begin{bmatrix} E_{\text{xp}} & E_{\text{yp}} & E_{\text{zp}} \end{bmatrix}^{\text{T}} = \begin{bmatrix} 0 & \dfrac{-4n_{\text{a}}H\sin^2\tau_i\sin\dfrac{\eta}{2}}{(\cos2\tau_i + \cos\eta)\sqrt{r_{\text{SNR}}}} & \dfrac{2n_{\text{a}}H\sin\tau_i\sin\dfrac{\eta}{2}}{(\cos2\tau_i + \cos\eta)\sqrt{r_{\text{SNR}}}} \end{bmatrix}$$

$$\tag{3.15}$$

$$E_{\text{w}}^{\Delta s_{\text{d}}} = \begin{bmatrix} E_{\text{xd}} & E_{\text{yd}} & E_{\text{zd}} \end{bmatrix}^{\text{T}} = \begin{bmatrix} 0 & \dfrac{-2n_{\text{a}}H\sin\tau_i\tan\dfrac{\eta}{2}\tan(\tau_i + \theta)}{(\cos\tau_i - \sin\tau_i\tan\theta)\sqrt{r_{\text{SNR}}}} & \dfrac{2n_{\text{a}}H\tan\dfrac{\eta}{2}\tan(\tau_i + \theta)}{(1 - \tan\tau_i\tan\theta)\sqrt{r_{\text{SNR}}}} \end{bmatrix}$$

$$\tag{3.16}$$

$$E_{\mathrm{w}}^{\Delta_{\mathrm{u}}^{s}} = \begin{bmatrix} E_{\mathrm{xu}} & E_{\mathrm{yu}} & E_{\mathrm{zu}} \end{bmatrix}^{\mathrm{T}} = \begin{bmatrix} 0 & \dfrac{-2n_{\mathrm{a}}H\tan\tau_{i}\tan\dfrac{\eta}{2}\tan(\tau_{i}+\theta)}{(\cos\tau_{i}+\sin\tau_{i}\tan\theta)\sqrt{r_{\mathrm{SNR}}}} & \dfrac{2n_{\mathrm{a}}H\tan\dfrac{\eta}{2}\tan(\tau_{i}-\theta)}{(1+\tan2\tau_{i}\tan\theta)\sqrt{r_{\mathrm{SNR}}}} \end{bmatrix}$$

$$(3.17)$$

从式（3.15）～式（3.17）可以看出，无论是何种地形条件，x 方向的位置误差都为 0，y 和 z 方向的误差大小与航高 H、大气折射率 n_{a}、光束发散度 η、信噪比 r_{SNR} 的倒数成正相关。比较难确定的是地形坡度角 θ 和扫描角 τ_{i} 对点云误差的影响，下面分别就两者展开讨论。假定扫描角 $\tau_{i}=30°$，光束发散度 $\eta=0.5\mathrm{mrad}$，大气折射率 $n_{\mathrm{a}}=1$，信噪比 $r_{\mathrm{SNR}}=30$，当地形坡度 θ 从 $0°$ 升至 $90°$ 时，在平地、下坡面和上坡面地形条件下的 x、y 和 z 方向的位置误差如图 3.3 所示。

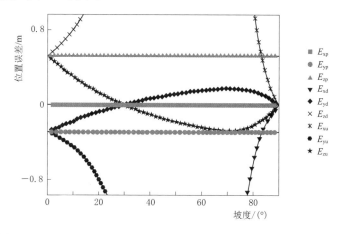

图 3.3　平地、下坡面和上坡面地形情况下坡度引起的点云位置误差

图 3.3 中，平地、下坡面和上坡面 3 种地形情况下 x 方向的误差始终为 0；在平地地形情况下，因平地的坡度为 $0°$，所以平地地形下的 y 和 z 方向的误差与地形坡度无关，在图 3.3 中表现为平行于横轴的非零直线。在下坡面地形情况下，y 和 z 方向的误差大小均在 $0°\leqslant\theta\leqslant60°$ 的坡度区间内单调递增，并在 $60°<\theta\leqslant90°$ 的坡度区间内单调递减，在坡度 $\theta=60°$ 时，y 和 z 方向的误差为无穷大，结合式（3.16）可知，这种情况是由扫描角与坡度之和为 $90°$（即地形与激光扫描方向平行，激光光束无法接触到地表）所致；y 方向误差只有坡度在 $0°\sim23°$ 和 $78°\sim90°$ 时才会小于 $0.1\mathrm{m}$，z 方向误差只有坡度在 $0°\sim12°$ 和 $81°\sim90°$ 时才会小于 $0.1\mathrm{m}$。在上坡面地形情况下，y 和 z 方向误差分别在 $0°\leqslant\theta\leqslant24°$ 和 $0°\leqslant\theta\leqslant26°$ 的坡度区间内单调递减，y 和 z 方向的误差分别在 $0.01\sim0.03\mathrm{m}$ 和 $0.01\sim0.05\mathrm{m}$；y 和 z 方向误差分别在 $24°<\theta\leqslant37°$ 和 $26°<\theta\leqslant34°$ 的坡度区间内为 0，结合式（3.17）可知，此类情况是由扫描角与地形坡度相等（即激光光束垂直于地表，光束发散度最小）所致；在 $37°<\theta\leqslant90°$ 和 $34°<\theta\leqslant90°$ 坡度区间内，y 和 z 方向误差大小分别在 $0.01\sim0.02\mathrm{m}$ 和 $0.01\sim0.03\mathrm{m}$ 范围内变化。

假定地形坡度 $\theta=30°$，光束发散度 $\eta=0.5\mathrm{mrad}$，大气折射率 $n_{\mathrm{a}}=1$，信噪比 $r_{\mathrm{SNR}}=30$，当扫描角 τ_{i} 从 $-30°$ 升至 $30°$ 时，平地、下坡面和上坡面三种地形情况下的平面误差和高程误差分别如图 3.4 所示。

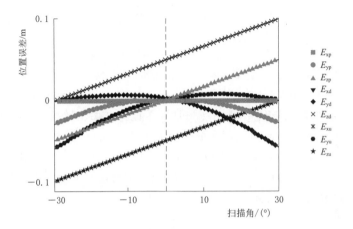

图 3.4　平地、下坡面和上坡面地形情形下扫描角引起的点云位置误差

图 3.4 显示 3 种地形条件下 x 方向的误差始终为 0。平地地形情况下,扫描角在 $-30°\sim 0°$ 之间变化时,y 及 z 方向的误差大小在不断减小;而扫描角在 $0°\sim 30°$ 之间变化时,y 及 z 方向的误差大小在不断增大,总体上 z 方向的误差变化幅度要高于 y 方向的;y 和 z 方向的误差分别在 $0\sim 0.03m$ 和 $0\sim 0.05m$ 之间变化。下坡面地形情况下,瞬时扫描角在 $-30°\sim 0°$ 之间变化时,y 方向误差在 $0\sim 0.01m$ 之间小幅变化,z 方向误差大小在逐渐增大,而瞬时扫描角在 $0°\sim 30°$ 之间变化时,y 及 z 方向误差大小都在逐渐增大;总体上 z 方向的误差变化幅度要高于 y 方向的;y 和 z 方向的误差分别在 $0\sim 0.06m$ 和 $0\sim 0.11m$ 之间变化。上坡面地形情况下,扫描角在 $-30°\sim 0°$ 之间变化时,y、z 方向误差在不断减小,而扫描角在 $0°\sim 30°$ 之间变化时,y 方向误差在 $0\sim 0.01m$ 之间小幅变动,z 方向误差还在不断减小;总体上 z 方向的误差变化幅度要高于 y 方向的;y 和 z 方向的误差分别在 $0\sim 0.06m$ 和 $0\sim 0.11m$ 之间变化。

（2）扫描角误差分析。在激光扫描方式中,线性扫描为常用的形式,下面以线性扫描方式为例来分析扫描角对激光点云的定位造成的影响。设扫描角 τ_i 是激光光束离开激光系统坐标系 z 轴的角度,顺着 x 轴正方向,以光束逆时针偏离 z 轴的方向为正。瞬时扫描角的零角与 z 轴的偏差称为指标差（index error）,以符号 c 表示。指标差致使扫描系统旋转了 c 角,从而形成了实际的扫描角 τ_i^*,具体的扫描角误差如图 3.5 所示。扫描角误差 $\Delta\tau_i$ 是 τ_i^* 与 τ_i 之差,它随着单条扫描线上的扫描点数的增加而增加,设 n 为单条扫描线的总点数,i 为单条扫描线上所有扫描点中的第 i 个点,$\Delta\tau$ 为视场角误差。考虑到指标差和视场角误差,实际的扫描角 τ_i^*、扫描角 τ_i、扫描角误差 $\Delta\tau_i$ 可分别被表示为

$$\tau_i^* = \frac{\tau + \Delta\tau}{2} - i\,\frac{\tau + \Delta\tau}{n-1} + \varepsilon \tag{3.18}$$

$$\tau_i = \frac{\tau}{2} - i\,\frac{\tau}{n-1} \tag{3.19}$$

$$\Delta\tau_i = \tau_i^* - \tau_i = \varepsilon + \frac{\Delta\tau}{2} - \frac{\Delta\tau}{n-1}i \tag{3.20}$$

　　扫描角误差 $\Delta\tau_i$ 引起了激光系统坐标系中 x 轴的微小旋转，另外，绕 y 轴和 z 轴各有一个扫描平面误差角 $\Delta\varphi$ 和 $\Delta\kappa$，这 3 个扫描误差角的共同作用使得扫描平面不能完全垂直于 x 轴。利用这 3 个微小旋转角，从激光光束坐标系到激光系统坐标系的旋转误差矩阵可以被表示为

$$\Delta R_{lb} = R_{lb}(\Delta\kappa)R(\Delta\varphi)R(\Delta\omega) = \begin{bmatrix} 1 & -\Delta\kappa & \Delta\varphi \\ \Delta\kappa & 1 & \Delta\tau_i \\ -\Delta\varphi & \Delta\tau_i & 1 \end{bmatrix} \quad (3.21)$$

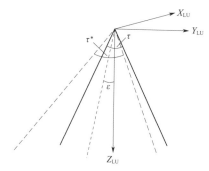

图 3.5　扫描角误差示意图

　　在实验室检校条件下，发射 1m 的激光，会产生距零角 0.1mm 的偏差，换算为角度即为 $0.006°$，最大指标差是这个值的 3 倍，即 $\varepsilon \approx 0.02°$。类似的方法考虑带宽角误差及另外两个扫描平面的未对准误差 $\Delta\tau = \Delta\varphi = \Delta\kappa = 0.03°$。在其余误差不存在的条件下，只剩余扫描角误差的旋转矩阵，考虑到斜距，则由式（3.19）推得 LiDAR 点云的定位误差为

$$\Delta R_{lb} = R_{lb}(\Delta\kappa)R(\Delta\varphi)R(\Delta\omega) = \begin{bmatrix} 1 & -\Delta\kappa & \Delta\varphi \\ \Delta\kappa & 1 & \Delta\tau_i \\ -\Delta\varphi & \Delta\tau_i & 1 \end{bmatrix}$$

$$(3.22)$$

　　式（3.22）表明，LiDAR 点云误差与航高 H 成正比，航高越高，LiDAR 点云的平面和高程误差越大。扫描角一定，则点云的 x 方向误差就与 $\Delta\varphi$ 和 $\Delta\kappa$ 正相关，随着两者的增大而增大；而扫描角误差 $\Delta\tau_i$ 又与扫描角相关，当扫描角为常数时，y 和 z 方向误差也为常数。因此，扫描角是 LiDAR 点云误差的重要影响因子。

　　在航高 $H = 1000$m、扫描误差角 $\Delta\varphi = \Delta\kappa = 0.03°$ 的前提下，扫描角及其误差引起的点云位置误差如图 3.6 所示。在扫描角 τ_i 从 $-30°$ 变化到 $0°$ 的过程中，x 和 y 方向误差大小在不断增大，而 z 方向误差在缓慢地降低；在扫描角 τ_i 从 $0°$ 增加到 $30°$ 的过程中，x、y 和 z 方向误差都在不断增大，只是 z 方向的误差增速较慢。综上，x、y 和 z 方向误差大小分别在 $0.22\sim0.83$m、$0.09\sim0.61$m 和 $0\sim0.35$m 之间变化。

　　（3）安置角误差分析。理论上，激光系统坐标系应与 IMU 的坐标系完全重合，无论如何安装，两者都会存在微小的角度差，沿 x 轴、y 轴和 z 轴方向产生的误差角分别称为侧滚角（roll）、俯仰角（pitch）和偏航角（yaw）。在飞行检校前安置角的误差可能高达 $0.3°$，人工检校后约为 $0.01°$，自动平差检校后的安置角误差可达 $0.004°$。安置角误差矩阵可表示为

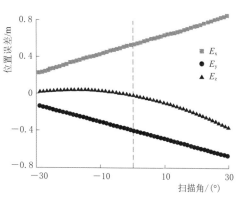

图 3.6　扫描角误差引起的点云位置误差

$$\Delta R_{\mathrm{lb}} = \begin{bmatrix} 1 & \Delta\gamma & \Delta\beta \\ \Delta\gamma & 1 & -\Delta\alpha \\ -\Delta\beta & \Delta\alpha & 1 \end{bmatrix} \tag{3.23}$$

式中：$\Delta\alpha$、$\Delta\beta$、$\Delta\gamma$ 分别为沿 x 轴、y 轴和 z 轴旋转产生的安置角误差。

安置角在检校前都小于 $0.3°$，所以 R_{lu} 可近似为一个单位阵，在假设其余误差为 0 的条件下，由式（3.9）可推得安置角误差对 LiDAR 点云的定位表达式为

$$e_{\mathrm{w}}^{\Delta R_{\mathrm{lb}}} = (\Delta R_{\mathrm{lb}} - I)R_{\mathrm{lb}}s = H \begin{bmatrix} \Delta r\tan\tau_i + \Delta\beta \\ -\Delta\alpha \\ -\Delta\alpha\tan\tau_i \end{bmatrix} \tag{3.24}$$

式（3.24）表明，LiDAR 点云误差与航高 H 成正比，航高越高，LiDAR 点云的平面和高程误差越大。当扫描角 τ_i 不变时，$\Delta\gamma$、$\Delta\beta$ 共同影响着 LiDAR 点云的 x 方向误差，随着两者的增大而相应变大；LiDAR 点云的 y 和 z 方向误差都正比于 $\Delta\alpha$，随着 $\Delta\alpha$ 的增大而增大。当扫描角 τ_i 不变时，LiDAR 点云的误差均为常数。此时，扫描角同样是 LiDAR 点云定位误差的重要影响因子。

检校后的安置角误差为常数，保持航高 $H = 1000\mathrm{m}$ 不变，则安置角误差和扫描角对 LiDAR 点云的误差影响如图 3.7 所示。当扫描角 τ_i 从 $-30°$ 升到 $0°$ 时，LiDAR 点云在 x 方向的误差不断增大，y 方向的误差不变，z 方向的误差逐渐降低；当扫描角 τ_i 从 $0°$ 升至 $30°$ 时，LiDAR 点云 x 和 z 方向误差大小都升高，y 方向误差保持恒定。综上，扫描角引起的 LiDAR 点云在 x、y 和 z 方向误差大小分别为 $0.01\sim0.17\mathrm{m}$、$0.09\mathrm{m}$、$0\sim0.05\mathrm{m}$。

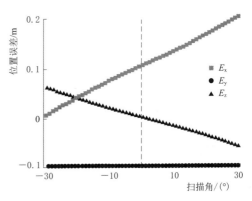

图 3.7　安置角误差引起的点云位置误差

（4）IMU 姿态角误差分析。初始化误差、未对准误差和陀螺仪漂移误差构成了 IMU 姿态角误差。不同年代制造的 IMU 的精度相差较大，为此对各类 IMU 姿态误差取均值，得 roll 和 pitch 的平均误差 $\Delta r = \Delta p = 0.006°$，yaw 误差 $\Delta h = 0.01°$。IMU 姿态角误差产生的旋转矩阵可表示为

$$\Delta R_{\mathrm{INS}} = \begin{bmatrix} 1 & -\Delta h & \Delta p \\ \Delta h & 1 & -\Delta r \\ -\Delta p & \Delta r & 1 \end{bmatrix} \tag{3.25}$$

在飞机稳定飞行的情况下，IMU 的姿态角较小，旋转矩阵 RINS 可近似为单位阵。由于 IMU 姿态角平均误差小于 $0.01°$，偏心分量的值在米级，所以两者的乘积可近似为 0。在只存在 IMU 姿态误差的条件下，由式（3.9）推得 IMU 姿态角误差引起的点云误

差为

$$
\begin{aligned}
e_{\mathrm{w}}^{\Delta R_{\mathrm{INS}}} &= (\Delta R_{\mathrm{INS}} - I)(R_{\mathrm{lb}}s + l_0) \\
&= \begin{bmatrix} -\Delta h(l_{0y} - \rho\sin\tau_i) + \Delta p(l_{0z} + \rho\cos\tau_i) \\ -\Delta h l_{0x} - \Delta\gamma(l_{0z} + \rho\cos\tau_i) \\ -\Delta p l_{0x} - \Delta\gamma(l_{0y} + \rho\sin\tau_i) \end{bmatrix} \\
&\cong \rho\begin{bmatrix} \Delta h\sin\tau_i + \Delta p\cos\tau_i \\ -\Delta r\cos\tau_i \\ -\Delta r\sin\tau_i \end{bmatrix} = H\begin{bmatrix} \Delta h\tan\tau_i + \Delta p \\ -\Delta r \\ -\Delta r\tan\tau_i \end{bmatrix}
\end{aligned} \quad (3.26)
$$

式（3.26）表明，LiDAR 点云误差与航高 H 成正比例，结合图 3.8 看出，yaw 和 pitch 角的误差 Δh 和 Δp 共同作用，影响 x 方向的误差，随着两者的增大而相应变大；y 和 z 方向的误差大小与 Δr 成正比，随着 Δr 的增大而相应变大。在扫描角已知的条件下，LiDAR 点云的误差均为常数。此时，扫描角同样是 LiDAR 点云定位误差的重要影响因子。

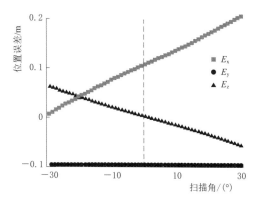

图 3.8　IMU 姿态角误差引起的点云位置误差

当航高 $H = 1000\mathrm{m}$，$\Delta p = \Delta r = 0.006°$，$\Delta h = 0.01°$ 时，IMU 姿态误差和扫描角所造成的 LiDAR 点云定位误差如图 3.8 所示。当扫描角 τ_i 从 $-30°$ 升至 $0°$ 时，x 方向的误差在不断增大而 z 方向误差在不断减小，y 方向的误差恒定，不受扫描角的影响，只与 Δr 相关；当扫描角 τ_i 从 $0°$ 升至 $30°$ 时，x 和 z 方向的误差都一直在增加；y 方向的误差相对稳定。综上，x、y 和 z 方向的误差范围分别为 $0 \sim 0.21\mathrm{m}$、$0.09\mathrm{m}$ 和 $0 \sim 0.06\mathrm{m}$。因为 IMU 姿态角在 y 和 z 方向的误差均低于 $0.1\mathrm{m}$，只要使得 IMU 在 x 方向的定位误差降到 $0.1\mathrm{m}$ 以下，则 IMU 姿态角总体误差都会低于 $0.1\mathrm{m}$，所以 IMU 的 pitch 角误差 $\Delta p = 0.006°$ 保持不变，roll 和 yaw 角误差在分别满足 $\Delta p \leqslant 0.002°$ 和 $\Delta h \leqslant 0.005°$ 条件时，IMU 姿态角的总体定位误差会很小，这就要求制造出的 IMU 具有很高的精度。

3. 任务误差分析

（1）时间偏差分析。时间偏差包括同步误差和内插误差两种。激光扫描仪、IMU 和 GNSS 都使用单独的局部时间和测量频率。IMU 和 GNSS 钟之间的时间差称为 IMU 同步误差，激光扫描仪和 GNSS 钟之间的时间差称为激光扫描仪同步误差，IMU 和激光扫描仪的同步误差之和代表了整体同步误差的大小。当同步误差小于 $10^{-4}\mathrm{s}$ 时，同步误差的位置误差为 1cm。

一般情况下，激光扫描仪的扫描频率在 $20 \sim 500\mathrm{kHz}$ 之间，IMU 的采样频率在 $128 \sim 400\mathrm{Hz}$ 之间，而 GNSS 的采样频率最低，一般在 $1 \sim 2\mathrm{Hz}$ 之间。这 3 种设备不同的采样频率会带来内插误差，当 100Hz 的 IMU 和 1Hz 的动态 GNSS 用到飞机上时，飞机的姿态和位置会以 0.05s 的间隔被内插。内插误差的大小取决于飞行期间的气流变化情况。考虑到同步误差，最后的时间偏差造成的位置误差 Δps 为 3～5cm。

（2）GNSS 定位与偏心分量误差。由于多种因素的影响，GNSS 的定位误差很难估计。在静态 GNSS 基站与机载动态 GNSS 之间的距离小于 30km，没有任何 GNSS 信号失锁，GNSS 卫星几何形状良好，多路径效应最小和电离层活动较弱时，差分 GNSS 动态定位误差才会达到 2cm。这种理想情况很难达到，但经过 GNSS/IMU 的卡尔曼滤波后，航迹精度一般在 0.05～0.1m 之间。GNSS 天线相位中心与激光扫描仪发射中心之间的偏心分量较难直接量测，一般是通过分别量测 GNSS 天线与 IMU 之间的偏心分量、GNSS 天线与激光扫描仪之间的偏心分量来实现的。量测的方法有两种：一种是利用控制点检校的方式，这种方法检测的结果很精确，但是不容易实现；另一种是利用卷尺绘图量测，这种方法的前提是认为 IMU 和激光扫描仪是严格对准的，所以很容易实施。假设 GNSS 天线与 IMU 的夹角为 0.3°，水平距离为 5m，则两者之间的测量误差大约为 3cm；同理，激光扫描仪与 IMU 之间的测量误差也可认为是 3cm。

4. 随机误差分析

虽然 LiDAR 系统发射的每一个脉冲可以接收到多个回波，但在植被覆盖度高的区域，很难确保回波最后是否达到过地面。地表植被稠密程度的不同会导致不同的 LiDAR 点云精度，植被越茂密，LiDAR 点云穿透植被到达地面的点就越少，地面激光点的密度就越低，点云的高程误差就越大；反之，植被越稀疏，LiDAR 点云就越容易穿透树木的树叶到达地面，地面点的数量就越多，点云的高程误差就越小。

因此，实际照射到地面的激光点的密度决定着激光点的高程精度。有外国学者用点云密度 λ 和地形坡度 θ 共同描述了一个高程误差的经验模型，前述已经考虑到了地形坡度对 LiDAR 点云的定位误差的影响，这里可以假设地形坡度 $\theta=0$，即在地形为平原的情况下，高程误差 δ_z 可表示为

$$\delta_z = 0.06/\sqrt{\lambda} \tag{3.27}$$

点云密度 λ 通常在 0.5～20pts/m² 范围内，则点云密度所产生的高程误差位于 0.01～0.08m 之间。

3.2　点云数据内容

（1）数据格式。激光雷达获取影像数据宜采用 JPEG 格式，激光点云数据宜采用 LAS 1.0 及以上版本格式，彩色激光点云数据还可采用 XYZ 格式。

（2）存储单元。数据应分幅分块存储，并进行分幅和编号，非地形测量可结合待测目标性质和使用目的确定存储规则。

（3）元数据。应建立项目级别的元数据，并可以与图和文字结合起来表达。元数据应包括下列内容：

1）数据基本描述信息。包括坐标系、点云密度、范围、采集时间等。

2）数据处理信息。包括采集单位、处理单位、产权单位、数据处理方法等。

3）数据存储信息。包括存储格式、有效期等。

3.3　地面激光雷达点云数据处理

点云数据预处理主要是剔除数据获取过程中受外界及设备自身等多种因素和某些介质的反射特性影响而产生的明显噪点。

3.3.1　数据格式转换

国内外不同品牌激光雷达存储的点云数据的原始格式不尽相同，甚至同品牌不同时期的设备其数据格式也存在差异。各品牌设备的点云数据后处理软件也是千差万别。扫描原始数据时，为方便存储，通常都以压缩格式保留在仪器中，为数据处理需要，一般利用随机软件对原始数据进行解压解码，转换成随机软件可识别的格式，或转换为通用格式。国内外不同品牌激光雷达原始数据格式见表3.2。

表3.2　　　　　　　　　不同品牌激光雷达原始数据格式

仪器品牌	数据格式	仪器品牌	数据格式
FARO	.fls，.fws	Leica	.ptx，.ptg，.pts
Optech	.scan，.ply	Trimble	.fls，.pts
Riegl	.rxp，.3dd，.ptc	中海达 IScanHS	.hsr，.hls
Z+F	.zfls	MaptekI-site	—
北科天绘	.imp		

注：数据通用格式有.LAS，.XYZ，.txt，.pts。

3.3.2　点云去噪

在凸出或凹陷物体临界边缘，激光触碰到目标体后可能会接收到两个甚至更多的反射信号；在工作环境复杂、活动频繁的施工现场，施工机械运动、人员走动、树木、建筑物遮挡、施工浮尘及扫描目标本身反射特性的不均匀等，都会造成扫描获取的点云数据中存在不稳定点和噪声点，这些点是扫描结果所不期望出现的。

引起噪点的因素主要包括三类：第一类是由被测对象表面因素，如表面粗糙度、材质、距离、角度等，它们都会引起误差，自然界中一些目标体反射率较低而将入射激光全都吸收、扫描距离过远或激光入射角度过大，都会使反射激光信号较弱，进而产生噪点；第二类是由扫描系统本身引起的误差，如扫描设备的测距、定位精度、分辨率、激光光斑大小、步进角精度以及激光雷达振动等；第三类噪点主要为偶然噪点，在数据扫描、采集过程中，外界一些偶然因素会导致形成点云数据的噪点，如空中飘浮的粉尘、飞虫、移动的人员、机械、植被等，它们在扫描设备与扫描目标之间出现，将产生噪点数据。以上点云数据应该在后期处理中予以删除。删除过程中，可以利用点云分块隐藏、旋转角度等方法，选取无用点云数据。一般情况下，针对噪点产生的不同原因，可适当采用相应办法达到消除噪点的目的。对于第一类噪点，用调整仪器设备位置、角度、距离等办法解决；第二类噪点是系统固有噪点，可以用调整扫描设备或平滑、滤波的方法过滤掉；第三类噪点则需要用人工交互的办法解决，例如植被可采样并设置灰度阈值剔除，或者人工直接剔除。

3.3.3 点云数据拼接与坐标转换

地面激光雷达在获取数据时，如果受遮挡或视场角受限制，很难一次扫描得到目标体的完整点云数据。因地形复杂程度和通视条件的不同，大多时候无法一站扫描所需的全部地形数据，为了获得完整的空间三维数据，需要多角度扫描才能完成目标。点云数据获取时，每幅点云数据都是以激光雷达位置为零点的局部坐标系，不同站点扫描得到的点云数据的坐标系是独立和不关联的，即便有些激光雷达内置了 GNSS 定位装置和方位传感器，但其精度还是远远达不到点云拼接的要求。每个扫描机位点获取的三维数据都是真实场景的部分数据，只有把这些点云数据转换到同一坐标系里，才能重建物体真实的三维空间。因此激光雷达扫描后处理要对多站点云数据进行拼接。点云数据拼接需对空间数据进行一系列的三维变换，包括平移、旋转等操作。点云数据常用的拼接和坐标转换方法有两类：一类是基于标靶的拼接匹配；一类是基于几何特征的拼接方法。

点云数据在拼接和转换时因使用设备性能的差异，方法亦不同。例如类似于全站仪的具有对中整平定向功能的激光雷达，无须采用上述方法，即可在已知控制点上设站，通过定向功能获取目标体真实的三维坐标，所获成果为统一的大地三维坐标；带有对中整平装置但无定向功能的激光雷达，其拼接则以站点位置为基点调整旋转，使重叠扫描区域的点云数据重合。

（1）基于标靶的点云数据拼接与坐标转换。基于标靶的点云数据拼接方式有链式拼接和环式拼接。拼接时按扫描次序依次进行，优先选择扫描质量较好的标靶。在前后两个扫描视场中设置公共同名控制点，实现坐标统一。这就要求在数据采集过程中将标靶设置在扫描视场范围内，确保在前后两个扫描机位点上能够同时采集到标靶。在点云数据后处理过程中，软件自动识别同名标靶点（3 个以上）在不同视场内的坐标，通过坐标变换的方法求解多视点云坐标转换参数，将激光雷达自建坐标系点云数据转换成统一的大地坐标系点云数据。

（2）基于几何特征的点云数据拼接与坐标转换。多站点云数据拼接常用点云匹配的方法来完成，即搜索相邻两幅点云图之间重叠部分的几何空间特性，从而求解多站点云拼接参数。这种拼接算法的精度主要取决于点云采样密度和点云质量，植被过多等因素会造成拼接精度下降，采样点间距偏大也会造成拼接精度降低。此算法要求待拼接的点云数据在三个正交方向上须有足够的重叠，这些重叠部分为匹配计算提供样本数据。根据已有的扫描经验，两站扫描数据重叠部分最好能占整个三维影像的 20%，重叠率设置太小，拼接的精度难以保障；重叠率设置太大，现场数据采集的工作量势必增大。

理论上，点云数据的拼接就是使所有来自两幅扫描点云图中的同一点的点对（p_i, q_i）满足同一变换矩阵 T，即使得式（3.28）成立。

$$\forall p_i \ni P, \ \exists q_i \ni Q, \ \parallel Tp_i - q_i = 0 \parallel \tag{3.28}$$

式中：P、Q 分别为两次扫描的三维点云集；p_i、q_i 分别为 P、Q 中的任意点对。

计算时直接求解式（3.28）是十分困难的，因为在数据拼接计算时需要解决两个问题：一个是公共点对的查找问题；另外一个是变换矩阵 T 的求解问题。为了解决数据拼接的问题，可以采用计算机搜索的方法，将方程求解问题转化为搜索变换矩阵 T，满足式（3.29）中的 Error 最小即可，拼接计算中 Error 最小一般需要给出一个误差值，当达到这个误差值时便可停止搜索计算。

$$Error = \sum_{i=1}^{N_p} \| Tp_i - q_i \|^2, \quad q_i = \min \| Tp_i - q \| \tag{3.29}$$

式中：$Error$ 为同名点对距离，即所谓的拼接误差；p_i、q_i 分别为 P、Q 中的任意点对。

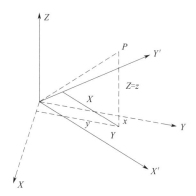

图 3.9 旋转坐标系示意图

两站点云数据坐标匹配统一，需要经过坐标轴系的旋转与平移。如图 3.9 所示，坐标系 $o\text{-}xyz$ 经过坐标轴旋转后，再将旋转系的原点平移到参考系 $O\text{-}XYZ$ 的原点上。坐标轴系旋转和平移分别可用式（3.30）和式（3.31）表示。

旋转矩阵表示为

$$\begin{bmatrix} X \\ Y \\ Z \end{bmatrix} = R(\alpha, \beta, \gamma) \begin{bmatrix} x \\ y \\ z \end{bmatrix} + T \tag{3.30}$$

平移矩阵表示为

$$T = \begin{bmatrix} x_0 \\ y_0 \\ z_0 \end{bmatrix} \tag{3.31}$$

式中：x_0、y_0、z_0 分别为三维坐标轴方向上的平移量；α、β、γ 为旋转参数。

这样坐标转换模型就包含了三个平移参数 x_0、y_0、z_0 和三个旋转参数 α、β、γ，利用此转换矩阵计算模型可以将 $o\text{-}xyz$ 中的点云数据坐标 (x, y, z) 转换到参考系 $O\text{-}XYZ$ 中。

设定三个坐标轴旋转次序依次为 Y、X、Z，沿各轴旋转角度分别为 α、β、γ，由此式（3.30）可改写为

$$\begin{bmatrix} X \\ Y \\ Z \end{bmatrix} = R_x(\alpha) \cdot R_y(\beta) \cdot R_z(\lambda) \begin{bmatrix} x \\ y \\ z \end{bmatrix} + T \tag{3.32}$$

如图 3.9 所示，当坐标轴系绕 Z 轴旋转 γ 角后，其旋转矩阵 $R_z(\gamma)$ 为

$$R_z(\gamma) = \begin{bmatrix} \cos\gamma & \sin\gamma & 0 \\ -\sin\gamma & \cos\gamma & 0 \\ 0 & 0 & 1 \end{bmatrix} \tag{3.33}$$

同理可得，坐标系绕 Y 轴旋转 β 角、绕 X 轴旋转 α 角的旋转矩阵分别为 $R_y(\beta)$ 和 $R_x(\alpha)$，其公式为

$$R_y(\beta) = \begin{bmatrix} \cos\beta & 0 & \sin\beta \\ 0 & 1 & 0 \\ -\sin\beta & 0 & \cos\beta \end{bmatrix} \tag{3.34}$$

$$R_x(\alpha) = \begin{bmatrix} 1 & 0 & 0 \\ 0 & \cos\alpha & \sin\alpha \\ 0 & -\sin\alpha & \cos\alpha \end{bmatrix} \tag{3.35}$$

由 $R(\alpha, \beta, \gamma) = R_x(\alpha) \cdot R_y(\beta) \cdot R_z(\lambda)$ 可得

$$R(\alpha, \beta, \gamma) = \begin{bmatrix} \cos\beta\cos\gamma & \cos\beta\sin\gamma & -\sin\beta \\ -\cos\alpha\sin\gamma + \sin\alpha\sin\beta\cos\gamma & \cos\alpha\cos\gamma + \sin\alpha\sin\beta\sin\gamma & \sin\alpha\cos\beta \\ \sin\alpha\sin\gamma + \cos\alpha\sin\beta\cos\lambda & -\cos\alpha\cos\gamma + \cos\alpha\sin\beta\sin\gamma & \cos\beta\cos\beta \end{bmatrix}$$

$$\tag{3.36}$$

综上，点云数据的拼接匹配需计算得到 6 个转换参数（x_0、y_0、z_0、α、β、γ），解出这六个参数需指定不少于 3 对同名点。

前后两幅扫描点云图都含有海量的点云数据，由于它们各自拥有独立的坐标系统，软件自动搜索完成匹配不仅需要大量的计算时间，而且很可能导致搜索匹配失败。因此，往往需要人为指定 3 个或更多的同名点，先将两幅点云影像数据初步匹配，使得两幅影像数据同名点更为靠近，然后再由处理软件进行搜索并找到误差最小的矩阵转换参数，从而完成拼接匹配。比如，在三维点云处理软件 Polyworks 的 IMAlign 拼接模块中，导入待拼接的两幅点云数据，将其中一幅作为基准锁定，然后指定 3 个同名点（图 3.10），软件将未锁定的点云影像初步进行几何变换，根据指定的同名点将两幅点云数据重合（图 3.11），接着根据人工指定的搜索范围进行计算匹配，使得点云数据 Error 最小（或满足设定的误差要求），达到设定要求后搜索计算停止，两幅点云数据拼接匹配完成（图 3.12），如果计算值不收敛，则需重新设定搜索参数直接计算数值收敛。三维点云数据在拼接过程需要设定误差参考值和拼接搜索范围值，随着匹配计算次数的不断增加，其 Error 值越来越接近设定的误差允许参考值，直到小于误差参考值，搜索计算停止，否则计算结果不收敛，拼接失败。三维点云数据拼接完成后，通过拼接软件可查询拼接误差的分布情况（图 3.13）。

图 3.10　IMAlign 中同名点的选取

图 3.11　点云数据的拼接

实践表明，两期点云数据初始的同名点重合操作较为理想，指定的搜索范围也适合，点云搜索匹配计算量小，很快便可完成数据拼接。另外需要注意的是，指定的搜索范围不当可能导致拼接精度下降。

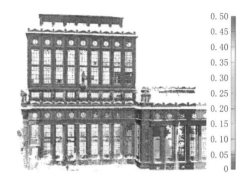

图 3.12　拼接完成图　　　　　　　　　　图 3.13　拼接误差显示（单位：mm）

3.3.4　点云纹理映射

激光雷达设备获取的点云数据本身是不具备彩色信息的，而是通过后期的数据处理，将数码相机获取的彩色影像与点云数据在位置上形成一一对应关系，这样才能真实直观地显示物体所有的细节及特征，形成带有纹理彩色信息的 3D 模型（图 3.14 和图 3.15）。

图 3.14　原始点云数据　　　　　　　　　　图 3.15　附加彩色信息的点云数据

目前，大多数激光雷达设备都有内置数码相机或外置相机，在点云数据获取的同时，相机也拍了同轴的数码照片信息。点云数据与纹理在很多细节上有着互补的特性。在点云数据调查中，有时点云显示细节看得更清楚，有时彩色信息更能说明问题。彩色信息体现了现实物体的客观属性，也是点云数据中重要的附加信息。在地质工程相关研究中，色彩信息往往也具有重要的参考价值。

由此可知，点云数据的彩色信息来源于数码照片与三维点云数据配准的纹理映射。数码相片的获取主要包括两个途径：一是激光雷达设备内置的相机，其与内部原点的空间位置关系相对固定，内置相机的焦距也是固定的，换言之，内置相机获取的图像与点云数据的映射关系是固定不变的，只要在设备出厂时标定好，通过后期的数据处理或者计算机自动处理后，获取的点云数据就可以是彩色的，但在大多数情况下，内置相机映射的彩色信息点云数据不是十分理想，问题出在内置相机获取的彩色图片的质量上，由于内置相机定焦距，而且目前内置相机技术还不能完全同步于市场上使用的数码相机获取的图片质量，故内置相机获取的数码图片质量较独立数码相机获取的图片质量要差很多；二是外置相机，外置相机又包括两种，一种是相对固定焦距、固定位置的外置相机，将外置相机位置校准后，得到校准参数，通过相应的软件处理，便可将该相机获取的彩色图像映射到点云数据中，采用这种方式的典型设备有 Riegl 的激光雷达，另一种是任意位置的数码相机，这种方式的外置相机不受空间位置的影响，其是利用目标体与彩色数码相片间的特征点进行映射匹配的，采用这种方式的激光雷达有徕卡的激光雷达设备。

综合起来，采集彩色点云数据主要存在以下问题：

（1）内置相机参数设定难度大。目前的扫描设备基本上都配置了内置的数码相机，但这些相机与普通的数码相机还是有很大区别，内置相机很多参数需要人工干预，不能做到"傻瓜式"。比如 Optech ILRIS‐3D 系列激光雷达，其内置相机就需要设置如曝光值、Gama 值、白平衡等多项信息，设置不好容易出现偏色等问题，对此进行操作需要丰富的经验与一定的摄影光学知识，因此设置参数难度较大。该设备设置彩色信息时也可采用自动校正的方法，然后手动根据具体效果进行修正。

（2）外置相机彩色相片与三维点云数据配准不精准。外置相机位置相对固定的扫描设备，如 ILRIS‐3D、Riegl 等型号或公司的扫描设备，都是将单反定焦距的数码相机固定在扫描设备上，在扫描的同时获取外部数码相片，后期数据处理时，将外置相机的彩色信息根据相对应的映射关系匹配到点云数据上面，这种方式避免了内置相机的缺点。但是外置相机微小的固定误差、扫描目标距离的变化、校准参数的误差都将导致彩色信息与三维点云数据不能完全匹配，存在彩色信息偏移等问题（图 3.16），这也是目前三维数据彩色信息发展的瓶颈之一。不固定位置的外置扫描设备，如 Leica ScanStation 2，采用不定焦距、不定位置的外置相机采集数据，对数码相机要求较低，完全是通过三维点云数据与彩色图像像素，利用公共点进行校准匹配，其优点是图像采集灵活、方便匹配、精度高，缺点是后期数据处理工作量大。

图 3.16　彩色点云配准误差（白框范围内）

综合比较，外置相机较内置相机彩色效果好，但需后期利用公共点进行纹理映射。而不固定位置的外置相机相对于固定位置的外置相机，数据彩色信息匹配精度更高、更灵活，但数据处理工作量较大。

（3）多站图像彩色信息不协调。根据扫描设备采集彩色信息的原理，每次扫描过程中都采集目标体的彩色信息。采集过程都是在扫描站点所处环境条件下进行的，也就是说在不同扫描站点，其光照条件是变化的，这样得到的每站扫描的彩色点云数据都是独立条件下的彩色信息。光线条件的多次变化，导致彩色图片各项参数在采集过程中都在变化，这种情况的最终结果就是点云数据拼接后，各站点云数据的彩色信息不协调，致使彩色信息杂乱，这是内置相机和相对固定位置的外置相机采集彩色信息时无法避免的（图3.17）。

图3.17　内置相机多站彩色信息

对比外置数码照片的耦合，以徕卡 ScanStation 2 激光雷达为例，其内置的同轴数码相机，用户可将像素分辨率定义为高、中、低三种，单帧图像为24°×24°（1024 像素×1024 像素），在扫描设定为360°×270°的全角扫描状态下，内置同轴相机可采样111 幅图像，相片空间位置自动矫正，彩色信息的采集效果相当不错。但是目前受技术瓶颈限制，所有激光雷达内置相机的性能都无法与日常使用的数码相机媲美，如分辨率、自动曝光、色彩平衡、对焦等性能，特别是在野外现场光线变化复杂的情况下，更暴露其缺点。因此，采用外部数码相机获取的照片与三维点云数据进行耦合，才能得到近于完美的彩色点云数据。图3.18 和图3.19 分别为内置相机、外置相机获取的彩色信息。

指定点云数据与彩色数码相片像素点间的对应关系。一般指定 6～10 个点或者更多。图3.20 为 Cylone 软件中进行照片耦合时选取的特征点，共选择了 7 个特征点，从而将外置相机获取的彩色信息与三维点云数据进行准确耦合。

3.3.5　点云数据分类

激光雷达获取的海量三维数据中，包含了各类信息的点。因使用激光雷达的目的不同，

图 3.18　ScanStation 2 内置相机获取的彩色信息

图 3.19　外置相机照片与点云耦合后的彩色信息

对点云数据类型的关注重点也不同，除将外业获取的明显噪点剔除外，其他数据还需要进行合理分类，以供不同行业人员使用或进行数据的后期加工。点云数据所有点同层归类，不同属性的点用不同的颜色标识，从而分出各类点，如最低点、低于地表点、地面点、植被点、建筑物点、专题点等。点云数据分类可采取以下方式进行。

（1）手工分类。人工手动剔除点云数据中的植被，就是在点云处理软件中对数量比较少且孤立生长的高大植被，通过将

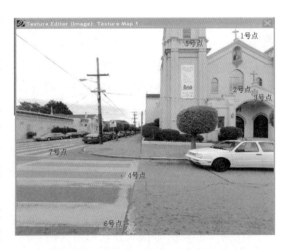

图 3.20　选取数码照片中的特征点

其旋转到合适的视场角度来选择并剔除（图 3.21）。这种方法的优点是植被剔除过程比较简单，准确性也比较高，缺点是只能处理少量的植被，效率比较低。

图 3.21 剔除孤立的植被

（2）按激光反射强度分类。由于不同物质的激光反射强度不同，因此点云数据产生的激光反射强度值也不一样，在很多三维后处理软件中，可以通过激光反射的强度信号来区分不同的物质，这样就可以快速地选择植被，并将其剔除（图 3.22）。此种方法适合处理较大区域范围内的浓密植被，但是对于树干等点云数据剔除效果不好，总体来讲剔除植被的精度不高。

图 3.22 根据点云反射强度值剔除植被

（3）构建模型分类。比如 Polyworks 软件提供了一个 DTM 模型表面来剔除地表上的一些杂草及干扰物体（图 3.23），在数据处理过程中，需指定一个数字高程表面。这种方法适合地面较为平整、起伏不大的条件，在植被密度不是很大的情况下，具有一定的适用性。

图 3.23　剔除模型表面以上的植被

（4）利用多回波技术分类。多回波技术最早应用于机载激光雷达设备当中，其基本原理是扫描设备发射一束激光束，由于激光是具有一定直径大小的光斑，当激光光斑接触到物体，尤其是植被的叶片或者枝干等部位边缘时，激光束会形成多次的回波数据，直至最终的地面数据被反射。伴随着技术的发展，这种多回波技术后来被用于地面型激光雷达设备当中。这种技术对于植被的识别与剔除非常有效，图 3.24～图 3.26 为 Riegl 地面激光雷达多回波技术获取的三维点云数据。Riegl 公司把这一系列多次回波点云数据区分为主要的四大类波形：单一次回波（绿色）、第一次回波（黄色）、其他次回波（浅蓝色）、最后一次回波（蓝色）。按照设计的技术原理，一般情况下单一次回波数据测量的部位，要么全部激光光斑打在植被上面没有形成多次反射，要么直接测量到地面而形成唯一的回

图 3.24　利用多回波技术获取的激光雷达点云数据

波。最后一次回波既有可能没有到达地面也有可能到达地面。而第一次回波和中间的多次回波可以认为都是植被造成的多次反射形成的数据。因此，在实际测量中应用单一次回波与最后一次回波数据，剔除第一次回波和中间的多回波数据，基本上可以剔除大量植被形成的干扰数据。在剩下的点云数据中，植被残留的点云数据比较少，再通过人工手动剔除。

利用多回波技术剔除植被效果比较理想，是目前植被剔除较为有效的方法之一，但前提是扫描设备硬件支持多回波技术。

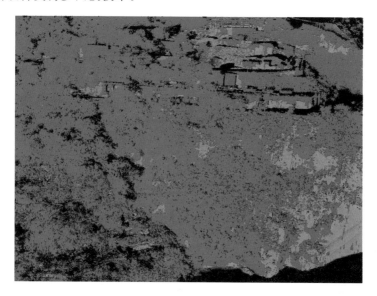

图 3.25　通过过滤选择植被数据

图 3.26　剔除植被后的地面数据

（5）多尺度维度分类。激光雷达设备发射的激光束都是有一定规律的，也就是说当有序的激光束打到规则的连续物体表面时，形成的点云影像数据本身也是具有一定的几何空间特征的。而当激光束打到杂草、树木等物体时，这些物体与岩体、地面相比较，点云形态显得杂乱无章，且这两类物体的点云形态在几何尺度上差异明显。目前，点云分类算法是一种新的点云分类研究方向，是根据不同地物在不同尺度下呈现出来的不同特性对点云数据进行分类。

多尺度维度特征研究的是点云在不同比例尺下的局部维度特征，即通过局部维度研究点云的几何特征，使点云在一个给定位置和比例尺下表现为一条线（1D）、一个平面（2D）或分布在整个区域（3D）中。同一部分点云，采用不同的尺度，呈现出不同维度特征。图 3.27 为某河滩的点云数据，河滩边坡表面由大小不同的岩石、卵石和高低不等的植被等组成。在几厘米的尺度下，岩石看起来是二维平面，碎石是三维表面，植被则由一维（茎）和二维（叶片）元素混合组成；在大尺度（如 50cm）下，岩石大部分呈现为二维，碎石看起来更像二维平面，植被看上去则像三维。因此，不同尺度下的维度特征可以作为区别不同对象类别的依据。在这一方面，国外的 Nicolas Brodu 和 Dimitri Lague 以及国内中国水利水电科学研究院的刘昌军等都对这一方法开展了较多的研究。

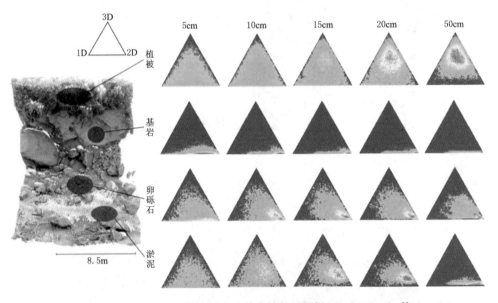

图 3.27　地物点云多尺度维度的分类特征（根据 Nicolas Brodu 等）

在已有理论研究的基础之上，利用地物点云多尺度维度特征开展计算机编程研究，基于三维点云处理软件 Polyworks 运行平台，以软件插件的形式对点云数据中不同地物多维度尺度特征进行分析计算，从而实现对点云数据中的植被加以识别与剔除。

3.3.6　点云分类核心算法及软件开发

1. 核心算法的基本原理

线性判别分析（linear discriminant analysis，LDA）算法，也称为 Fisher 线性判别（fisher linear discriminant，FLD），是模式识别的经典算法。这一算法是在 1996 年由 Belhumeur 等提出，在模式识别和人工智能领域应用较为广泛，比如人脸面部特征识别等。其核心的思路是将高维的模式样本投影到最为理想的鉴别矢量空间，从而实现抽取分类信息以及压缩特征空间维数的目的。在样本投影过程中，要确保模式样本在新的子空间范围内，满足一定的条件使其具有最大的类间距离和最小的类内距离，也就是说模式样本在该空间中有最为理想的分离特性。

LDA 的数学表达可以描述如下：假设一个 R^n 空间，空间内有 m 个样本。这 m 个样本依次为 x_1，x_2，$\cdots$，x_m。而每个样本 x 都是一个 n 行的矩阵，其中 n_i 表示属于 i 类样本的数目，假设有 c 类样本数，则

$$n_1 + n_2 + \cdots + n_i + \cdots + n_c = m \tag{3.37}$$

由此，i 类的样本平均值可推导为

$$u_i = \frac{1}{n_i} \sum_{x \in classi} x \tag{3.38}$$

根据类间离散度矩阵和类内离散度矩阵定义，可得

$$S_b = \sum_{i=1}^{c} n_i (u_i - u)(u_i - u)^{\mathrm{T}} \tag{3.39}$$

$$S_w = \sum_{i=1}^{c} \sum_{x_i \in classi} (u_i - \overline{x}_i)(u_i - \overline{x}_i)^{\mathrm{T}} \tag{3.40}$$

式中：S_b 为类间离散度矩阵；S_w 为类内离散度矩阵；n_i 为属于 i 类的样本个数；x_i 为第 i 个样本；u 为所有样本的均值；u_i 为 i 类的样本均值；$(u_i - u)(u_i - u)^{\mathrm{T}}$、$(u_i - \overline{x}_i)(u_i - \overline{x}_i)^{\mathrm{T}}$ 为类协方差矩阵，$(u_i - u)(u_i - u)^{\mathrm{T}}$ 为类与样本总体之间的关系。

这个类协方差矩阵中对角线上的函数，表达的是类相对样本总体方差（样本分散度）。而矩阵中非对角线上的元素，表达的是该类样本总体均值的协方差（该类和总体样本的关联度），式（3.39）可以将所有样本中各个样本，依据所属的类计算出样本与总体样本的协方差矩阵的总和，从而表达所有类和总体之间的关联度。基于这一原理，式（3.40）计算的是类内样本和所属类之间的协方差矩阵之和，体现在宏观上是类内各个样本与类之间的离散度。

LDA 作为一个经典的分类算法，最终期望得到的结果便是类之间的耦合度越小越好（类间离散度矩阵中的数值越大越好），而类内的聚合度越高越好（类内离散度矩阵的中的数值越小越好）。

在分析计算中，需要引入 Fisher 鉴别准则，其表达式为

$$J_{\text{fisher}}(\varphi) = \frac{\varphi^{\mathrm{T}} S_b \varphi}{\varphi^{\mathrm{T}} S_w \varphi} \tag{3.41}$$

式中：φ 为任一 n 维列矢量。

Fisher 线性鉴别分析中，选取的就是使得 $J_{\text{fisher}}(\varphi)$ 达到最大值时的矢量 φ 作为投影方向，也就是投影后的样本要具有最大的类间离散度和最小的类内离散度。

将式（3.39）和式（3.40）代入式（3.41）可得

$$J_{\text{fisher}}(\varphi) = \frac{\sum_{i=1}^{c} n_i \varphi^{\mathrm{T}} (u_i - u)(u_i - u)^{\mathrm{T}} \varphi}{\sum_{i=1}^{c} \sum_{x_k \in classi} \varphi^{\mathrm{T}} (u_i - x_k)(u_i - x_k)^{\mathrm{T}} \varphi} \tag{3.42}$$

设矩阵

$$R = \varphi^{T}(u_i - u) \tag{3.43}$$

其中 φ 假定为一个空间，那么 $\varphi^{T}(u_i - u)$ 即是 $(u_i - u)$ 构成的低维空间的投影，而 $\varphi^{T}(u_i - u)(u_i - u)^{T}\varphi$ 就可以表示为 RR^{T}。当研究样本为列向量时，RR^{T} 即表示 $(u_i - u)$ 在 φ 空间的几何距离的平方。

根据以上分析，便可推导出 Fisher 线性分析表达式中的分子是样本在投影 φ 空间下的类间几何距离的平方和，而分母是样本在投影 φ 空间下的类内几何距离的平方差。因此，分样本类问题主要为样本到低维空间的投影，分类的最佳效果表现为投影的类间距离平方和与类内距离平方差之比最大。

2. 插件开发的基本过程

插件程序采用 C++编程，开发平台为 Microsoft Visual Studio 2010、Polyworks 2014。利用 Polyworks 提供的 COM 接口，在 Microsoft Visual Studio 2010 中建立 ATL 工程，实现与 Polyworks 之间的通信连接。

3. 数据处理及计算

地面雷达点云数据的计算流程大致如下：

（1）数据准备。图 3.28 为一典型的山区地貌的点云数据，从点云数据中可以清晰地看到斜坡周边植被发育。对于这类点云数据，传统方法难以对植被进行准确剔除，而点云分类的插件程序能将植被和地貌分开，准确率可以达到 95% 以上。

数据准备前，先分别选择典型的地形点云数据样本和典型的植被点云数据样本，并将两者分别以文本形式保存（图 3.29）。

图 3.28　植被茂密的三维点云数据

（a）典型地形点云数据样本   （b）典型植被点云数据样本

图 3.29　选取的地表和植被的样本数据

（2）启动插件程序，设置参数。启动插件程序，程序界面如图 3.30 所示。在插件程序界面，需导入原始点云数据、设置输出分类点云数据存储位置、导入地形和植被的样本数据，并设置每个样本集的尺度比参数（如尺寸可设置为 0.5～5m，间隔 0.5m）。点击运行，开始分类计算。

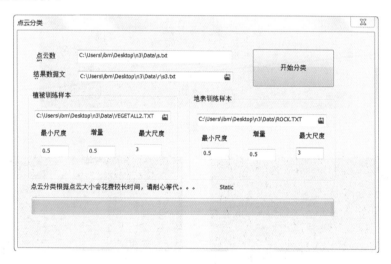

图 3.30　点云分类插件界面

（3）生成尺度比文件。根据样本集点云数据及设定的尺度比参数，插件程序自动生成分类尺度比文件。每个点云样本都有一个单独的尺度比文件。

（4）通过 LDA 建立分类器。插件程序调用不同的尺度比文件，通过线性判别式分析（linear discriminant analysis），建立一个分类器。插件程序对这个分类器文件进行验证。

（5）三维点云数据分类计算。根据这个分类器文件，对整个场景的点云文件进行分类处理，生成不同类别的三维点云集。

（6）在 Polyworks 软件中实现点云分类。将计算出不同类别的三维点云集导入 Polyworks 的目录树中，由此完成点云分类，也就实现了植被点云数据的提取。

图 3.31 显示的是经点云分类插件程序计算得到的结果，从图中可以清晰地看到程序已经将茂密的植被点云数据搜索出来并和地形点云数据分离，从图 3.32 中可以看到植被数据和地形数据是分开的，由此不难看出此插件程序可以有效地完成植被点云数据的分离剔除，不需要扫描设备硬件支持，几乎所有扫描采集的点云数据都可以用其进行点云植被的剔除分离，其完成的复杂环境条件下的分类计算，准确率非常高。目前该插件在算法优化、程序的系统集成、人性化交互等方面还有很大的提高空间，还需继续进行研究，但可以看出其是植被剔除有效的方法之一。

图 3.31　分离完成的点云数据（绿色的为植被点云）

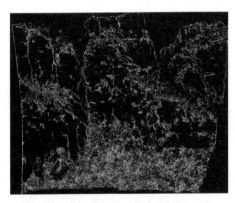

（a）分类后的植被点云数据　　　　　　　　　　（b）分类后的岩体点云数据

图 3.32　植被和地形分离开的点云数据

3.3.7　点云数据生产及模型化

　　根据激光雷达技术原理，点云数据并不是先天就具有彩色信息，而是通过后期的数据处理而获得的。从内置或者外置的数码相机获取的彩色照片中提取的色彩信息，通过坐标匹配后期将彩色信息叠加到点云数据中，导致激光雷达数据的彩色信息存在一定误差。这是目前激光雷达技术无法克服的。但是激光雷达技术利用激光对不同物体属性反射强度的差异而获取的物体灰度信息，是直接从激光数据中读取的，是伴随激光测距而直接得到的信息，这个灰度信息是准确无误的。激光雷达技术经过数年的发展，无论采用何种激光测距原理、何种激光频率，其采用点云坐标数据表现几何物体空间形态的方法都是一致的。市场上种类繁多的激光雷达设备无外乎在扫描精度、扫描距离、视场角大小、采样分辨率、多次回波采样等技术上做文章。

就被测量物体而言，离散点表达的空间几何特性是有限的、不细致的，色彩信息是不连续的。因此，将这些离散的点连接起来，形成连续的面，用这些面来表达现实世界中的物体表面，从而更为连续、更为全面、更为细致，便出现了"模型化"的概念。在三维技术中，无论是激光雷达技术还是摄影测量技术，将点连成线的理论与方法都是一致的。

将三维点云坐标数据构网（图 3.33）生成数字表面模型，在由点生成面的构网过程中，既可以用规则的方格网［图 3.33（a）］，也可以用不规则的三角网格［图 3.33（b）］。对于非地形测量生成的模型而言，由于空间形态复杂，在构网过程中多采用三角网格，而对于地形测量的三维模型而言，大面积的地形模型多采用规则的矩形网格形式，复杂多变的地形或者高精度的地形模型多采用三角网格模型。在生产应用过程中也衍生出混合式构网模型［图 3.33（c）］，只是应用得较少而已。

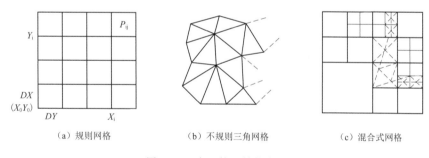

（a）规则网格　　　　　　　　（b）不规则三角网格　　　　　　　（c）混合式网格

图 3.33　点云构网结构类型

在点云数据模型化过程中，通常采用数字地形模型（DTM）、数字高程模型（DEM）、数字表面模型（DSM）等表示。其区别在于：DEM 是高程数据的 3D 计算机图形表示；DSM 代表地球表面并包括其上的所有对象，一般应用于景观建模、城市建模和可视化应用；DTM 表示没有任何物体（如植物和建筑物）的裸露地面，通常用于洪水或排水建模、土地利用研究、地质应用和其他应用。

3.4　机载激光雷达点云数据处理

机载 LiDAR 在完成激光扫描飞行任务后，获得的数据通常有三类差分 GNSS 数据、惯性测量单元 IMU 数据和激光扫描测距数据等。GNSS 数据和 IMU 数据统称为定位定向 POS 数据。这些数据记录了每个激光脉冲的发射信息和返回信息，一般包括位置、方位或角度、距离、时间、强度、回波等飞行过程中系统所得到的各种数据。利用 GNSS 数据、IMU 数据和扫描测距数据可将激光点的 WGS-84 坐标系下的 X、Y、Z 坐标计算出来。这些具有精确三维坐标的大量的离散点称为激光雷达点云。

1. 机载 LiDAR 点云数据的构成

（1）几何数据。激光雷达点云的几何数据即点云的空间三维坐标，是根据系统的 GNSS、IMU 和激光测距仪记录的数据解算出来的。机载 LiDAR 测量示意图如图 3.34 所示，几何坐标计算原理如图 3.35 所示。

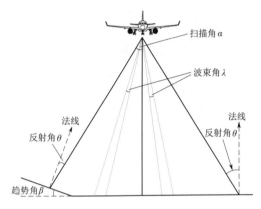

图 3.34　机载 LiDAR 测量示意图

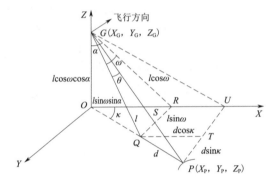

图 3.35　机载 LiDAR 几何坐标计算原理

图 3.35 中，G 点为飞机原点，P 点为目标点。系统通过 GNSS 和 INS 分别记录飞机当下时刻的位置信息 $G(X_G、Y_G、Z_G)$ 和姿态信息（α、ω、κ），其中 α 为飞机俯仰角，ω 为飞机侧滚角，κ 为飞机偏航角。同时，通过记录激光从发射器发射并经过目标体后反射到接收器所经历的时间 t 计算目标到激光器的距离 S，即 $S = \dfrac{1}{2}ct$，其中 c 为光速。

结合图 3.25 可知

$$X_P = X_G + \left(S\cos\theta - \frac{S\sin\theta}{\sqrt{1-b^2}}b\right)\cos\omega\sin\alpha + \frac{S\sin\theta}{\sqrt{1-b^2}}\cos\kappa \tag{3.44}$$

$$Y_P = Y_G + \left(S\cos\theta - \frac{S\sin\theta}{\sqrt{1-b^2}}b\right)\sin\omega + \frac{S\sin\theta}{\sqrt{1-b^2}}\sin\kappa \tag{3.45}$$

$$Z_P = Z_G + \left(S\cos\theta - \frac{S\sin\theta}{\sqrt{1-b^2}}b\right)\cos\omega\cos\alpha \tag{3.46}$$

式中：b 为 $\cos\omega\sin\alpha\cos\kappa$ 与 $\sin\kappa\sin\omega$ 之和；θ 为扫描角，即当前激光束与扫描起始激光束的交角，可由编码器按固定的激光脉冲间隔给出。

（2）回波数据。地物的回波次数和强度都不同。通常平整的建筑物顶或光秃的地表面产生一次回波，植被可以产生多次回波，这是脉冲照射到植被时穿透植被所造成的。多重回波信号可用于数据分析，如区分植被、计算森林覆盖率。这在数据分析与建模中都有十分重要的作用。

（3）光谱数据。激光雷达能直接获得目标点的三维坐标，很好地提供了二维数据所缺乏的高度信息，却缺少反映对象特征的光谱信息。尽管在提取空间位置信息上激光雷达数据有其自身的优势，但图像数据包含光谱信息对认识物体也具有重要的作用。这也是不少应用研究将激光雷达数据与其他光谱数据结合使用的原因之一。

（4）强度数据。地表物体对激光信号的响应可以用激光强度信号来反映，不同的激光雷达系统具有不同的计量方式。由于目标的材质不同，激光反射强度也不同。根据这一点，可以利用激光强度数据对地面物体进行分类。但是由于激光回波强度不仅与反射介质的特性有关，而且与激光的入射角度以及大气对激光的吸收等因素有关，所以实际上激光强度信号并不能很好地用来重构地面物体的反射性质。这一缺点不仅制约了激光强度数据的精度，而且使根据强度数据分类地面物体变得困难。

2. 机载 LiDAR 点云数据处理

激光点云数据处理包括数据的预处理和后处理，数据处理流程如图 3.36 所示，本小节主要阐述点云数据的预处理。

3.4.1 POS 数据处理

（1）POS 数据处理方法。当采用地面架设 GNSS 基站的方式时，地面 GNSS 基站观测数据与机载 GNSS 观测数据联合进行精密动态后差分处理，解算得到飞行过程中各时刻机载 GNSS 在指定坐标系对应的 WGS84 系统下的精确三维坐标（纬度 B、经度 L、大地高 H）；当采用 CORS 跟踪站的方式时，可直接获取飞行过程中各时刻无人机 GNSS 的精确三维坐标（纬度 B、经度 L、大地高 H），在数据检核无误后可直接使用。

（2）航迹文件结算。航迹文件解算时，每一飞行架次数据生成一个航迹文件；利用同架次无人机 GNSS 解算结果、IMU 数据与偏心分量数据进行 POS 数据联合处理，生成航迹文件；每个架次 POS 数据解算过程中，利用 GNSS 定位精度、数据覆盖度、IMU 数据精度等指标对解算成果质量进行综合评估。

3.4.2 点云数据解算

利用航迹解算软件解算实时航迹线文件，再利用点云数据处理软件对飞机 GNSS 航迹数据、飞机姿态角、激光测距数据、激光的扫描角数据、地面基站静态数据、地面控制点数据进行联合处理，得到各个测点（X，Y，Z）的坐标数据，文件格式为 LAS。

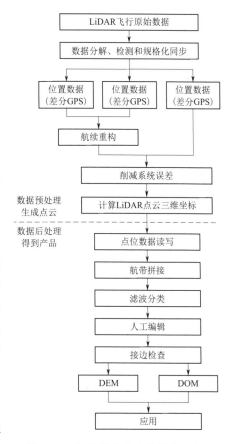

图 3.36 机载激光雷达数据处理流程

3.4.3　激光数据噪声和异常值剔除

由于水体对激光的吸收、镜面反射以及其他因素，有些地面点无明显的回波信号，以至于得不到测距值。此外，电线、飞鸟、局部地形等原因，也会使数据中产生异常距离值，称为局外点（测距值远大于飞行高度的点或测距值特别小的点）。在数据处理时，必须进行预处理，将这些局外点剔除。利用点云数据处理软件剔除噪点、飞点、云、雾、雨、雪等异常值，使点云数据处于正常高程范围。

3.4.4　航带拼接

进行 LiDAR 数据采集作业时，由于航高和扫描视场角的限制，要完成一定的作业面积必须飞行多条航线，而且这些航线必须保持一定的重叠（10%～20%）。由于各种误差的存在及其影响，相邻航带间的数据存在系统误差和随机误差，造成高程不一致，必须加以消除。对相邻航带进行拼接检查，能够评估 LiDAR 系统的系统误差，得到改正参数，从而消除航带间的系统误差。

每架次原始点云数据都要解码。飞行过程中的系统误差、航带偏移等利用检校数据进行修正。将系统各部件的偏心角、偏心分量数据，通过整体平差的方法解算出定向定位参数，改正航带平面和高程漂移的系统误差，解算影像外方位元素等。联合航迹文件成果、激光点云解码成果、检校数据等解算生成三维点云，点云数据宜采用 Las 格式或 ASCII 码格式。当点云数据存在系统误差时，利用激光纠正点先进行改正，再进行航带拼接。相邻航带拼接时，宜对点云数据进行去冗处理，对影像的偏色、曝光等情况进行调整，并联合航迹文件成果、影像数据等对解算点云成果进行纹理映射。

利用点云数据处理软件计算得到航迹间的改正数，消除航带间的误差，使不同航带间的数据处于同一剖面线。

3.4.5　坐标转换

POS 设备动态定位提供的坐标和高程属于 GNSS 所用的 WGS-84 坐标系统，而用户需要的是属于某一国家坐标系统或当地的坐标系统，因此必须进行坐标转换。

坐标转换的核心是转换参数，转换后参数的准确性是确保转换后点云精度的关键，转换参数通常利用两套坐标系中的重合点，按照计算模型对参数进行解算。现场布设、施测3 个及以上控制点，获取控制点在两个坐标系统中的坐标值，解算两个坐标系统之间的转换参数，再利用转换参数将点云数据转换至成果坐标系。根据转换参数的不同，转换模型有很多种，如三参数法、四参数法、七参数法、九参数法、十参数法等。下面简单介绍三参数法、七参数法和四参数法。

（1）三参数法。三参数法的本质是将原坐标系向新坐标向转换时，原三维坐标系各自坐标轴向上平移，最终达到与新坐标系重合的目的。其转换公式为

$$
\begin{bmatrix} X_2 \\ Y_2 \\ Z_2 \end{bmatrix} = \begin{bmatrix} X_1 \\ Y_1 \\ Z_1 \end{bmatrix} + \begin{bmatrix} \Delta_x \\ \Delta_y \\ \Delta_z \end{bmatrix}
\tag{3.47}
$$

式中：X_1、Y_1、Z_1 为原坐标系坐标；X_2、Y_2、Z_2 为新坐标系坐标。

（2）七参数法。七参数坐标转换模型（布尔莎模型）如图 3.37 所示。

七参数法较三参数法较为复杂，两个坐标系转换时，不仅有平移（3 个参数），还有旋转（3 个参数）和缩放（1 个参数）。其公式为

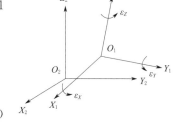

图 3.37 布尔莎模型

$$\begin{bmatrix} X_2 \\ Y_2 \\ Z_2 \end{bmatrix} = \begin{bmatrix} X_1 \\ Y_1 \\ Z_1 \end{bmatrix} + \begin{bmatrix} T_x \\ T_y \\ T_z \end{bmatrix} + \begin{bmatrix} D & R_Z & -R_Y \\ -R_Z & D & R_X \\ R_Y & -R_X & D \end{bmatrix} \begin{bmatrix} X_1 \\ Y_1 \\ Z_1 \end{bmatrix} \tag{3.48}$$

式中：X_1、Y_1、Z_1 为原坐标系坐标；X_2、Y_2、Z_2 为目标坐标系坐标；T_x、T_y、T_z、D、R_x、R_y、R_z 为七参数。

七参数计算公式可简记为

$$X_{转换后} = (1+D)RX_{转换后} + T \tag{3.49}$$

由于上式当采用 3 个及以上公共点求解其转换参数时会产生残差的平差问题，下边介绍一种配置法，步骤如下：

1）利用求得的七参数，求得某公共点的转换值 X'。

2）利用求得的七参数，求得 $i(i=1，2，\cdots，n)$ 个公共点的转换值 X_i'，进一步求得其转换改正数 $V_i = X_i - X_i'$，其中 X_i 为公共点 i 的目标坐标系下的已知值。

3）计算该非公共点与公共点 i 之间的距离 S_i，令 $P_i = 1/S_i$，得到该点的坐标改正数为

$$V' = \frac{\sum_{i=1}^{n} P_i V_i}{\sum_{i=1}^{n} P_i} \tag{3.50}$$

式中：n 为公共点的个数。

4）则该非公共点在目标坐标系下的最终坐标为

$$X'' = X' + V' \tag{3.51}$$

（3）平面相似变换（四参数法）。三参数法和七参数法都是应用于空间三维坐标，在实际工程生产中，时常会遇到仅有平面坐标转换的情况。此时，在小区域范围内，四参数法具有更好的实用价值，其公式为

$$\begin{bmatrix} x_2 \\ y_2 \end{bmatrix} = \begin{bmatrix} \Delta x \\ \Delta y \end{bmatrix} + (1+m) \begin{bmatrix} \cos\alpha & -\sin\alpha \\ \sin\alpha & \cos\alpha \end{bmatrix} \begin{bmatrix} x_1 \\ y_1 \end{bmatrix} \tag{3.52}$$

式中：x_1、y_1 为原坐标系下平面直角坐标，m；x_2、y_2 为 1∶2000 国家大地坐标系下的平面直角坐标，m；Δx、Δy 为平移参数，m；α 为旋转参数，rad；m 为尺度参数，无量纲。

无论是三参数法、七参数法还是四参数法，坐标系之间转换的算法思路都是最小二乘

法，而这种思路的前提条件是参与转换的坐标点具有可靠精度。在实际实施过程中，存在某个或几个坐标转换点有一定误差或粗差的情况，这种情况下总体最小二乘思路能够较好地将带有粗差的坐标点剔除，加权最小二乘法思路则可以更合理地分配转换点之间的权重，使坐标转换更具合理性。

（4）高程转换。根据 WGS-84 坐标系下的 Z 坐标，计算该点的大地高为

$$H = \frac{Z_{84}}{\sin B} - N(1 - e^2) \tag{3.53}$$

式中：Z_{84} 为 WGS-84 坐标下的 Z 坐标；N 为卯酉圈曲率半径，m；e 为椭圆的第一偏心率；B 为大地纬度，（°）。

设该点的高程异常为 ζ，大地水准面差距为 h_g，则正常高为 $H_r = H - \zeta$，正高为 $H_g = H - h_g$。在实际应用中，经常用到高程拟合。拟合的方法有多项式拟合法、多面函数拟合法等，在此介绍多面函数拟合法。

任意一点 $(x，y)$ 处的高程异常 $\zeta(x，y)$ 均可表示为

$$\zeta(x,y) = \sum_{j=1}^{m} \beta_j F(x,y,x_j,y_j) \tag{3.54}$$

式中：β_j 为待求参数；$F(x，y，x_j，y_j)$ 为 x 和 y 的二次函数，$(x_j，y_j)$ 为已知点坐标；m 为核函数的个数。

常用的二次核函数为

$$F(x,y,x_j,y_j) = [(x - x_j)^2 + (y - y_j)^2 + \delta^2]^k \tag{3.55}$$

式中：δ^2 为任意函数，称为光滑因子；k 取值有多种，$k = 1/2$ 时为正双曲面函数，$k = -1/2$ 时为倒双曲面函数。

设有 n 个已知点 $(x_i，y_i)$（$i = 1，2，\cdots，n$），选其中 $m(m \leqslant n)$ 个点 $(x_i，y_i)$（$j = 1，2，\cdots，m$）为核函数的核心点，并令 $Q_{ij} = F(x，y，x_j，y_j)$，则式（3.54）变为

$$\zeta_i = \sum_{j=1}^{m} \beta_j Q_{ij} \tag{3.56}$$

由此列出误差方程式为

$$\begin{bmatrix} v_1 \\ v_2 \\ \cdots v_n \end{bmatrix} = \begin{bmatrix} Q_{11} & Q_{12} & \cdots & Q_{1m} \\ Q_{21} & Q_{22} & \cdots & Q_{2m} \\ \cdots & \cdots & \cdots & \cdots \\ Q_{n1} & Q_{n2} & \cdots & Q_{nm} \end{bmatrix} \begin{bmatrix} \beta_1 \\ \beta_2 \\ \cdots \\ \beta_m \end{bmatrix} - \begin{bmatrix} \zeta_1 \\ \zeta_2 \\ \cdots \\ \zeta_n \end{bmatrix} \tag{3.57}$$

表示成向量形式即为

$$v = QB - \zeta \tag{3.58}$$

在最小二乘原则下，可求得

$$\beta = (Q^{\mathrm{T}}Q)^{-1}Q^{\mathrm{T}}\zeta \tag{3.59}$$

把求得的系数 β 回代到式（3.54）中，即可推算出任一未知点的高程异常 ζ，进而可在不进行水准测量的情况下确定未知点的正常高。

3.5 激光点云数据产品制作

3.5.1 DSM 产品制作

数字表面模型（Digital Surface Model，DSM）是指包含了地表建筑物、桥梁和树木等高度的地面高程模型。DSM 是地物表面的模拟，包括植被表面、房屋表面，对 DSM 进行加工，剔除房屋、植被等信息，可以形成 DEM。和 DEM 相比，DEM 只包含了地形的高程信息，并未包含其他地表信息。DSM 是在 DEM 的基础上，进一步涵盖了除地面以外其他地表信息的高程。在一些对建筑物高度有需求的领域，DSM 得到了很大程度的重视。

1. 工艺流程

DSM 数据生产主要包括加载预处理的点云数据、滤除移动物体和架空线，保存 DSM 点云图层、构网生产格网型数字表面模型。其生产工艺流程如图 3.38 所示。

2. 技术要求

（1）构建分类图层。利用点云处理软件加载点云数据，建立点云图层。

（2）DSM 点云编辑。DSM 点云编辑主要是人工精细化分类点云，最后依据 DSM 图层的点云数据构网生成 DSM 成果。点云编辑的主要内容如下：

1）移动物体滤除。以人工编辑点云的方式滤除移动物体，如车辆、船舶、飞机等。重点关注道路、停车场、铁轨、居民地等区域的车辆。滤除的移动物体点云放入移动物体点云图层，保留的点云放入 DSM 图层。

2）架空管线处理。在点云数字表面模型中，架空管线要做处理，例如电力线、通信线等横截面积较小的管线应滤除，其他设施不做特殊处理，如管道、墩架、桥梁等，架空线滤除的点云放入其他图层。

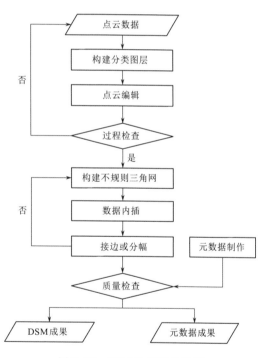

图 3.38　DSM 生产工艺流程

3）平地处理。平地高程应尽量与实地高程保持一致，不存在大面积飞点、跳点等情况。

4）水域处理。水域范围内的高程原则上根据周围地形平滑过渡，保证无明显地形异常。

5）云雪覆盖区。小面积的云雪覆盖及 DSM 匹配粗差区域可以通过局部内插、拟合、平滑等达到较好效果的，直接编辑处理。

6）山脊或沟谷区。山脊或沟谷等区域的 DSM 应符合实际地貌特征。

7）山体阴影区。山体阴影区域的 DSM 高程值和其表现出来的纹理特征应尽可能与实际地貌特征保持一致。

（3）构建不规则三角网（triangulated irregular network，TIN）。经过滤除移动物体和架空线工序，构建可编辑的不规则三角网，并检查异常值情况，如发现异常值，需要在可编辑模型中编辑。进一步去除局部点云高程异常值、移动物体（车、轮船）等，直到可编辑的三角网地表自然过渡，无明显凸点、凹点等情况出现为止。

（4）内插输出 DSM。按照 0.7m 格网间距内插形成 DSM 成果。

（5）规则分幅。按照测区范围进行数据裁切，生成独立测区范围的数字表面模型。

（6）元数据制作。按要求制作元数据。

3. 精度检测

利用外业检查点进行 DSM 高程精度检测，精度应满足相应规定。

3.5.2　DEM 产品制作

数字高程模型（digital elevation model，DEM）是一定范围内规则格网点的平面坐标（X，Y）及其高程（Z）的数据集，它主要描述区域地貌形态的空间分布，是通过等高线或相似立体模型进行数据采集（包括采样和量测），然后进行数据内插而形成的。

DEM 是用一组有序数值阵列形式表示地面高程的一种实体地面模型，是数字地形模型（DTM）的一个分支，其他各种地形特征值均可由此派生。它是描述地表起伏形态特征的空间数据模型，由地面规则格网点的高程值构成的矩阵形成栅格结构数据集。数字高程模型是对地貌形态的虚拟表达，也可与正射影像或其他信息数据叠加使用。

1. 工艺流程

在 LiDAR 数据生成数字高程模型（DEM）时，将 DSM 数据看作原始数据，将地面点集合（DEM）看作信号，其他地物信息看作噪声，从 DSM 数据中除去非地面点数据，得到地面点数据，即云地面点分类，分类出地面点；然后构建不规则三角网，进行图幅裁剪与接边。另外，特殊地物，例如水系，需要构建特征线。其生产工艺流程如图 3.39 所示。

2. 技术要求

（1）自动点云分类。加载 DSM 点云

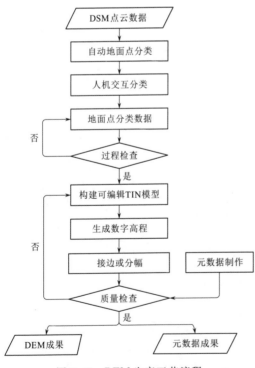

图 3.39　DEM 生产工艺流程

图层数据，建立点云分类图层，如点云默认图层（Default 类）、地面点图层（Ground 类）等。按照地面点云滤波算法，滤波窗口设置为 20m，自动分类地面点图层。地面点自动分类设置参数如图 3.40 所示。

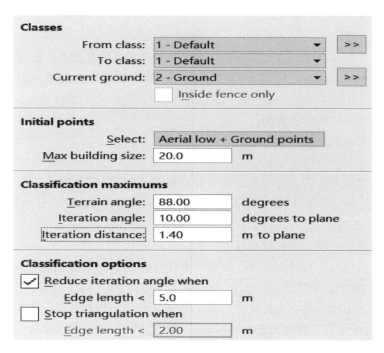

图 3.40　地面点自动分类设置参数

（2）人工点云分类。地质灾害解译需要保留微小地貌，人工精细化分类需要保留更多的陡坎、台地等信息。按照地面点分类要求进行人工精细点云编辑，着重保留微小地貌信息。精细分类的过程是人工交互编辑分类的过程，通过大量的人工干预，弥补自动分类算法在地物、地表数据方面判别不准确的问题。人工精细化点云分类原则如下：

1）居民地及附属设施。主要包括以下方面：

a）建筑物表面点、墙角、墙面点、围墙上的点，归入默认图层。

b）较长较宽的阶梯，一种是连接地面与地面，如山坡上的台阶、路边及广场等的台阶、建筑物地基等，归入地面图层；一种是连接地面与建筑物，如大礼堂、剧院前的台阶、室外楼梯等，归入默认图层。

c）密集居民区内地面上的杂物，要归入默认图层。

d）建筑工地地形比较复杂，应特别留意，打在墙角、围墙等上面的较高的激光点要归入默认图层，打在较高车辆、管道、旗杆等上面的比较零散的激光点要归入默认图层。

e）打在乱石堆、砖瓦堆及其他建筑材料上的点云，高程分布比较乱，都归入默认图层。

f）地面上的一些特殊地物，形状一般比较规则，例如人工搭建用作舞台、讲台等的地物，归入默认图层。

g）工矿建筑物、公共设施和独立地物，如码头、游乐场、古遗址、医院、学校、发电塔、污水处理场等地物，归入默认图层；下凹式广场应归入地面图层。

　　h）工厂内输气管道以及机器设备，归入默认图层。

　　2）管线。电力线、电线杆、路灯、电线塔、通信线、管道和垣栅等，归入默认图层。

　　3）交通。主要包括以下方面：

　　a）高架的公路、立交桥架空部分，都归入默认图层。

　　b）汽车、马路隔离带、绿化带等和其他无法判断的零散激光点，归入默认图层。

　　c）涵洞、下凹道路、连接主辅路的陡坎、道路护坡、过街通道入口等，归入地面图层。

　　4）水系。主要包括以下方面：

　　a）干涸或部分干涸的河流、湖泊等，其裸露部分归入地面图层，有水的区域归入默认图层。

　　b）河流、湖泊等水面上打在船、植被等地物上的点云，归入默认图层。

　　c）在河流、池塘、水田等有堤坝、田埂等的区域，归入地面图层，在 DEM 上一般显示为连贯的一条埂。

　　5）微小地貌和土质。主要包括以下方面：

　　a）地面上一些坡坎上的激光点，通过剖面图可以判断是实际地形特征，地面无临时性地物的点，归入地面图层。

　　b）沿堤坝、田埂通常有大量植被，多出现密集的中、高层植被，将堤坝、田埂部分覆盖，导致没有激光点打在地面上，该区域的激光点要归入默认图层。

　　c）基于影像查看山脊、岩石破碎带等地的点云分类情况，利用剖面工具进行精细化点云分类，保留上述微小地貌和土体、岩石破碎带、孤石等信息。

　　6）植被。主要包括以下方面：

　　a）对于植被密集区域来说，很少有激光点打在地面上，分类时一定要特别留意，发现有与其他区域地面点高程相近的激光点，可以判断为地面图层。

　　b）其他打在植被上的点云可以都归入默认图层。

　　7）其他。临时性地物点，如车辆、鸟等，归入移动点云图层。

　　（3）构建不规则三角网（TIN）。利用人工精细化分类的点云数据构建不规则三角网（TIN）。

　　（4）内插输出 DEM。内插生成 0.7m 格网的 DEM 数据。

　　（5）规则分幅。接边后进行数据拼接，并按照独立测区范围生成数字高程模型。

　　（6）元数据制作。按要求制作元数据。

　　3. 精度检测

　　利用外业获取的检查点进行 DEM 高程精度检测，精度应满足相关规范规定。

3.5.3　DOM 产品制作

　　数字正射影像图（digital orthophoto map，DOM）是对航空（或航天）相片进行数字微分纠正和镶嵌，按一定图幅范围裁剪生成的数字正射影像集。它是同时具有地图几何精度和影像特征的图像。DOM 具有精度高、信息丰富、直观逼真、获取快捷等优点，可作为地图分析背景控制信息，也可从中提取自然资源和社会经济发展的历史信息或最新信息，为防治灾害和公共设施建设规划等应用提供可靠依据。其技术特征为：数字正射影像，地图分幅、投影、精度、坐标系统、与同比例尺地形图一致，图像分辨率输入大于400DPI，输出大于250DPI。由于DOM是数字的，在计算机上可局部开发放大，具有良好的判读性能、量测性能以及管理性能等。

1. 工艺流程

DOM制作主要包括基于后差分POS数据、地面点云、DEM成果和原始航片。首先利用激光点云数据作为控制点，经过特征点云与影像特征点匹配，再经过正射纠正及拼接匀色，最后进行裁切分幅，得到分幅正射影像成果。DOM数据生产工艺流程如图3.41所示。

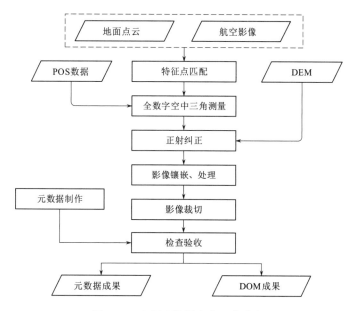

图 3.41　DOM 数据生产工艺流程

2. 技术要求

（1）正射纠正。利用点云数据处理软件影像纠正模块，输入相关参数，地面分辨率设置为0.20m，对影像进行连接点添加、点云特征点与影像特征点匹配、空三（空中三角测量）平差计算以及单片数字微分纠正。对纠正后的影像进行质量检查，检查影像是否存在失真、变形、发虚、拉花等现象，针对房屋、桥梁和道路等扭曲变形，采取编辑DEM、分别纠正影像等措施。

（2）影像镶嵌。通过单张影像的数字微分纠正，得到单幅纠正的正射影像，将多个单片纠正影像通过镶嵌的方法，可获取大面积的数字正射影像。同时，由于每张影像的获取时间不同，存在色调、饱和度、对比度等不一致的情况，需通过匀光匀色处理，使得整个测区的正射影像色调基本一致、色彩丰富。

（3）规则分幅。按照规则分幅要求进行数据裁切，生成标准分幅的数字正射影像。

（4）数据接边。数字正射影像成果的接边限差不超过规范规定中误差的2倍。

（5）元数据制作。按要求制作元数据。

3.5.4　DTM 产品制作

数字地形模型（Digital Terrain Model，DTM），或者称为数字地面模型，是以数字的形式来表示实际地形特征的空间分布的数据库，一般用一系列地面点坐标（x，y，z）及地表属性（目标类别、特征等）绗成数据阵列，以此组成数字地形模型。借助计算机和地理信息系统软件，数字地形模型数据可以用于生成地形高程等值线图、透视图、坡度图、断面图、渲染图、与数字正射影像（DOM）复合生成景观图，或者计算物体对象的体积、表面覆盖面积等，还可用于空间复合、可比性分析、表面分析、扩散分析等方面，在空间分析和决策方面发挥越来越大的作用。

机载激光扫描获取的原始数据是由密集的点云组成的，这些点云可以直接生成数字表面模型。要生成数字地面模型，须对获取的激光扫描的点云数据进行滤波处理，滤除地物。在获取的数据中，有一部分点是波束发射到建筑物和植被上所形成的，滤波处理就是为了剔除这些非地面点。滤波处理后所剩的点主要是原始的地面点，根据这些点就可以生成数字地面模型。

DSM 是计算 DTM 的基础，将 DSM 上原始离散点云数据中的非地形点进行数据滤波后，按照 Delaunay 方式构建 TIN 模型，即用 TIN 表示 DTM。由于构建的 Delaunay 三角网是二维的，不能反映出地形起伏状况，因此需要加入每个点的高程信息，计算出每个面的法向量（法向量即垂直于三角面的向量，由它可以求出三角面的倾斜角度），从而反映出地形起伏的状况。

（1）采用 Delaunay 方法对原始数据分类出地面点进行二维构网，建立地面点间反映地表变化情况。

（2）建立激光点之间的拓扑关系。此时加入高程信息，计算每个三角形的法向量就可以获取数字表面模型的坡度信息。由于建筑物的边缘和树木的边缘构网后所形成的面都比较高，而城镇的道路和空地，它们的坡度一般都很小，所以考虑根据坡度进行分割，基于此种分析，可以先对三角网数据进行分割。

（3）通过区域增长的方法，可以将所有相互连通的成分提取出来，此时需要对这些连通成分进行判断，如果连通区域所覆盖的面积较小，那么就先判断为建筑物，最后将连通区域大的地方定为地面连通成分，将先前判为建筑物的连通区域与所在区域的道路网进行比较，这样就能够很好地保持地形细节。

（4）最后根据这些判定为地面的点通过 Kriging 插值重新构建数字地面模型。

3.5.5　地质灾害相关产品制作

根据对点云数据处理结果，获取剥离植被后的 DEM、DTM，在此基础上派生出山体阴影图、地形起伏度图、地表坡度图和地表粗糙度图，并通过对地面点云多视角进行观测，对滑坡地形剖面图进行测量，结合山体阴影图和数字地形图分析，可以圈定滑坡的范围，获取滑坡的相关基本信息。

（1）山体阴影图。通过 GIS 软件，利用 DEM 数据生成，根据需要设置太阳方位角、太阳高度角、垂直比例因子等参数。山体阴影图如图 3.42 所示。

图 3.42　山体阴影图

（2）地表坡度图。选用的数据包括 DEM 数据和 DLG 数据，优先采用 DEM 数据。制作时应先检查 DEM 数据和范围 shp 文件的完整性，通过 GIS 软件进行表面分析，设置类别和中断值参数，制作出的地表坡度图如图 3.43 所示。

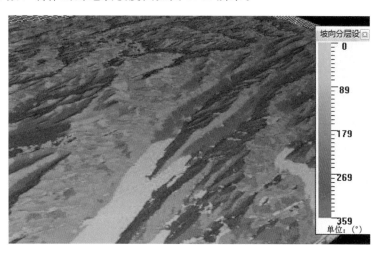

图 3.43　地表坡度图

（3）地表粗糙度图。利用 GIS 软件，将 DEM 数据转为栅格数据，生成渲染后的栅格数据中每一种颜色对应一种地类信息，并对每一种颜色定义粗糙度值。地表粗糙度的数学表达式为

$$R = \frac{S_{曲面}}{S_{平面}} = \frac{1}{\cos(angle)} \tag{3.60}$$

式中：R 为地表粗糙度，无量纲；$S_{曲面}$ 为地表表面积，m^2；$S_{平面}$ 为水平面上的投影面积，

m^2；*angle* 为地表面与水平面的角度，(°)。

图 3.44 立体晕渲图

（4）地形起伏度图。根据灾害区域的大小和分析需要选择适当的统计单元，再在栅格数据上提取地形起伏度值并计算地形起伏差值。地形起伏度的提取宜采用移动窗口分析法。地形起伏度的数学表达式为

$$RA_i = Z_{i\max} - Z_{i\min} \qquad (3.61)$$

式中：RA_i 为某区域的地形起伏度，m；$Z_{i\max}$ 为该区域内的最大高程值，m；$Z_{i\min}$ 为该区域内的最小高程值，m；i 为自然数。

（5）立体晕渲图。利用计算机制作晕渲的一般步骤为：利用获取的数据建立 DEM 模型，按高程分层着色生成 DEM 分层设色图，根据计算单元顶点法向量确定光源位置和设置地表垂直与水平比例尺参数，再将山体阴影图与 DEM 分层设色图进行叠加，颜色、透明度宜设置为 50%，生成具有阴影和明暗变化的晕渲图（图 3.44）。

3.6 多平台点云数据融合

针对联合采用多平台激光雷达作业时的数据，可结合平台特性按区域或按对象单体组织管理，各平台所获的点云数据应基于同名控制点对转换至同一坐标系。

（1）数据预处理。①应人机交互检查各平台获取数据的有效范围，可通过覆盖范围、点云密度、数据精度等确定；②确定各平台数据的有效范围后，应进行数据冗余去除。

（2）数据匹配。①应统计同一区域不同平台系统获取的激光点云同名点匹配误差；②可以利用轨迹线或控制点确定各平台所获的数据精度，可直接以同区域精度较高的点云数据为参考纠正其他平台所获的点云数据；③匹配完成后应利用精度检测点检查点云数据平面精度和高程精度是否满足项目设计要求。

（3）多期数据匹配。①应结合现势性强的资料确定变化区域；②匹配应基于未变化区域数据进行。

（4）数据融合。①可以采用能够反映大范围信息的平台获取的点云数据作为基准，对经匹配后的多平台点云数据的反射强度进行调整；②应对匹配后的多平台数据进行综合去噪，可依据各平台数据的噪声特点进行；③对多平台获取的影像数据与点云数据进行高精度匹配后方可进行融合处理；④应根据需求选择像素级融合、特征层融合或决策层融合等算法进行彩色点云数据制作。

（5）激光雷达测量获取的数据，根据应用需要还可与遥感数据、GIS、BIM（Building Information Modeling，建筑信息模型）等数据进行融合。

3.7 数据入库

数据入库的内容包括 LiDAR 点云、影像、DSM、DEM、DOM 以及地质灾害解译的数字化成果。

以数据成果为基础，通过数据整理、数据入库前检查、数据处理、数据库运行环境构建、数据库结构创建、数据入库、目录数据制作、数据入库后检查等工作，建设完成重点区域机载 LiDAR 数据库。

3.7.1 数据整理

生产单位上交的生产成果数据是按照数据生产专业技术设计书要求的格式和形式进行存储汇交的，而且各个生产单位是分开汇交的，不符合建库数据组织结构的要求，需对其进行整理，使其符合数据建库的要求。

3.7.2 数据入库前检查

为确保数据顺利入库，成果数据包括 DSM、DEM、DOM 标准分幅数据及元数据等并需通过"二级检查、一级验收"，按照数据库建库设计方案的要求对成果数据进行入库前检查。入库前检查主要检查成果数据中可能影响入库的数据问题，包括待入库数据的文件与结构一致性、逻辑一致性、空间参考正确性等方面的问题。影响入库的问题需修改后，数据才能进行入库。

3.7.3 数据库运行环境构建

数据库运行环境包括软、硬件以及网络环境。其中，硬件主要包括服务器、磁盘阵列、磁带机、交换机、Nas 系统等，所需软件主要包括操作系统、地理信息系统软件、数据库管理软件等，运行网络必须为涉密网。

3.7.4 数据库结构创建

按照数据内容和建设技术要求，设计创建文件存储结构，存放数据成果、元数据成果、文档成果以及生产过程资料。创建矢量数据库，存放拼接的元数据和目录数据等。在文件数据库 Nas 服务器端安装专用的管理软件，划分足够的存储空间，依据技术要求创建数据库文件存储结构。

3.7.5 目录数据制作

（1）对于存储于文件库的数据，需分类建立目录数据，记录数据分布情况、属性信息和存储路径等。

（2）成果类型与形式包括点云数据、彩色点云数据等，数据格式应符合相关规范的规定。

第 4 章

地面激光扫描地质灾害
精细化排查与识别技术

地面激光扫描测量适宜于 1:2000 及更大比例尺地形图的测绘，以及数字线划图（DLG）、数字高程模型（DEM）、数字正射影像图（DOM）的生产；适用于表面变形、接缝与裂缝开合度、洞室变形等变形监测项目；适合建筑立面测绘、建筑物三维建模、文物保护、逆向工程等测绘工作。

利用地面激光扫描测量技术可获得能直观反映出扫描物体细部特征及倒倾陡崖地形地貌的连续的高密度三维点云。其应用基础在于点云数据的高密度，因其获取的点云数据除包含每点的三维坐标外，还包含颜色、反射强度等信息。根据这些信息可直接以三维点云为基础底图进行解译识别或数据深加工处理，建立高精度的数字地面模型，可量测任意点、任意尺寸或角度的物体，生成各种比例尺的地形图、平面图、剖面图、等高线图、面（体）积等。

4.1　高密度点云数据成图方法

激光扫描技术应用于测绘领域，并将该技术与传统的测绘方法结合，使其在工程应用中不断扩展，开创了测绘新方法，为"急难险重"地区的地形测绘工作发挥了巨大作用，实现了数字化测量高效、精确的目标，解决了很多具有现实意义的问题。

激光扫描技术作为获取空间数据的有效手段，可大面积、高分辨率地快速获取被测对象表面的三维坐标数据。由于获取的点云数据量巨大，达到了百万级甚至亿级，三维点间距达到毫米级，其数据量和密度是传统测绘方式无法比拟的。这些海量三维点云数据坐标中不仅包含着地形高程信息，还有地物影像信息、植被信息、粉尘、车辆噪点等，如果不进行适当的处理，直接应用于地形图测量工作，势必会为后续的地形成图工作带来难以想象的困难。激光雷达自带的随机软件为非专业的测量成图软件，生成的三维地形等高线线型、格式及图层都不符合测量专业计算机制图规定，很多时候需对点云数据做后续处理，然后导入到传统的测量成图软件中，从而生成能满足各种需求和要求的线型、格式及图层。

对于三维点云数据中的粉尘、车辆、植被等噪点数据的预处理，在本书前面有关数据后处理的部分进行了详细的论述，这里不再赘述。

4.1.1　基于点云数据的地形成图数据精简方法

测量成图软件目前都较成熟完善，能满足现有的测图规范及标准。因此基于三维点云数据成图，最好也是在点云数据中提取地形特征点，然后将其导入到成图软件中完成地形图绘制。

激光雷达获取的地形点云数据量非常大，点云密度也是传统测量成图软件无法处理的，过多的坐标点会导致计算机运行、存储和操作低效率，而且在成图软件中构网需要大量的时间。另外，过于密集的点会导致构网模型的光顺性较差，从而影响到地形图件的美观。因此，必须对点云地形数据进行抽稀处理，处理过程中既要保证数据的细节和精度，也要考虑成图后的地形精度。

为满足点云抽稀和数据精简的目的，国内外学者在测量数据精简算法方面做了大量的研究工作。由于三维坐标数据采集来源不同，其数据组织结构也完全不一样，针对不同的数据结构有着不同的精简算法，归纳起来，常见的数据精简方式主要有以下几种：

（1）线状结构的坐标数据的精简，大致有均匀采样法、角度偏差法、弦高差法、最小距离法、弦值法和角度弦高法等。

（2）阵列式获取的点云坐标数据，精简方法可以采用百分比缩减、等间距缩减、弦高差等。

（3）三角网格模型点云坐标数据，精简处理最为常用的算法包括等分布密度法、最小包围区域法等。

（4）无序的散乱坐标数据，可以采用均匀网格法、随机采样法、包围盒法、和曲率采样等方法进行抽稀简化处理。

衡量一个地形点云数据抽稀精简的效果，并不是保留地形细节越多越好，也不能简单地以坐标点数量少来评价，最优的结果应该是以尽可能少的点坐标数据表达最为丰富的地形信息，在两者之间取得平衡。

除了自动抽稀点云，还可以根据地形情况人工选取地形特征点，这种方法虽然效率较低，但是可以像传统测量一样对关注的点位进行获取，只不过这一过程是在计算机中完成的。

4.1.2 基于分类地面点的地形成图数据抽稀间距

任何比例尺的地形成图都需要有一定数量的三维特征点作为基础，对于不同比例尺地形成图所需的数据点密度及特征点的合理提取，成了点云数据稀释合理程度的关键依据。测点间距取值太小会导致图形数据冗余，取值太大会损失地形图件细节精度。当用地形点云的数据源建立数字高程模型时，设定地形等高距用 H_d 表示，那么模型的格网间距 d 可表示为

$$d = K \times H_d \times \mathrm{ctg}\alpha \tag{4.1}$$

式中：d 为格网间距，m；H_d 为等高距，m；α 为地面倾角，(°)；K 为比例系数。

由此可以得出，模型格网间距与地形图比例尺、等高距以及地面坡度倾角等因素密切相关。当三维激光扫描点云数据不用于地物提取时，激光扫描成图点云密度见表4.1。

表 4.1   地 面 点 云 密 度

比例尺	数字高程模型格网间距/m	点云密度/（点/m²）			
		平地	丘陵地	山地	高山地
1∶200	0.4	2.50	5.00	7.50	10.00
1∶500	1.0	1.00	2.00	3.00	4.00
1∶1000	2.0	0.50	1.00	1.50	2.00
1∶2000	2.5	0.25	0.50	0.75	1.00
1∶5000	5.0	0.10	0.15	0.30	0.40
1∶10000	5.0	0.10	0.15	0.30	0.40

如果采用不规则三角网构建地形高程模型，就是通过不规则分布的离散点生成的三角网格面来刻画地形表面。对于这种插值方法，如果选择的插值计算方法不当，则容易产生较大的误差。

4.1.3　基于地形三维空间点云数据的地形图绘制

点云数据利用三维后处理软件按地形成图比例尺大小，经抽稀、精简处理成合理的点坐标数据后，在测图软件中构网生成不规则三角网模型，对模型进行分析，生成高程等值线及其地形图件的其他要素信息。而对断崖、河沟、陡崖等地貌需进行细化处理，添加图例符号、叠加地物后最终形成完整的地形图件；点云数据精简后的地形坐标导入的成图软件可有多种选择（如 CitoMap、南方 CASS、MapGIS、ArcMap、AutoCAD）等。

值得一提的是，基于三维点云数据的地物测绘是比较困难或者精度较低的，主要原因是地形图中的地物信息主要包括了桥梁、房屋等信息，而房屋信息常常密集而且分布形态复杂。激光雷达完全准确地获取密集房屋空间形态是存在很大困难的，主要原因是视场角限制而造成采集死角，导致采集的物体表面如房屋、桥梁等空间数据不完整。如果需要准确的地物信息，最好的办法是与传统测量配合使用，高陡的地形数据采用三维激光点云数据，房屋、桥梁等地物信息则采用传统测量方法获取。

4.1.4　地形图等高线及地物匹配

在三维点云数据处理软件中，生成的地形图要素中的点、线、面和注记类地物符号的管理并不是图层管理。因此，在生成标准的地形图过程中，就需要对三维影像数据中提取的信息如图层、线型、线宽、颜色等进行再处理与编辑。须按照相应的规定或者约定俗成的要求将地形图要素的图层、颜色及实体类型重新进行区分标识。由于不同的行业、不同的单位对这些要求不完全一致，故这里不展开论述。

4.1.5　基于点云数据的平、立、剖面图绘制

平、立、剖面图测量是工程勘察中必不可少的工作。目前勘察设计的层面仍然多处于二维阶段，海量激光点云在表现形式上是三维的，从不同视图看可以显现不同的图形。为设计方便，需要将显示的三维点云以二维形式展示，便于勘察过程中剖面图地质信息的表达和绘制。

平面图是正射投影在水平投影面上只表示地物不表示地貌的图，如建筑平面图等；立面图是在垂直投影面上表示其轮廓的图，如山体立面、建筑物外立面等；剖面图是在垂直投影平面上以二维量反映物体在距离走向上的高程变化的图，如河道纵横断面图、地质剖面图等。

以地面激光扫描获取的海量点云数据为底图进行描绘。由于点云数据量比较大，必须对点云数据进行分割，缩减冗余数据，根据绘图需要，保留图件所需的关键信息点，将切块后的点云数据导入制图软件，然后建立辅助坐标系，方便视图直观浏览和符合绘图习惯，然后按图要求勾画特征线或变化线，因所画的图为三维状态下的视图，需将三维视图转换成二维图，将其展现在水平面上，在进行必要的投影转换后，再进行美观整饰和标注。

下面以某街区建筑立面绘制为例进行介绍。为需要绘制立面的楼面设置绘图辅助坐标系，将建筑物绘图面转为正射投影，并使点云按扫描强度显示，这样可以清晰地看出楼体外观各部件的特征，如窗户、门、细部结构等；然后在正射模型上依照建筑物的立面特征按点、线、圆弧、文字等描绘出建筑物的外观立面轮廓。描绘建筑物立面轮廓先要对建筑物的外貌有一定的了解，这样在画线时才能对建筑物立面图所需的特征点进行准确的选取，以保证立面图的精度。描绘完建筑物的立面轮廓后进行投影转换，将绘制的立面图从直立投影转换为水平面投影，最后导成 AutoCAD 所需的 dxf 或 dwg 格式。该立面测绘要求绘图比例尺为 1∶100，其基于三维激光立面测绘完成的建筑立面效果如图 4.1 和图 4.2 所示。

4.1.6 三维数字地形模型的建立

1. 建立三维数字地形模型的方法

三维数字地形模型具有直观、真实感强等特点，使在二维图或三维线框图中不易完成的工作变得非常简单、方便和直观，地形模型应用优势明显。比如建立三维数字地形模型的源数据包含等高线、高程点和离散点，这些数据生成数字地形，可在其基础上进行可视化分析。其中点密度稠稀、等高线间距直接决定所建地形模型精度的高低。

数字地形模型（Digital Terrain Model，DTM）是地形表面形态与属性信息的数字表达，是带有空间位置特征和地形属性特征的数字描述。为了表示 DTM，较为常用的是规则格网模型和不规则三角网模型。

（1）规则格网模型。规则格网通常是正方形，也可以是矩形、三角形等规则网。规则格网将区域空间按一定的分辨率切分为规则的格网单元，每个格网单元对应一个数值，数学上可以表示为一个矩阵，在计算机中则是一个二维数组。每个格网单元或数组的一个元素对应一个高程值，格网单元内各点的高程值可以通过拟合计算得到。规则格网模型的计算机算法实现起来比较容易，可很方便地进行等高线、坡度、坡向、山坡阴影的计算以及流域地形的自动提取。

（2）不规则三角网模型。不规则三角网（triangular irregular networks，TIN）模型是一种根据有限个点将区域按一定规则划分而成的相连三角形网格。区域中任意点的高程可由顶点高程或通过线性插值的方法得到，若该点落在三角形某条边上，则用该边的两个顶点高程线性插值；若该点落在三角形内，则用三个顶点的高程进行线性插值。所以TIN 是一个三维空间的分段线性模型。TIN 模型通常采用三角剖分法建立，它能保证所建的 TIN 具有唯一性，且能最大限度地避免产生狭长三角形。通过在局部增加或减少控制点，该模型可方便地修改，而且能比较充分地表现控制点起伏变化的细节，且模型数据量和运算量较小。但 TIN 的数据存储方式比规则格网复杂，它不仅要存储每个点的高程，还要存储其平面坐标、节点连接的拓扑关系、三角形与邻接三角形的关系等。

规则格网模型与 TIN 模型之间可以互相转换。规则格网模型转成 TIN 模型可以看作是一种规则的采样点集生成 TIN 的特例。TIN 模型转成规则格网模型则可看作是普通不规则点生成数字高程地形的过程，方法是按要求的分辨率大小和方向生成规则格网，针对每一个格网搜索最近的 TIN 数据点。

（a）点云

（b）影像

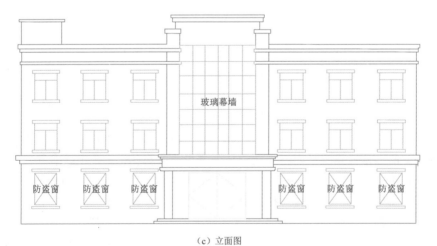

（c）立面图

图 4.1　某大楼点云、图像及立面图效果

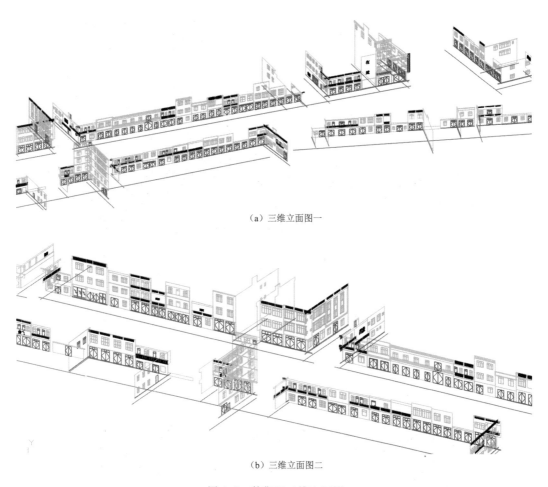

（a）三维立面图一

（b）三维立面图二

图 4.2　某街区三维立面图

2. 传统地形图三维模型化方法

AutoCAD（Autodesk Computer Aided Design）是目前地质行业地形图件展示使用的通用软件，这一软件已经成为国际上广为流行的绘图工具。dwg 文件格式成为二维绘图的基本标准格式。在地形图件处理过程中经常会遇到这样两种情况：一种是利用已有的二维 CAD 图件生成三维模型或数值计算模型，快速进行数据转换；另一种是某些 CAD 图件线形为拟合曲线，线型属性又未赋高程值，CAD 软件无法将拟合曲线生成多义线。这两类文件该如何进行剖面和三维模型生成呢？

经过大量的实际应用测试，以上两种情况都可通过 3D Studio Max 三维软件进行中间格式转换，从而达到图形处理的目的。3D Studio Max（简称"3ds Max"或"MAX"），是 Autodesk 公司开发的三维动画渲染和制作软件，功能强大，具有广泛的数据接口形式。以下将着重讨论如何使用 3ds MAX 软件进行 AutoCAD 数据格式的转换工作。

（1）AutoCAD 等高线文件快速三维模型化方法。等高线是地面上高程相等的各相邻点所连成的闭合曲线。在利用已有的 AutoCAD 等高线进行三维模型化时，可按照以下步骤完成：

1) 检查等高线首曲线属性是否赋了高程值，如果没有赋高程值则需根据等高线标识补充每条首曲线的高程信息，如图 4.3 所示。

图 4.3　AutoCAD 中等高线首曲线赋高程值

2) 利用 AutoCAD 软件中的三维动态观察器功能检查等高线数据，删除文字及平面其他标识信息，只保留等高线数据，如图 4.4 所示。

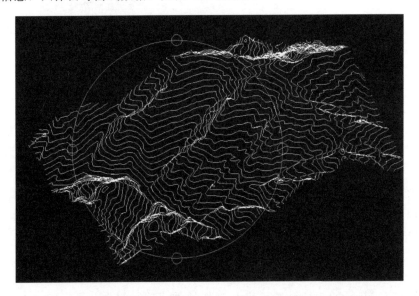

图 4.4　AutoCAD 中三维动态观察（检查等高线数据高程属性）

3) 在 AutoCAD 软件中检查高程信息无误后，设置视点，在俯视模式下保存文件。

4) 打开 3ds MAX 软件，配置系统单位。菜单栏 Units Setup 如图 4.5 所示，菜单栏上选择 System Unit Setup，将 System Unit Scale 设置为 1Unit 和 Meters，点击 OK 完成。

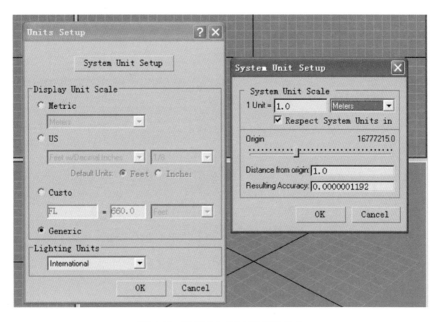

图 4.5 设置 3ds MAX 系统单位

在 Display Unit Scale 菜单栏上，点选 Metric，选择 Meters，如图 4.6 所示。设置完毕后，点击 OK 完成操作。

选择菜单 Import，文件格式在下拉菜单中选择（＊.DWG 和 ＊.DXF），选中上一步骤保存的 AutoCAD 文件。弹出导入数据属性对话框，Geometry Options 和 Include 设置（如图 4.7 所示），并根据 Model Size 显示项检查导入数据的完整性和单位设置的正确性，然后点击 OK 完成。

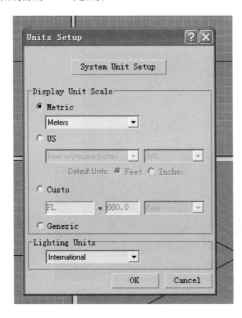

图 4.6 设置 3ds MAX 系统单位

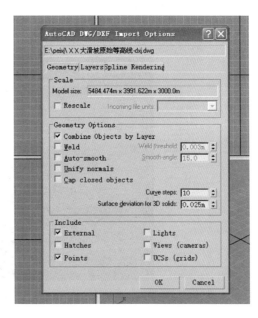

图 4.7 3ds MAX 导入数据属性设置

图形视场选择 Top 视图，图形外部框呈现黄色（图 4.8），利用快捷方式 Ctrl＋A 选中所有导入数据，在菜单栏 Export 弹出的对话框中，选择输出文件格式为 IGES（＊. IGS），选择输出路径并键入文件名后确定。

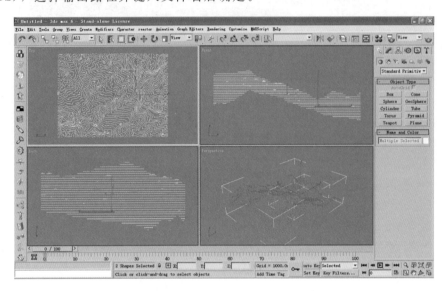

图 4.8　3DMAX 软件中的多义线数据显示

5）打开三维点云数据处理软件 Polyworks，选择 IMInspect 模块。选择菜单栏 IGES Point Cloud，选择上一步骤保存的文件，打开以 ".IGS" 为后缀的文件，导入数据便可看见数据已由原来的 AutoCAD 中的点划线变成点坐标（图 4.9）。通过以上步骤便提取了传统地形等高线中的三维空间点数据，然后可根据需要导出数据，如文本文件，便可在其他软件中生成三维模型数据。

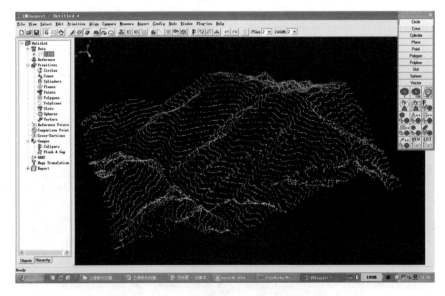

图 4.9　Polyworks 软件中数据点云显示

6）选用 Surfer 软件生成三维模型数据。打开 Surfer 软件，在菜单栏中选择数据，弹出对话框，选中保存的文本数据并打开。弹出网格化数据对话框，网格化算法选择加权反距离法，网格线素间距为 20m。为保证模型表面光滑平整，模型的生成需通过两次不同算法的插值计算，故数据保存格式选 ASCIIXYZ（*.dat），点"确认"按钮，软件开始插值计算。完成后再将计算保存的文件导入 Surfer 软件，插值算法选择局部多项式法，保存格式为 Surfer（*.grad），然后用 3D 网格功能打开并生成数据。Surfer 软件中的数据显示如图 4.10。

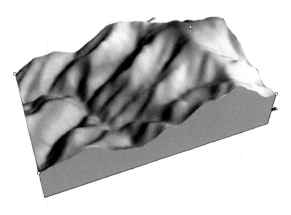

图 4.10　Surfer 软件中的数据显示

通过以上步骤，便完成了地形图文件的三维模型化，此方法方便快速，模型三维效果好。

（2）将 AutoCAD 中的拟合曲线转换为多义线。在操作 AutoCAD 软件过程中，经常会遇到这样的情况：为使等高线线型美观、平滑、顺畅，很多时候等高线的线型选择为样条曲线，而初始为样条曲线便不能进行高程赋值操作，很多时候也不能转换成为多义线，此时可利用前面所述方法，将该 AutoCAD 文件导入 3ds MAX 软件中，然后输出保存为 AutoCAD（*.dwg）文件，这样样条曲线就自动转换成为多义线并可以进行其他操作。

上述只是列举了一个转换应用的例子，使用其他软件，如犀牛软件，同样可以将 AutoCAD 线划图转成三维数据格式的。

3. 基于高密度点云的地形模型化方法

岩土体边坡稳定性分析、评价工作是地质工程中的一项重要工作内容，有限元、离散元等相关的数值计算是常用的技术手段。数值计算中，计算模型的建立是前期重要工作，模型的表部地形数据往往是依据地形图件中的高程等值线进行提取的。这一过程烦琐、耗时，需要做大量预处理和准备工作。另外，面对一些突发性的地质灾害而言，往往不具备高精度的地形图件，甚至没有地形数据，此种情况下快速开展相关的三维数值模拟计算是十分困难的。

由于激光雷达技术可以轻松获取物体表面的三维数据，对点云数据进行坐标系校准后，其点云数据中每个点的三维坐标值都与现场真实空间位置相对应。但是获得的点云数据量巨大，在数值模型计算时还需进一步加以处理才能使用。基于激光雷达技术获取的用于数值模型计算的地形数据，首先应使点云数据的空间分布遵循一定的规律，并控制点云数据边界。

点云地形数据处理过程可以归纳如下：

（1）三维点云数据的预处理。对地形的三维空间点云数据进行预处理，主要包括点云数据拼接、坐标转换、植被噪点剔除等，如图 4.11 所示。

（2）三维点云数据抽稀。对点云数据中的海量点坐标进行数据稀释，以减小数据量（图 4.12）。抽稀的标准符合地形图成图点间距要求或者计算模型的单元尺寸要求。将删减处理完成的点云数据以 ASEII Point Cloud 或其他文本格式输出。

图 4.11　边坡三维点云数据预处理　　　　图 4.12　点云数据的稀释

（3）利用如 Surfer 等数据插值软件将抽稀获得的地形文本数据导入，在数据网格化设定参数对话框中，设置网格文件输出格式为"∗.dat"，并选择网格点计算的模型算法。接下来设定模型插值计算的边界范围、插值网格点间距（一般为整数，与数值计算的单元尺寸相对应），设定完成后，软件进行网格插值计算并输出保存计算结果，重新构网生成的插值点效果如图 4.13 所示。拟合插值计算得到的地形数据便可作为三维数值分析计算软件的表层地形数据文件，其模型化之后的效果如图 4.14 所示。

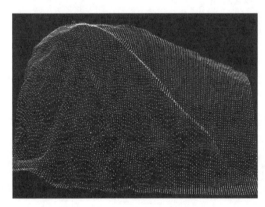

图 4.13　处理后的地形数据　　　　图 4.14　模型化的地形数据

4.1.7　基于点云数据的地质灾害表面积及体积计算

目前，工程勘察中通常会评估勘查对象的规模，用表面积、体积等参数表示。用于计算的数据一般包括传统手段采集的离散点、地形图、摄影测量与遥感影像数据、DEM 数据等，计算过程中先要建立数学模型，通过一定的数学运算，获取计算结果。由此可以看出，计算结果的好坏主要取决于数据源和数学模型，数据源的精度取决于地形图比例尺、等高距、断面精度与间距以及离散点的密度等，数学模型的优劣直接影响计算结果的精度。因此，这里有必要对传统测绘手段与激光雷达手段获取的数据所建立的数字模型进行比较。

基于传统测绘手段获取的不同形式的源数据，计算表面积、体积的常用方法有方格网法和断面法。方格网法多用于一般性方量计算，断面法常在如道路等带状工程方量计算中使用。方格网法工程量计算精确，但直观性不足，离散点数据密度不够，需采用内插的办法使其在表面上达到要求，但实际精度并未提高；断面法的优势在于操作简单、直观，缺点是断面位置取舍不同，会造成计算量值差别较大，无法准确反映实际发生的工程量；其他计算表面积、体积的方法还有等高线法、DTM 法等，但都因源数据精度不高而使计算结果偏差较大。

地面激光扫描获取的海量点云数据中囊括了地表全部的几何信息，同时高精度、高密度点云生成的数字模型更接近地物实体实际，更能有效保证其在表面积、体积计算方面的高精度。通常用于量值计算的数字模型包括数字地形模型（DTM）、数字高程模型（DEM）和不规则三角网（TIN）模型。

1. DTM、DEM 和 TIN 模型相互关系

数字地形模型（DTM）前面已经详细叙述了建立原理和方法，这里不再赘述。

数字高程模型（DEM）是采用获取的离散点高程数据在地理信息系统中表示的三维地形表面特征，是一种数字的地形表达模型。建立 DEM 所用的高密度点云数据中除包含点的高程和平面位置数据外，还包括地形特征线（山脊线、山谷线、断裂线）和特殊控制点（山脊顶点、断裂点等）数据。

不规则三角网（TIN）模型主要是利用有限的点和线空间数值（X，Y，Z）插值的方式模拟地表现状。而从理论上说，地表上点的维数为零，没有大小，因此地表包含无穷多的点。

从数学的角度看，DTM 模型是高程 Z 关于平面坐标 X 和 Y 两个自变量的连续函数，而数字高程模型（DEM）只是它的一个有限的离散表示。因此，数字地形模型是地形表面形态属性信息的数字表达，是带有空间位置特征和地形属性特征的数字描述。

按照数据结构划分，数字地形模型（DTM）可分为栅格形式的规则格网模型（GRID）和矢量形式的不规则三角网（TIN）模型。三者关系如下：在数字地形模型（DTM）、栅格形式网格模型（GRID 或 DEM）、矢量形式的不规则三角网（TIN）模型之间，因为 TIN 模型和 DEM 之间可以相互转换，所以数字地形模型的数据来源十分丰富，而 DEM 的数据来源和数据获取方式决定了数字地形模型的质量和精度。

2. 基于点云数据地质灾害表面积及体积的量算方法

（1）不规则三角网（TIN）法。激光点云数据为离散的不规则点，其数据组织形式更易构建 TIN 模型。在 ArcGIS 中，高精度的数字模型构建方法有 Inverse Distance Weighted、Spline、Kriging 和 Natural Neighbor Interplation 四种，使用较广、反映精度较高的为 Kriging 空间插值的方法。为保证插值后模型表面的连贯性，以更好地拟合地表状况，在 Kriging 插值过程中，控制点值应趋于符合正态分布，对于不符合正态分布的数值，应通过剔除和合理的数据转换方式等手段进行处理，以保证 TIN 模型的真实度。TIN 的本质是 Delaunay 三角网，Delaunay 三角网的生成通常遵循的规则为：Delaunay 三角形之间互不相交，Delaunay 三角形的外接圆内不含其他离散点。计算时先把生成的 TIN 转化成 DEM 栅格数据形式，可避免图层切割时造成数据丢失和冗余重复计算的麻烦，确保计算

精度和结果的可信度。

从 DEM 栅格数据的本质看，DEM 栅格单元越小，越接近地形连续面。栅格单元过小会造成栅格数量增加，必然会给计算机带来运算负担，从而影响计算效率，因此需合理地选取栅格单元的大小。实际上 DEM 体积计算就是通过累加 DEM 中每个栅格面所对应的矩形柱体的体积而求得总体积。

（2）直接量测法。在处理软件 Polyworks 中，提供了多种量测工具，包括量测距离（水平、垂向、两点间、任意方向、点到线）、角度（水平、垂向、任意）、半径及方位角等，利用众多的量测工具能够满足一般工程测量需要。

在点云数据中，利用量测功能可直接获取扫描物体任意点云数据间的几何尺寸。根据获取的几何尺寸可进行粗略的体积计算。如图 4.15 所示，对于这样一块巨石，为测定其体积，可粗略假定其为长方体，通过三维点云数据的量测功能可知道其概化的长方体的长、宽、高分别约为 7.48m、2.06m、7.37m，由此便可通过长方体体积公式计算获取巨石的大致方量。

(a) 巨石图像　　　　　　　　　　　　　　(b) 巨石点云

图 4.15　扫描物体几何尺寸量测

（3）数字地形模型（DTM）法。就 DTM 法体积方量量测，简单介绍三种处理方法，它们分别在软件 Polyworks、Surfer、Terramodel 中实现，另外南方 CASS 等测量软件同样可以完成 DTM 法的体积测量工作。

1）基于 Polyworks 的体积量测。在三维点云数据通用处理软件 Polyworks 中进行体积测量，首先需确定测量范围，对点云数据进行去噪处理，去除植被、粉尘等干扰点，并对点云进行抽稀（由 Subsample 功能实现）处理，抽稀点间距应在尽可能表达地貌形态与运算速度间取得平衡，一般而言，大范围地质体体积测量，建议点间距设置成 0.5～2m 比较适宜。对抽稀后的点云数据进行三角面片化（TIN 网），然后在系统中生成一平面，注意三角面片化的模型必须位于生成平面的一侧，利用软件提供的 surface - to - planevolume 功能便可获取模型表面到平面间的几何体体积。

如图 4.16 所示，原数据点间距为 50m，测量体积约为 $35761475167m^3$。为便于比较，后面几种方法都将采用同一原始数据。

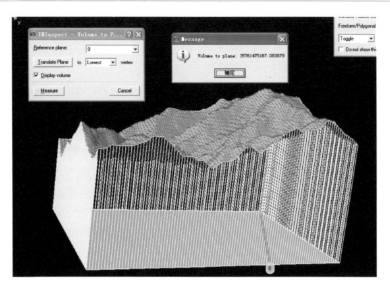

图 4.16　Polyworks 软件中的体积测量

2）Surfer 中的体积量测。目前 Surfer 软件提供的数据网格化功能已经广泛运用于各领域的规则数据生成，工程领域中已利用 Surfer 的体积计算功能进行各种工程量计算，如土石方量计算、库容计算、土地整理中工程量计算和固体矿采剥工程量计算，加上Surfer 具有空间分析和强大的平面与三维图绘制等可视化功能，因此受到广泛关注。

数据网格化精度是影响 Surfer 的等值线图、二维图和三维图以及空间分析精度的最主要因素，Surfer 提供所有常用的十二种数据网格化方法，其中高精度数据网格化方法主要有反距离加权插值、Kriging 插值、线性插值三角网法、移动平均值插值、局部多项式插值、改进谢别德法、径向基函数插值法。当源数据间隔较小时，插值方法对插值精度影响较小，当源数据间隔较大时，Kriging 插值与局部多项式插值精度较优。Surfer 同时采用梯形规则、辛普森规则、辛普森 3/8 规则对生成的网格数据分别进行体积计算。

Surfer 软件计算采用加权反距离法，插值点间距 X、Y 均为 50m，建立的数字地形模型如图 4.17 所示。

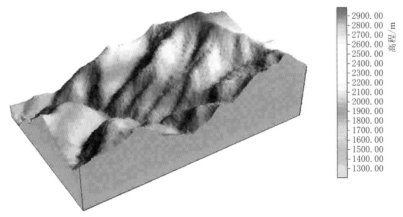

图 4.17　Surfer 软件中的模型显示

体积计算结果如下：

梯形规则：35759099385.897m³。

辛普森规则：35759373101m³。

辛普森 3/8 规则：35759115960m³。

3）Terramodel 中的体积量测。Terramodel 软件是一个功能强大的软件包，它允许用户进行所有必要的坐标几何计算，轻松、快捷地进行道路设计，生成等高线，计算体积。借助这种一体化的 3D 可视化程序，用户可以将项目当成一种交互式的 3D 模型进行观察，使得设计与质量控制过程变得非常高效。借助功能强大的 CAD 功能，用户使用一个软件包就能执行所有的测量、工程和 CAD 任务。借助于大量模块所提供的方便条件，可以对 Terramodel 软件进行配置，提供所必需的各种功能。Terramodel 软件不仅可以计算地形曲面到某高程平面间的体积，同时可以计算地形曲面到开挖曲面间的体积。

如图 4.18 所示，Terramodel 中的点数据三维模型，其计算体积为 35761491756.60m³。

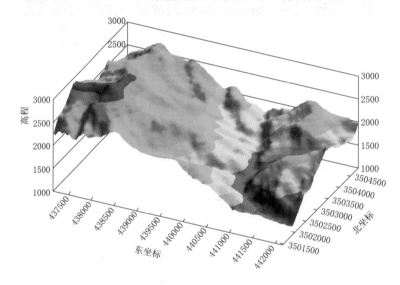

图 4.18　Terramodel 软件中的模型显示（单位：m）

三种软件体积计算结果不尽相同，现对计算结果进行简单分析。

Surfer 可采用不同计算模型进行点插值计算，计算采用加权反距离法，根据体积计算内置算法，共有三种体积计算模型，另外结合 Polyworks、Terramodel 的计算结果，针对同一原始点数据共有 5 个体积方量计算结果，结果之间的最大差值仅占体积总量（以最小体积为参照）的 0.007%，大大低于国家施工组织设计规范制定的体积测量相对误差标准，证实了这三种软件体积计算精度的可靠性。

（4）断面法。断面法适用于小范围或者地形起伏小的体积方量测量。首先在计算范围内布置断面线，断面一般垂直于等高线，或垂直于大多数主要构筑物的长轴线。断面的多少应根据设计地面和自然地面复杂程序及设计精度要求确定。在地形变化不大的地段，可少取断面。相反，在地形变化复杂、设计计算精度要求较高的地段要多取断面。两断面的间距一般小于 100m，通常采用 20～50m。然后分别计算每个断面的填、挖方面积。计算两相邻断面之间的填、挖方量，并将计算结果进行统计。

4.2 大落差艰难环境激光雷达地形测量技术

激光雷达技术是一种全新的测量地形的方法，应用优势明显，效率非常高，给人带来新的感观；性能可靠，投入产出比高，已成为一种成熟的测绘技术。根据激光雷达、点云后处理软件和地形成图软件，经一系列数据编辑处理可得到大比例尺地形图。

（1）处理环节。主要处理环节具体如下：

1）外业扫描。首先根据现场地物形状和环境以及仪器设备测程合理布设扫描测站，设置合理的采样间隔进行数据采集。

2）点云数据预处理和数据后处理。利用随机软件将多站点云数据进行拼接和坐标转换，实现坐标系的统一，获取所需的点云数据。

3）构建 TIN。利用软件功能，根据剔除地面植被后提取的裸地地形数据生成 TIN，并对其进行优化和平滑处理。

4）构建等高线。基于 TIN，按等高距间隔自动生成等高线。

（2）工程实例。下面以地面激光扫描在水电大比例尺地形测量中的具体应用实例说明该技术在地形图测绘应用中的效果。

1）实例地形概况。青海某水电工程岸坡山顶平台地形相对平缓，平台前缘岸坡山体地势陡峭，冲沟众多，地形复杂；河谷至岸顶相对高差达 600m 左右。岸坡处于某水电工程水库内，距离对岸边坡近 2km。由于平台错落变形、岸坡山体表部松动、山体上部加固施工，斜坡石头滑落及崩塌现象时有发生，另外斜坡高陡，大部分地区人员难以到达，传统测量存在很大的安全隐患。

2）三维数据的获取与处理。利用激光雷达技术获取岸坡点云数据，如图 4.19 所示。坡面采样点间距小于 10cm。利用坡面的变形监测点对坐标系进行校准。获取的点云数据进行去噪处理，并对构筑物及少量植被等进行了人工手动剔除，处理后的三维点云数据仅保留地表高程点。在保证地形精度及地形特征的前提下，提取重要的地貌特征数据后，对

图 4.19 岸坡激光雷达点云地形数据

地表高程数据以最小距离 5m 的点间距进行抽稀处理，从而得到地形图测量点及特征点坐标。根据扫描点云数据生成岸坡数字高程模型（DEM），其模型效果如图 4.20 所示，并通过数据处理生成 1∶1000 地形等高线图。

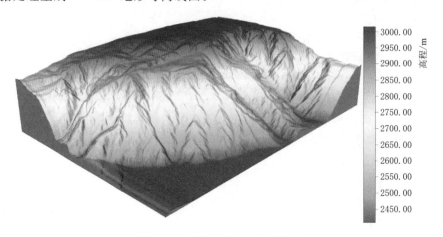

图 4.20　岸坡三维数字地形模型

利用高密度的三维点云数据，对坡表房屋建筑物、水电构筑物的外轮廓线进行提取，对水渠、道路边界进行提取，将这些地物边界叠加在等高线上，展绘高程保留点，即可得到岸坡地形图（图 4.21）。

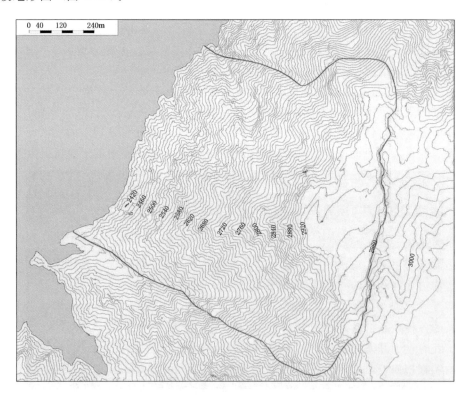

图 4.21　岸坡地形图（1∶1000）

3）基于激光雷达点云数据地形图成图精度检验。地形图精度检验主要检查平面和高程点精度。为了完成检验工作，采用 GPT-3002LN 全站仪［测距精度±（3+2D）mm，D 为测距长度，km］，现场测量仅有的地物点和特征点平面位置，以及散点检查等高线与放样检核高程注记点高程值。检查点主要位于岸坡顶部人员可以到达的区域，其高程中误差等统计见表 4.2。

表 4.2　　　　　　　　　　　高程精度检查统计表

地形类型	测图比例尺	基本等高距/m	检查点数	高程中误差/m	允许限差/m
高山地	1∶1000	1	43	±0.26	±0.33
平地		1	18	±0.11	±0.25

从表 4.2 的数据统计结果可以看出，基于激光雷达数据生成的该 1∶1000 地形图测量精度满足测量规范要求。

4.3　高危环境地质灾害信息识别与提取技术

地质体性状的客观复杂性，使得人们根据对地质体的调查以及研究获取的数据对其进行准确评价向来都是一个难题。激光雷达技术能够深入到复杂、高危的环境中去，获取扫描目标的表面三维点云数据，凭借其技术优势可以高效率地获取大密度的点云数据，对这些点云数据进行适当的处理、分析、解译，以便获取所包含的重要信息数据。对于岩土、地质工程而言，这些点云数据所表征的就是工程快速开挖形成的高边坡，就是调查人员难以到达的自然高陡边坡，就是滑坡的三维空间展布形态。这些点云数据中包含着大量信息，有结构面的空间分布特征信息，有地形变化信息，有地质体的几何尺寸信息等。地质体表面所蕴含的这些地质信息，反映到激光雷达技术中，被抽象为数以百万计的三维点坐标，根据这些点在计算机中再次重新构造了一个虚拟的客观外部世界。计算机中所构造的地质体，有着与其原型相一致或相近的一切外部几何特征，但又有别于原型体，需要对由点云数据所构造成的地质体进行分析、解译，得出与其对应的客观原型的真实数据信息。这些信息数据都是地质调查工作所要关心和进行深入研究的，是地质调查工作要求获取的重要资料。

4.3.1　地质特征点的识别与提取

地质体扫描数据本身就是由众多的点云组成的，而如何准确识别扫描体中所对应的点，也是需要探讨的。这些特征点蕴含着三维坐标的具体位置，如钻孔孔位点、地面高程点、危岩体边界点和中心点、地面构筑物的转折点和控制点、地质调查点、水文观测点、结构面测量点、现场试验点、地质露头出露点、渗水点、沉降观测点、形变观测点等具有地质意义的各种点。

由于获取点云是采集扫描物体表面一系列点阵，并不是针对某一点进行精确测量，因此反映的实物扫描点就存在偏差，比如建筑物的转折点，其点云数据的识别必然会存在误差。针对这种情况，一是直接在点云数据中选取（图 4.22），二是选取点云数据中对应点小范围内的点云，由此计算得到这些点的均值化的一个点（图 4.23），以此表征所对应的扫描物体的点，从点的信息中即可获取三维坐标值。

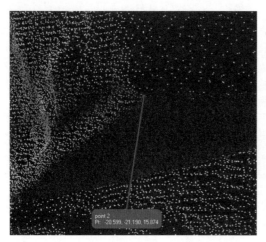
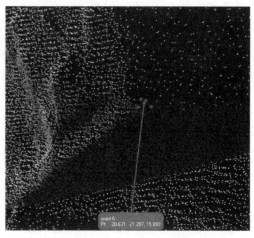

图 4.22　点云图像中的单点点位　　　　　图 4.23　多点拟合生成的点位

4.3.2　地质边界的识别与提取

地质体按照某种物理属性划定的具有一定意义的范围界限即为边界，如危岩体边界、滑坡边界及内部分区边界、泥石流堆积边界、形变边界、地层边界、软弱夹层边界、地质构造边界、开挖边界、灾害威胁范围边界、地物边界、淹没区边界等。特征明显的扫描物体，在点云数据中对其边界进行识别相对比较简单。但在某些情况下，识别扫描物体的边界就存在一定的困难。如对滑坡的空间展布形态进行激光雷达扫描时，由于一般情况下滑坡表面植被较多并且滑坡体边缘在地形特征上表现不明显，此时，在三维点云数据中准确确定滑坡边缘就需要仔细地研究。一般的判定过程为：先对明确的边界特征进行确定，存在疑虑的部分可以综合微观地貌、地物特征进行识别，同时参考数码照片，必要时现场再次调查验证。另外，利用彩色点云数据中的色彩信息结合地貌特征进行边界识别，这种方法适用于大多数情况，前提条件是采集的是彩色点云数据。灰度点云数据与彩色点云数据的边界识别对比如图 4.24 和图 4.25 所示。

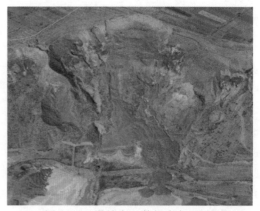

图 4.24　滑坡点云数据灰度显示　　　　　图 4.25　滑坡点云数据彩色显示

点云数据中线的识别可以参考点的识别进行，两个端点得到准确识别后，两点连线就可获得所需的线。面的识别将在后面章节中探讨。而对于体的识别，由于体是由点、线、面组成的，因此再复杂的体都可以参考以上方法。另外，一般常见的体主要是正四棱柱和圆柱的几何体拟合，考虑到在工程应用中较少涉及，这里就不做详细介绍了。

4.3.3 地质灾害几何特征量测

三维点云数据处理软件提供了多种量测工具，包括了量测距离（水平、垂向、两点间、任意方向、点到线）、角度（水平、垂向、任意）、半径及方位角等工具，利用众多的量测工具能够满足一般工程的大多数需要。

几何尺寸的量测完全基于三维点数据坐标进行计算而完成，尺寸测量精度取决于选取点的准确性和扫描点云数据的精度。另外，一些复杂几何体的尺寸量测也可采用切剖面的办法，获取剖面线后在 AutoCAD 中进行进一步量测。

地质体调查时，充分利用三维点云数据的量测功能实现几何尺寸的获取（图 4.26），既可以快速准确地掌握地质体的空间位置及尺寸，也有助于查明地质体的危害程度、体积方量、防治措施的布置形式及规模等信息。用此点云数据进行量测，避免抵近接触测量，在提高测量精度的同时也降低了危险地段测量人员的安全风险。

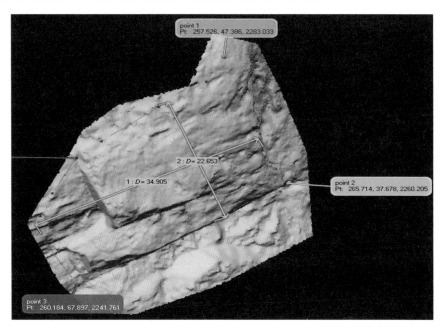

图 4.26 点云数据几何尺寸量测

4.3.4 地质灾害精细地质剖面获取

地质体断面是沿着指定切面方向切取或者按照一定的投影关系形成的真实地面及地下地质界面的二维界线表达，是地质体重要的空间表达形式，是分析和计算的主要基础数据之一。二维剖面是地质体分析、计算不可或缺的计算手段，也可用于以平行断面法计算地质体的体积方量。激光雷达获取的是地质体表面的坐标点云，由此切取的断面也主要是地表特征，但根据地质体地表露头的断面和三维空间信息，可以进行一定的推测和内部延伸，断面的内部地质信息主要借助地质钻孔、坑槽探、物探的地下勘察资料补充完善。

获取地质体表面剖、立面图，常用的传统方法有两种：一种方法是用皮尺＋罗盘现场测量，但精度、效率较低，高陡边坡根本无法作业，或者用无反射棱镜全站仪测量，但费时、费力，而且测距范围较小；另外一种方法是利用地形等高线切取，但前提条件是要有合适的地形数据，而且等高线切取二维剖面精度受到图件比例尺的影响，局部地形难以反映，特别是陡崖地形。

利用激光雷达获取的三维点云数据绘制地质体剖面图和立面图（图4.27、图4.28），不但方便快捷而且精度高，可以如实准确地反映地质体的剖面形态、山体立

图 4.27　地质体表部精细点云数据

面分布位置，同时可获取精细的微地貌特征，如结构面二维发育分布特征。这些表层的结构面信息可以适当地进行延伸扩展。这种剖面在普通的地形图上是切不出来的，所获取的剖面特征可直接导入 AutoCAD 软件中，从而形成地质专业所需的剖面线。

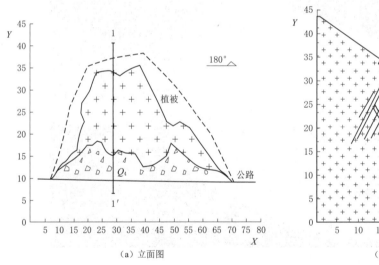

（a）立面图

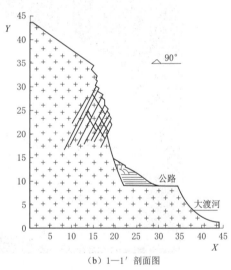

（b）1—1′剖面图

图 4.28　地质体精细立、剖面图（单位：m）

4.3.5　地质灾害边界识别与提取

1. 地质灾害边界识别

三维点云数据"刻画"的客观世界物体空间特征，是带有灰度信息（或彩色信息）的

海量点坐标。在点云数据中,地质灾害边界或结构面被抽象为数以百万计的三维坐标点,空间几何特征信息赋存其中,这些点云信息包含着地质灾害边界几乎所有的外部几何特征,但又有别于原型,需要对点云数据所重建的虚拟地质灾害边界进行识别与提取。众所周知,地质灾害边界本身就是复杂的空间物体,比如地质体中的软弱夹层,其本身并不是一个面,准确地讲应该是一个具有一定厚度的"带",而且这个"带"也并不是一个规整的平面,是存在一定起伏和变化的。在地质工程上,识别软弱夹层的工程意义重大,特别是缓倾角的软弱夹层的空间展布问题,对研究斜坡或工程边坡更有意义,其层面的倾向、倾角的微小变化,都有可能对其稳定性的判定产生巨大的影响,对其工程加固的治理费用也有惊人的影响。因此,如何准确地在复杂地质体中识别这个"面",并准确获取这个"面"的宏观产状就成为一个重要而且基础的问题。在地质工程中这类问题并不少见,除了软弱夹层、断层、岩体结构面、特定地质边界等都涉及地质灾害边界的问题。由此不难看出,基于三维点云数据准确识别和提取这些地质灾害边界地质体的空间几何特征具有重要的意义。

地质灾害边界的外在表现形式错综复杂,往往还受到风化、开挖等因素的后期改造,这给地质灾害边界的识别、提取造成很大困难。另外,利用激光雷达技术获取的仅仅是地表出露的部分。基于以上原因,在复杂地质灾害边界点云数据识别与提取的过程中,往往不能拘泥于某种固定形式,应结合实际地质灾害边界发育分布情况,基于宏观地质特征的掌握与判断,采用现场调查、照片比对等方法进行识别提取,必要时还要进行现场对比和检校工作。根据激光雷达技术的特点,在点云数据地质灾害边界识别中,也可以利用几何形态和色彩信息进行识别。

(1)基于点云数据结构面几何形态判识。三维空间点云数据或者模型网格数据,都能够反映结构面的几何形态,但是反映的真实情况与点云数据质量、采样点密度和精度都有很大的关系。除了与三维点云数据本身有关之外,与结构面出露的形态也有很大的关系,根据地质灾害边界的出露几何特征,点云数据识别有以下四种判识方法。

1)地质灾害边界的直接判识。能够直接判识的地质灾害边界,其三维点云数据特征明显,结构面平直产状稳定,几何特征上常常表现为一个规整的平面,易于在三维空间图像上进行准确识别。如图4.29所示的点云数据展示的地质灾害边界结构面中,包含了两组陡倾和一组中等倾角的结构面,这类结构面往往成组平行出现,各组产状数值相差不大,结构面间距也相对稳定。故对于这一类结构面,仅仅依靠三维空间点云影像数据便可作出准确的判断。

2)地质灾害边界的类比判识。这类地质灾害边界点云数据几何特征不明显,出露迹线规模一般较小,结构面闭合,产状有一定变化,地表出露的"面"较小或闭合。仔细观察这类地质灾害边界,可以根据成组出现的特征进行对比分析,根据特征明显的地质灾害

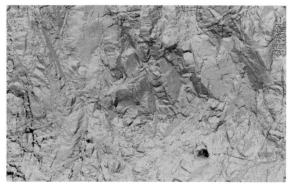

图4.29 三维点云数据直接判识结构面

边界对其进行类比判识。图 4.30 显示的三维点云数据,给人的第一感觉是杂乱无章,无明显的地质灾害边界分布,但是根据成组出现的特性可以发现近发育的一组水平缓倾角结构面,其连续性差,地质灾害边界短小且在坡表无明显的"面"。这类地质灾害边界很难一眼就能发现,但是经过仔细观察、对比分析还是可以较为容易地识别的。

图 4.30　类比判识结构面类型

3)地质灾害边界的推理判识。这类地质灾害边界往往不是很发育,成组出现的特性也不是很明显,同组地质灾害边界的产状差异也比较大,规模相对较小,在识别过程中需要运用相关地质分析的方法,通过间接的判识标志来推测、判断结构面。在实际操作中,为提高推理判识的准确性,往往需要采用多种证据或标志进行综合分析和相互验证,尽可能避免仅凭一种间接标志作出推断。

4)地质灾害边界的现场验证判识。对于地质灾害边界出露条件复杂的环境,应结合现场调查判断建立结构面的判别标志,现场对地质灾害边界进行分组,分析归纳结构面的三维出露特征。现场验证是最为可靠的判识方法。

(2)基于点云数据彩色信息地质灾害边界判识。即利用点云数据彩色信息、灰度信息识别地质灾害边界。激光点云数据不仅包含扫描物体表面的点坐标信息,同时包含灰度或者彩色信息。点云灰度信息是由扫描物体反射激光强度决定的,而点云彩色信息是由数码相机获取的。这些色彩信息可以对地质灾害边界进行更为准确的识别。如图 4.31 所示,点云数据具有彩色信息,彩色的三维空间图像具有与真实场景相近的色彩,有着较为真实的光线阴影关系,仿佛置身于实物现场,这些色彩信息很大程度上可以帮助提高识别的精

图 4.31　彩色点云数据中的结构面识别

度与速度。

2. 地质灾害边界空间形态的提取

地质灾害边界的提取方法总结起来可以包括三种：人工手动操作的地质灾害边界识别、人工干预的半自动结构面识别、计算机自动搜索地质灾害边界识别。

（1）人工手动操作的地质灾害边界识别。主要包括以下两个方面：

1）"三点"拟合地质灾害边界。地质灾害边界三维点云数据有着较为明确的影像特征，据此确定该地质灾害边界上三个不在同一直线上的坐标点，根据这三点坐标就能建立一个平面方程，在人工对地质灾害边界进行认知的前提下，采用几何平面表征地质灾害边界的空间形态。地质灾害边界是一类地质行迹，在岩质边坡表部呈现为出露的迹线或者暴露的光面，在点云影像中这些行迹较为容易识别，人工利用空间特征选择这些行迹中不在一条直线上的三个点便可完成地质灾害边界的识别。在复杂的地质灾害边界中，地质灾害边界往往粗糙起伏且受地形后期改造的影响，在地质灾害边界不同位置的三个点会形成有一定参数差异的平面方程。因此，在点云数据中选取三个点坐标时，应注意点的位置要具有空间代表性，选择地质灾害边界出露明显且产状稳定的位置。另外，利用生成平面的空间图像特征，检验与地质灾害边界的拟合程度，观察是否具有宏观上的空间代表性。图 4.32 中展现了一个典型的地质灾害边界出露形态，其地质灾害边界倾角较小，在坡表仅出露一条迹线，很难找到一个完整的光面，因此对此类地质灾害边界进行识别，应抓住其地形特征，尽量利用空间的转折部位，选择明确的迹线边界。

（a）待测结构面图像　　　　　　　　　　（b）基于点云的"三点"测定结构面

图 4.32　三点法拟合提取岩体结构面

2）多点拟合地质灾害边界法。由于卸荷松弛及地表后期改造等原因，地质灾害边界往往在坡表处有光面出露。在有完整光面出露的情况下，三维点云数据形态清楚明显，利用点云数据中地质灾害边界出露面上的所有点（或者大部分点）来拟合一平面。多点拟合识别地质灾害边界，不仅宏观上表达了地质灾害边界的总体分布趋势，而且克服了地质罗盘单点量测产状存在的误差。这种方法特别适合调查一些控制性的、有一定起伏的地质灾害边界，综合给定其空间分布特征。如图 4.33 所示，在三维点云数据中选择特征明显的出露光面,尽可能多地选择点云数据,这些数据具有代表性,起伏度小,分布范围最广,由选取的点云数据生成一拟合平面。多点拟合生成地质灾害边界能够得出综合的地质灾害边界产状,比单点位置的传统罗盘测量更具有代表性。

(a) 点云中待测结构面范围　　　　　　　　　　　　(b) 基于点云的多点测定结构面

图 4.33　多点法拟合提取地质灾害边界

(2) 人工干预的半自动地质灾害边界识别。所谓人工干预的半自动地质灾害边界识别,指的是在地质灾害边界识别过程中人为指定一定的搜索范围和参数,然后由计算机程序自动查找,从而生成拟合平面的方法。以徕卡激光雷达为例,其在三维处理软件 Cyclone 中就提供了平面搜索生成工具。在后处理软件中,从地质灾害边界出露明显处的点云数据中选取一个或多个点,使用 Region Grow Patch 功能,程序就会对所选的点的一定范围进行搜索而生成平面 (图 4.34、图 4.35),搜索过程中根据结果可以不断调整搜索半径等参数,直到获取理想的数据结果。选取点的准确性及代表性将直接影响拟合地质灾害边界的准确性。

图 4.34　选取地质灾害边界上的点

利用这种方法提取的地质灾害边界准确性较高,是在人工识别地质灾害边界的前提下,有针对性地选择地质灾害边界点云数据中代表性的点,然后人为指定搜索半径,计算机自动查找在指定点空间内最优的拟合平面方程,从而确定地质灾害边界拟合生成的

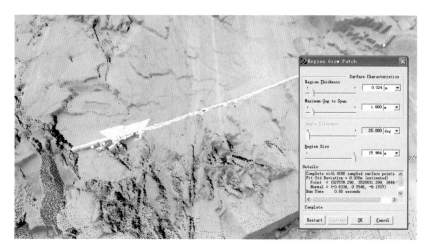

图 4.35 搜索地质灾害边界

平面。

（3）计算机自动搜索地质灾害边界识别。客观地讲，地质灾害边界的识别具有一定的人为因素，也就是说对于同一个岩体边坡而言，不同的地质调查人员对于地质灾害边界的认识并不会完全相同，这与调查人员的专业知识、主观感受等因素有关，但这样的结果并不是工程建设、科学研究期望看到的。地质灾害边界可以利用激光雷达技术对其几何特征进行表达和存储，而且地质灾害边界是具有一定几何规律的，利用数学的方法，采用计算机自动完成地质灾害边界的识别和提取，一直以来都是学者们研究的热点和难点问题。在这方面很多人都做了大量努力，其中包括基于摄影测量原理计算地质灾害边界产状、激光雷达点云数据自动分析求取地质灾害边界产状等。

基于摄影测量技术开展此方面的研究案例颇多，但这种依靠立体像计算地质灾害边界产状的方法，虽然可以算出产状，但是无法实现地质灾害边界的立体可视化，不能进行立体的三维展示，仅通过数据的公式计算求得产状。另外这种产状的求得也并不是计算机自主完成，而是需要人工干预的。

采用激光雷达技术对地质灾害边界进行研究，也是地质工作者关注的。激光雷达设备获取的点云数据不需要进行任何其他处理，便可真实反映地质灾害边界的空间形态，而且完全是三维数字化的。目前这方面的研究，要么对点云数据本身进行分析，但是这种方法不具有可视化的功能，因此无法检验识别的准确程度；要么独立编制三维展示的程序，加载地质灾害边界点云数据，对点云进行三角网模型重建，在此基础上搜索地质灾害边界进行自动识别。目前这些研究都或多或少存在不同程度的缺陷，或后检验功能不强，或程序过于烦琐而通用性不强。

基于前人研究成果的不足，在此介绍一种地质灾害边界自动搜索软件程序的设计思路，对其进行改进和完善。其运行时基于三维点云处理软件 Polyworks，不需要过多额外的干预处理，实现自动搜索并提交地质灾害边界，且具有后检校功能。插件开发的软件平台选用 InnovMetric 软件公司通用的三维点云处理软件 Polyworks。InnovMetric 公司拥有世界上最大的高密度点云软件客户群，目前市场上几乎所有的激光雷达点云数据都可以在

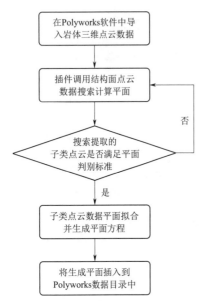

图 4.36　地质灾害边界自动
识别提取流程

这款软件中运行处理，软件提供了开放的插件接口，具有良好的开放性和兼容性。

插件程序用 C＋＋编程，开发平台选用 Microsoft Visual Studio 2010、Polyworks 2014。基于 Polyworks 提供的 COM 接口，在 Microsoft Visual Studio 2010 中建立 ATL 工程，实现与 Polyworks 之间的通信连接，流程如图 4.36 所示。

插件运行点云自动平面识别算法基本原理为：假设要处理的点云数据是无结构的三维点云数据，也就是点云数据上的点没有相应的法向量信息（大部分点云数据都是无结构的点云数据，即使有，通过拼接处理等过程，法向量也会丢失）。

1）基于计算机自动搜索识别地质灾害边界拟合算法。主要包括以下两个方面：

a）进行点云法向量估算。法向量估算的过程是：程序自动选择点云数据中的种子点，搜索周围一定数量的点坐标数据，进行拟合平面处理。搜索周围一定数量的点常用两种方法：一种是 KNN（K‑nearest neighbors）算法；另一种是 FDN（fixed distance neighbors）算法。因为 FDN 算法跟点云的间距、密度有关，不同扫描间距的数据需要设定搜索距离，所以程序插件采用 KNN 算法，即搜索选定点最短距离的周围 K 点进行平面拟合。

b）根据平面拟合进行法向量估算。每个点除了有一个平面外，还有生成这个平面的残差。这个残差值的大小可以用来判断点云是否是一个连续的面。残差值大，表明周围可能有很多噪声点，可能这个点处于物体边缘，也可能表明这些点云弯曲度大而不能用一个平面表达。

2）插件的运行过程。主要包括以下几个步骤：

a）安装插件程序到 Polyworks 软件中，插件安装完成后在菜单栏 Tools‑Plug‑ins‑CompanyName 中可以找到启动程序，调入要查找结构面的点云数据，启动插件程序（图4.37）。

b）插件启动，弹出参数对话框。参数内容主要包括"最小平面点云数""最大平面点云数""相邻点搜索点数""平滑度阈值""平面残差阈值"等。依据不同的点云质量可改变各参数，参数物理意义明确直接，修改简单。设置好参数后，程序将自动计算提取分离各个结构面点云数据，并对分离出来的点云数据进行地质灾害边界拟合，由此在 Polyworks 软件中生成相对应的地质灾害边界点云数据和平面拟合数据（图 4.38）。

c）利用插件程序分离的点云数据和拟合生成的平面数据完全三维可视化，可以逐一对这些数据进行检校，例如噪声点云数据造成误生成，可以检查发现并人工剔除，图4.39 展示的便是对地质灾害边界与分离出来的点云数据进行校核的界面。

在复杂场景条件下，尤其当地形条件受限、不可避免的前景遮挡出现时，点云数据中

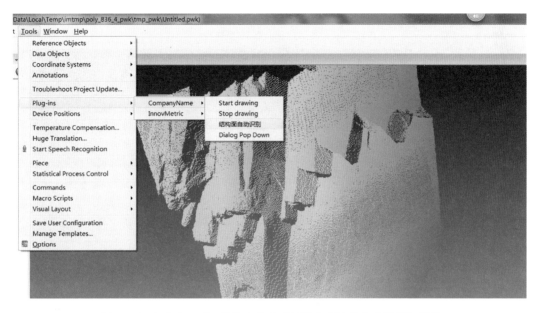

图 4.37 在 Polyworks 软件中启动 "地质灾害边界自动识别" 插件

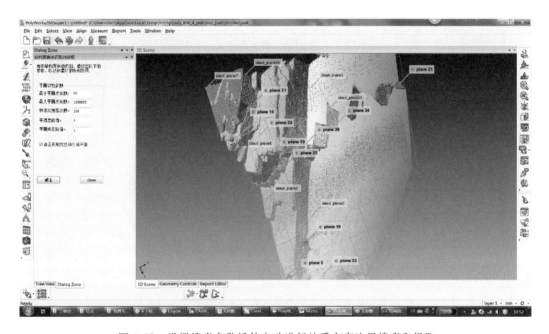

图 4.38 设置搜索参数插件自动进行地质灾害边界搜索和提取

的地质灾害边界会出现漏洞而发生无数据的情况，点云数据的中上部由于视角原因，可能某一组地质灾害边界就是没有点云数据，但是通过人为判断可以清晰地发现这组地质灾害边界的存在（图 4.40）。对于这种情况，可以采用人工添加地质灾害边界拟合平面的办法。由于数据是在 Polyworks 软件中的，前面提出的三点法、多点法等提取地质灾害边界的方法都适用，因此对于点云数据缺失或者质量不好而导致地质灾害边界提取缺失的问

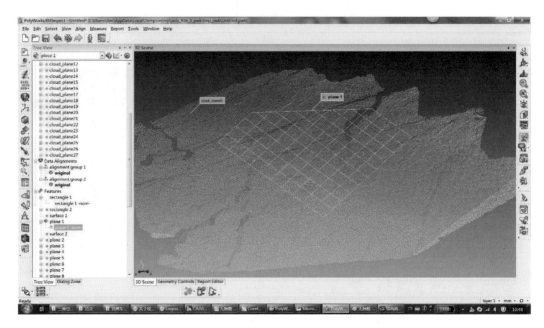

图 4.39 对地质灾害边界与分离出来的点云数据进行校核

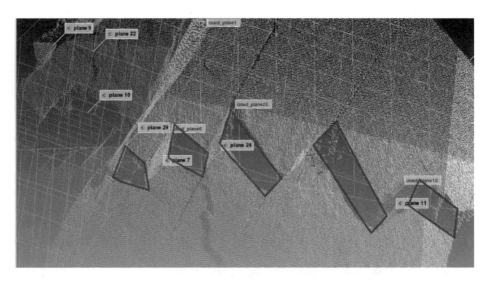

图 4.40 由于遮挡造成点云数据缺失，插件无法计算查找（红色框位置）

题，可以采用人工手动添加的办法完成（图 4.41）。

3. 地质灾害边界出露迹线的提取

根据上述内容，采用人工、半自动、自动等方法提取地质灾害边界生成拟合平面都是三维空间数据，而传统的地质图件都是二维的，因此需要将地质灾害边界空间三维数据转换成为与坡面投影面相交的二维迹线，故需要将地质灾害的位置以迹线形式表达。

（1）直接提取。地质灾害边界与坡面投影平面大角度相交，出露形式是线状的，可以直接利用 Polyline（多义线）进行拟合提取；而对于角度相交的地质灾害边界，则需要判

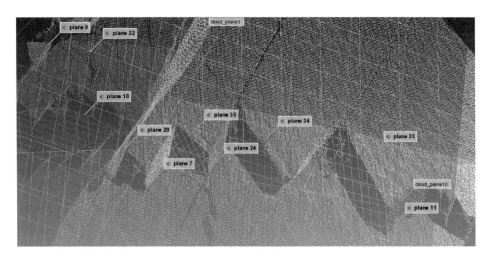

图 4.41 手动提取结构面

断投影平面与地质灾害边界交线位置，进而确定结构面迹线。

（2）间接提取。对于激光雷达设备而言，获取的彩色点云数据是利用数码照片的彩色像素点与点坐标信息进行拟合，然后对点云数据中的地质灾害边界进行识别。可以换个角度思考问题，即在某些情况下可以改变这个操作顺序。当地质灾害边界特征不明显，坡表出露迹线短小时，三维点云数据即便使用彩色信息也难以识别，毕竟彩色点云数据的分辨率比不上原始的数码照片。因此利用不同颜色的线条，在数码照片上勾画短小地质灾害边界位置（不同颜色的线条代表不同分组的地质灾害边界），并将这些线条信息保存到照片中，然后将这张照片与对应的点云数据耦合，这样获取的点云数据的彩色信息就显示了之前在照片中勾画出的地质灾害边界迹线信息（图 4.42），如此在点云数据中就可以轻松地识别地质灾害边界的迹线位置。

图 4.42 点云与带有勾画地质灾害边界信息的照片耦合

4. 地质灾害边界产状计算

(1) 地质灾害边界的计算原理。前文已经论述，点云数据在地质灾害边界识别之前应完成坐标系统校准的预处理，也就是说点云数据中的坐标系统或者方位与边坡真实的空间位置是相对应的。因此，点云数据中识别的地质灾害边界或者拟合生成的平面，蕴含的几何信息通过数学方法表达出来，便可求解结构面的产状。

简言之，对地质灾害边界使用平面进行拟合，获得拟合平面的一般式方程为

$$Ax + By + Cz + D = 0 \tag{4.2}$$

式中：A、B、C、D 为平面方程参数，其中 A、B、C 三者不能同时为零，且该平面法向量坐标 $n = \{A、B、C\}$。

在明确了几何意义后，根据平面的一般式方程，利用地质灾害边界产状的定义，可以推导出结构面产状参数的计算公式。

1) 当 A、B、C 三个参数都不为 0 时。

$$结构面走向 = \begin{cases} NW, & A \times B > 0 \\ NE, & A \times B < 0 \end{cases} \tag{4.3}$$

$$结构面走向线与 N 夹角 = \frac{180 \times \operatorname{arctg}\left|\dfrac{B}{A}\right|}{\pi} \tag{4.4}$$

$$结构面倾向 = \begin{cases} NE & A > 0,\ B > 0,\ C > 0 \\ SW & A > 0,\ B > 0,\ C < 0 \\ SE & A > 0,\ B < 0,\ C > 0 \\ NW & A > 0,\ B < 0,\ C < 0 \\ NW & A < 0,\ B > 0,\ C > 0 \\ SE & A < 0,\ B > 0,\ C < 0 \\ SW & A < 0,\ B < 0,\ C > 0 \\ NE & A < 0,\ B < 0,\ C < 0 \end{cases} \tag{4.5}$$

$$倾角 = \frac{180 \times \operatorname{arctg}\left(\dfrac{\sqrt{A^2 + B^2}}{|C|}\right)}{\pi} \tag{4.6}$$

式中：E、S、W、N 分别为地理方位东、南、西、北。

2) 当 A、B、C 三个参数存在为 1 或者 0 时。前面已经讨论了结构面 A、B、C 三个参数均不为 0 的情况，而在平面参数 A、B、C 存在为 1 或者 0 的情况时，地质灾害边界的地质产状是水平或者垂直发育的。特殊情况下地质灾害边界参数见表 4.2。

表 4.2　　　　　　　　　　　特殊情况下地质灾害边界参数

A	B	C	走　向	走向线与 N 夹角	倾　向	倾角
0	X	X	EW		$\begin{cases} N, & B \times C > 0 \\ S, & B \times C < 0 \end{cases}$	公式 (4.6)
X	0	X	SN		$\begin{cases} E, & A \times C > 0 \\ W, & A \times C < 0 \end{cases}$	公式 (4.6)

续表

A	B	C	走向	走向线与 N 夹角	倾向	倾角
X	X	0	$\begin{cases} NE, A \times B > 0 \\ NW, A \times B < 0 \end{cases}$	公式（4.4）		$90°$
0	0	1	水平面			$0°$
0	1	0	EW			$90°$
1	0	0	SN			$90°$

注：X—参数值不为零。

（2）地质灾害边界产状计算的计算机编程。根据以上分析结果，基于获取的平面方程参数，即可得到地质灾害边界产状信息。为方便处理数据，可根据以上分析的原理编制相关的后处理软件（图4.43），显示界面为自行编制的地质灾害边界产状计算软件的程序界面，其可嵌入Polyworks软件直接调用，而且实现自动获取选中的拟合平面参数，直接显示所对应的地质灾害边界产状参数，同时具备批处理多个拟合平面参数的功能。

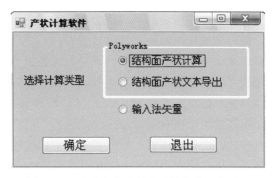

图 4.43　地质灾害边界产状计算的程序界面

启动插件程序，选择结构面计算类型，在 Polyworks 软件的 IMInspect 模块中选择已经拟合生成的平面（可单个选择也可多个选择），软件计算后将结果显示在文本框中，用户可以点击复制（图 4.44）。

图 4.44　插件程序显示测量结果

当需要计算多个地质灾害边界产状，且需将地质灾害边界产状信息数据保存为文本时，可在图 4.44 所示的位置选择地质灾害边界文本导出选项。在三维处理软件中将识别出来的平面选中，鼠标右键选择 Export – Totext 选项，由此操作将平面方程参数信息导出并保存为文本。再使用产状计算软件导入此文本文件，程序插件将调用平面方程参数，自动批量计算这些参数，从而获取拟合平面所代表的地质灾害边界产状，产状的计算结果显示在文本框中，这些计算结果也可以导出保存在文本数据中。

另外，编制的结构面计算插件也考虑到其他情况，提供了手动输入平面法矢量的选项，可以采用多种手段进行地质灾害边界产状计算。

（3）地质灾害边界产状的统计分析。节理玫瑰花图是地质工程中常用的一个结构面分析工具。它以图解表示结构面空间方位及其发育优势程度，又可分为走向玫瑰花图和倾向、倾角玫瑰花图两种。走向玫瑰花图（图 4.45）是以半径方向表示节理走向方位，以半径长度单位表示该组节理的数量，将各组节理裂隙产状信息结合以上原则投影到图上，连接相邻各投影点，无节理裂隙发育的方位则连线至圆心，综上便得到节理走向玫瑰花图。倾向、倾角玫瑰花图（图 4.46）则表示有倾向发育的优势方位又有倾角发育的范围。为了提高结构面产状统计分析的便捷性，已有学者采用 VB 等编程语言开发了节理玫瑰花图自动成图的程序插件，根据调查识别的结构面产状信息自动生成分析图件，分析结果可选择图片格式或者 AutoCAD 格式进行存储。

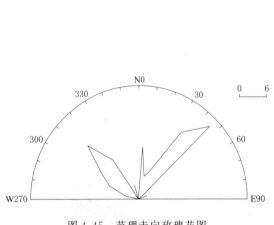

图 4.45　节理走向玫瑰花图

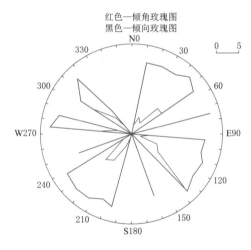

图 4.46　节理倾向、倾角玫瑰花图

4.3.6　地质灾害地表形变信息提取与分析

1. 基于地面形态要素的滑坡识别原理

利用机载 LiDAR 测得的点云数据具有厘米级精度，同时拥有滤除地表植被的功能，能够在植被覆盖的区域分离出地面点云。基于机载 LiDAR 的滑坡识别，除了能够准确地识别传统光学遥感工具所能识别的典型地貌特征外，还增加了对滑坡微地貌的识别，能够清晰地识别其滑坡舌、滑坡壁、滑坡台阶和滑坡裂缝等地貌形态，达到精确判别滑坡类型和识别滑坡边界的效果。

2. 基于山体阴影图和数字地形分析图的滑坡识别

利用遥感技术对地质灾害进行全面调查，是地面调查的有效补充和辅助工具，而利用传统光学遥感卫星图像进行遥感解译，其结果因受到植被覆盖的影响和图像精度的限制会，存在较大的误差，在这种情况下，引入 LiDAR 技术对地质灾害进行识别。

（1）基于山体阴影图的滑坡范围识别。采用 LiDAR 数据生成的高精度 DEM 和利用 ArcGIS 软件的 3D Analyst 扩展模块生成研究区一系列不同太阳方位角的山体阴影（Hill - shade），作为地质灾害隐患识别的定性参数。

（2）基于点云地形剖面图的滑坡细节信息分析。基于高密度点云的地形剖面图能直观地表现出地面的起伏、地势的变化和地表坡度的陡缓，还能形象地显示出一个地区的地形类型及其特征。

4.4　激光扫描地质灾害排查技术

4.4.1　崩塌体排查技术

利用激光扫描无接触测量技术的优势，将其应用于高陡边坡的崩塌危岩体排查，将有助于提高崩塌危岩体排查工作的效率，获取高精度的数据，降低排查人员的安全隐患。

崩塌危岩体激光扫描数据采集的主要作业工序为：①选定扫描站点位置；②规划扫描范围内的大地坐标标记点；③根据实际工作需要进行三维数据参数设定及采集，完成数据现场采集工作并获取标记点的大地坐标值；④进行三维数据的处理及成果的提取，数据后处理主要包括多幅点云数据的拼接、大地坐标转换、彩色信息处理、去噪等操作。数据成果的提取应配合现场的地质排查工作而进行，在三维数据中对崩塌危岩体进行识别。

点云数据中崩塌危岩体的识别应结合现场的地质排查工作而进行，可以获取以下内容：

（1）崩塌危岩体的识别与提取。崩塌危岩体的空间分布位置及边界范围确定后，可测量其准确的大地坐标或与其他重要构筑物的相对位置关系。图 4.47 为一崩塌危岩体三维点云数据，结合现场地质排查工作，划定崩塌危岩体边界范围线（图 4.48），根据确定的危岩范围，可在点云数据中轻易获取中心点坐标，以及崩塌危岩体边界点坐标，圈定的边界范围线可直接导入到灾害区的地形图中，这样可准确地定位危岩分布位置。同时，也可以通过点云数据准确定位崩塌危岩体与威胁对象间的空间位置关系，为危险性评价等提供基础数据。

（2）崩塌危岩体几何尺寸量测。在三维点云数据中，每个点都具有真实可靠的三维坐标，对这些点可以进行多种量测，包括距离（水平、垂向、两点间、任意方向）、角度（水平、垂向、任意）、半径及方位角等，可以开展各种想象得到的量测任务。对于崩塌危岩体，有时为了研究需要，甚至可以进行垂向剖面和水平平切断面的操作，利用获取的这些二维断面信息再进行相关的测量工作。

图 4.47　崩塌危岩体三维点云数据

图 4.48　崩塌危岩体边界确定

图 4.49　崩塌危岩体几何尺寸的量测

对于崩塌危岩体而言，可以利用其几何尺寸计算方量体积，也可以采用三维空间形态，结合结构面组合关系，指定崩塌危岩体边界，获取更为准确的体积信息（图 4.49）；还可以通过结构面组合关系判断崩塌危岩体边界信息，通过量测工具调查结构面发育间距，确定或者预判危岩块体大小。这就为治理工程提供了工程量的基础尺寸数据，为防治措施选择、选址提供了辅助依据。

（3）崩塌危岩体裂缝调查。崩塌危岩体拉裂缝分布空间位置、发育长度、宽度等信息对于判断其稳定性十分重要。利用激光雷达设备可以快速获取崩塌危岩体立面陡崖处的三维点云数据和实景模型，图 4.50 为崩塌危岩体拉裂缝图像，根据图 4.51 中的三维点云数据可以清晰地分辨出崩塌危岩体的拉裂缝。

图 4.50　后缘拉裂的孤立危岩

图 4.51　崩塌危岩体的三维点云数据

（4）崩塌危岩体结构组合特征调查。由于扫描物体性状存在差别，因此崩塌危岩体软弱层面（带）空间发育特征的三维点云数据灰度颜色也有所差别。如图 4.52 所示，砂泥岩互层的风化差异导致崩塌危岩体形成，所以确定软弱层的空间位置（泥岩层）是崩塌危岩体调查的一项重要内容。由三维点云不难看出，砂岩的激光发射率高，其在三维点云中更亮，泥岩相对较暗。根据点云数据的灰度显示可以清晰地分辨软弱层的空间位置，准确定位危岩的控制性因素。

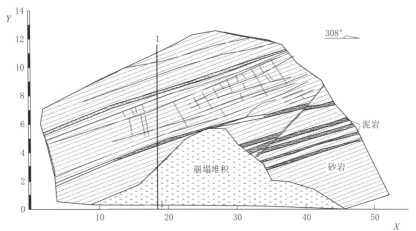

图 4.52　砂岩、泥岩互层崩塌危岩体立面调查
（点云图像中暗色的为泥岩，亮色的为砂岩；单位：m）

（5）不利结构面产状解译。以高密度点云数据为基础调查数据源，采用多点拟合平面的方法进行结构面解译，解译状态如图 4.53 所示。因此，点云数据解译产状更能代表结构面的宏观分布特征，更具代表性与准确性。

值得一提的是，在崩塌危岩体调查中，缓倾角结构面经常是崩塌危岩体的底边界，在实测过程中，其缓倾角结构面的产状经常由于过于平缓而使测量结构面结果差异较大，故准确获取崩塌危岩体缓倾角结构面对于判断崩塌危岩体失稳模式及其稳定性意义重大。图 4.54 和图 4.55 为某崩塌危岩体的影像和点云，崩塌危岩体位于四川省广元市青川县境内，所处地貌为一近直立陡崖，危岩崩塌体岩质为白云岩，陡崖具有相互独立的四个危岩

图 4.53　解译崩塌危岩体不利结构面产状

图 4.54　某危岩现场照片

图 4.55　危岩缓倾角结构面三维点云数据

（箭头所指为结构面出露特征明显处）

崩塌体，崩塌危岩体体积方量较大，每块崩塌危岩体方量均达数万立方米。陡崖坡脚距铁路水平距离为250m，陡崖高度约为100m，调查人员难以靠近。利用点云数据对结构面进行解译，快速、准确地获取了结构面产状，后来此测量结果在危岩底部平洞所揭露的基岩中得到了验证，为危岩的定性评价提供了可靠的依据。

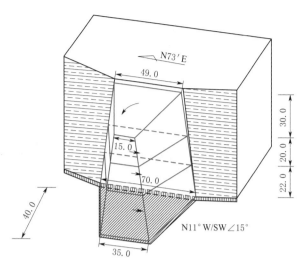

通过现场勘查及激光雷达点云数据分析，崩塌危岩体内分布有三个缓倾角弱面，底层分布有铝土页岩弱面，厚度为1~1.5m。上部分别分布两个薄层状灰岩和一个泥质灰岩弱面。基于以上认识，建立崩塌危岩体地质模型，如图4.56所示。

图4.56 崩塌危岩体地质概化模型（单位：m）

根据监测资料分析，上部两层软弱面没有运动迹象。最底层的弱面，由于受到地震、降雨的影响，矿洞垮塌，后缘裂缝积水。在水的作用下，崩塌危岩体向临空面运动并伴随竖直向的下坐变形，故崩塌危岩体的变形方式为倾倒下坐式变形。在计算稳定性时，底层弱面需要计算两个方向的稳定性：沿运动方向的稳定性和沿矿层产状方向的稳定性。

（6）崩塌危岩体排查实例。黄河流域某电站坝址位于龙羊峡峡谷出口段，坝址区冲沟发育较多，多沿断层发育，但规模一般不大，大多垂直于河床展布，延伸不长，平常无水，植被稀少。这些冲沟的发育不仅使岸坡地形顺河向呈现为沟梁相间的折线型，而且破坏了岸坡的完整性，为边坡岩体的变形破坏提供了空间条件。电站两岸坡高坡、基岩裸露，边坡有大量的崩塌危岩体分布。由于崩塌危岩体多位于工程建筑物以上岸坡，需要准确确定并分析其稳定程度，而两岸边坡交通极为不便，给地质工作带来了极大困难，地质调查过程中只能远观，大致确定可能的崩塌危岩体，而不能具体量化（右岸崩塌危岩体如图4.57所示）。

图4.57 右岸高位崩塌危岩体（群）

1）崩塌危岩体三维点云数据获取。根据高位崩塌危岩体地质排查的需要，多次对各部位存在的崩塌危岩体进行了激光雷达扫描及分析，扫描中除进行高精度的块体地形图绘制外，还确认了崩塌危岩体边界，解译了结构面产状，绘制了地质剖面图及平切图。崩塌危岩体现场数据采集时间为3h，获取14055567个点云数据，其三维点云图像如图4.58所示。

图4.58 右岸崩塌危岩体点云图（红色圈线是崩塌危岩体范围）

2）崩塌危岩体点云数据地质信息解译与提取。以右岸尾水正上方2号崩塌危岩体为例，其水平方向平均长约为9m，竖直向长为22m，平均厚约为2.5m，总方量约为

图4.59 2号崩塌危岩体
全貌照片

$500m^3$。后缘有明显顺坡向卸荷张开拉裂缝，宽度为5～15cm，走向为60°，呈弧形张开，控制性底滑面走向为NE55°倾NW，倾角为52°。该崩塌危岩体下面、上游侧面观察不明显，下游观察裂隙张开并连续。因此，处理重点应在崩塌危岩体下游部分，崩塌危岩体全貌照片如图4.59所示。

3）成果分析。根据激光雷达技术的特点及崩塌危岩体的调查方法，利用崩塌危岩体点云数据可得到以下成果：

a）崩塌危岩体三维形态的获取为判断其失稳模式提供了依据。图4.60为2号崩塌危岩体三维点云下的空间形态，其范围、后缘拉裂缝、围岩体内发育的裂隙都可清晰解译并确定其空间数据。

b）崩塌危岩体的空间分布位置及边界范围确定。通过现场实际调查及点云数据分析，准确获取崩塌危岩体边界范围，图4.60中的红线部分即为圈定的崩塌危岩体范围。

图 4.60　2 号崩塌危岩体三维点云

c）崩塌危岩体长、宽、高等几何尺寸的测量。在三维点云处理软件中，对量取的高程、高差、厚度、宽度等进行操作，简单易行且数据非常准确，如图 4.61 所示，其崩塌危岩体的高度为 28.076m，宽度为 12.463m，上游侧距离崩塌危岩体中心微凸山脊的距离为 5.914m。

图 4.61　2 号崩塌危岩体几何尺寸测量

d）不利岩体结构面的产状测量。获取崩塌危岩体的岩体结构资料，对其成因模式、失稳方式和稳定性判断都有重要意义。崩塌危岩体处于高位，根据激光雷达点云数据解译获取裂隙产状分别为，L1：NW312°NE∠78°；L2：NW285°NE∠84°；崩塌危岩体内发育的裂面 L3：NE20°NW∠59°。三组结构面相互切割组合，加上临空不利条件，形成了崩塌危岩体。崩塌危岩体控制性结构面产状量测如图 4.62 所示。

e）崩塌危岩体任意剖面线的获取。如图 4.63 所示，利用地形表面三维扫描点云数据生成、输出三维地形图，为设计支护方案的确定提供了依据。

在三维点云处理软件中，可任意切制想要的任何剖面图，也可用于平行断面法计算崩塌危岩体的体积方量、断面，可以准确表达崩塌危岩体的微地形地貌（图 4.64）。

f）崩塌危岩体后期治理方案的数据应用。从上述地质剖面成果分析可知，崩塌危岩体厚度一般为 3～5m，最大厚度约为 8m，据此，在对崩塌危岩体加固处理工作中可以采用深锚杆、锚桩等措施，锚杆深度以 8～12m 为妥。

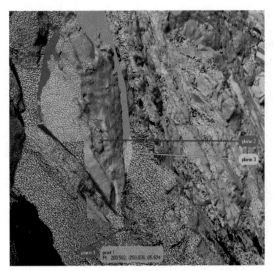

图 4.62　崩塌危岩体控制性结构面产状量测
（红色为 L1，绿色为 L2，蓝色为 L3）

4.4.2　滑坡排查技术

利用激光雷达技术对滑坡，尤其对临滑危险、边坡陡峭、植被覆盖茂密的地区进行滑坡排查，具有明显优势。

1. 滑坡裂缝发育分布特征调查

传统的调查方法是地质人员进入现场实地逐条裂缝进行调查，而裂缝发育位置除非进行测量，否则难以准确定位，也很难全面了解。采用激光雷达技术开展滑坡体裂缝特征调查具有明显优势，图 4.65 为贵州马达岭滑坡地面裂缝的激光雷达点云数据，从三维影像数据中不难看出三维空间数据之于滑坡裂缝调查的有效性和快捷性。

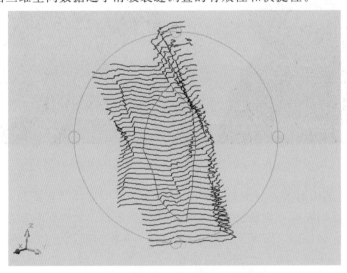

图 4.63　崩塌危岩体三维地形等高线

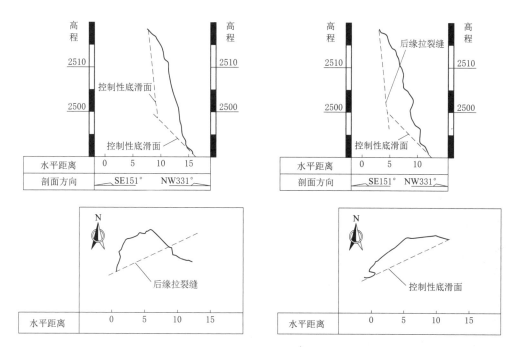

图 4.64 崩塌危岩体平面图、剖面图（单位：m）

（a）滑坡现场影像

（b）滑坡体激光点云数据

图 4.65 基于激光雷达的马达岭滑坡裂缝发育调查

2. 滑坡边界及分区的确定

以传统地质调查方法对滑坡边界进行确定，主要是通过大量现场调查结合收集的地形图件资料，基于地形等值线特征结合实际地貌情况加以划定，精度主要取决于地形图件的准确性和比例尺，还和地质人员的专业素质相关。利用激光雷达技术结合地质调查工作，对滑坡边界、堆积范围等进行确定更为方便、快捷和准确。

图 4.66 所示为重庆武隆滑坡全貌照片。2009 年 6 月重庆市武隆县 Jiweishan 山体发生大规模崩滑破坏，约 500 万 m^3 山体突然发生整体滑动，在跃下超过 50m 高的前缘陡坎后，获得巨大的动能并迅速解体，产生高速滑动，在越过坡体前缘宽约 200m、深约 50m 的沟谷后冲向对岸。受对岸山体的阻挡，高速运动的滑体物质进而转向沿沟谷向下游运动，在沟道里形成平均厚约 30m、纵向长度约 2200m 的堆积区，损失十分严重。

根据大量现场地质调查工作，利用激光雷达数据及航拍正射影像图件，将滑坡分为五个区：滑源区（Ⅰ区）、铲刮区（Ⅱ区）、主堆积区（Ⅲ区）、碎屑流堆积区（Ⅳ区）、撒落区（Ⅴ区）。其中，铲刮区又可以细分为Ⅱ-1区（铲刮区）、Ⅱ-2区（铲刮堆积区）。利用三维点云数据处理软件，准确圈定滑坡边界及各分区的界限，将数据投影到平面图中（图4.67）。

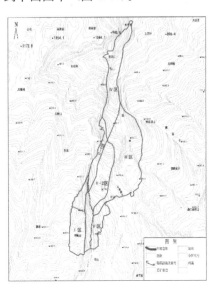

图4.66　重庆武隆 Jiweishan 滑坡全貌　　　　图4.67　基于激光雷达数据滑坡分区

3. 滑坡体积测量

获取滑坡三维点云数据后，可根据其空间位置形态对滑坡体或其某个要素的面积及体积进行准确量测，可以由生成的 DEM 量取，也可以利用断面法获取，抑或采用三维点云处理软件直接获取面积及体积。

图4.68 为四川省绵阳市安县大光包巨型滑坡前后的两期三维模型数据，将两数据叠加计算便可得到准确的体积变化。很多情况没有滑坡前的三维数据，可利用地形图数据重建三维模型，再和滑坡后的三维数据进行匹配，然后计算获得真实体积。地形图重建虽然精度偏低，但较传统的人为估算，精度还是要高出很多。经两期数据叠加计算，其滑坡方量约为 7.4 亿 m^3（图4.69）。

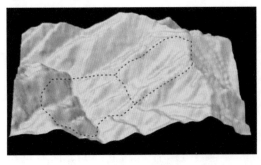

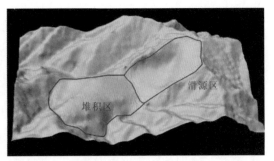

（a）滑坡前的三维影像　　　　　　　　　（b）滑坡后的三维影像

图4.68　大光包滑坡失稳前后三维影像数据

4. 滑坡不利结构面调查

滑坡，尤其是岩质滑坡和基覆界面的土质滑坡，其边界条件、底滑面甚至失稳模式都在很大程度上受控于岩体的结构面特征。因此，滑坡的不利结构面调查是一项重要内容。利用激光雷达点云数据获取滑坡体控制性结构面的产状，既可以克服山高坡陡的地形限制，也大大提高了测量精度与效率。

```
-------------------------------------------------------------
DTM TO DTM VOLUME
            Cut and Fill Volumes
         --------------------
Shrinkage/swell factors:    Cut  1.0000      Fill  1.0000
Original DTM      # of        Final DTM         # of
Layer Name       Points       Layer Name        Points
------------- ---------------  ---------------- ----------------
  POINTS          35,420         2-2             35,420
Cut Volume      Cumulative     Fill Volume      Cumulative
(Cu. m.)        Cut Volume     (Cu. m.)         Fill Volume
------------- ---------------  ---------------- ----------------
206,158,983.50  206,158,983.50  742,383,349.33  742,383,349.33

Net Difference: 536224365.83 Cu. m. BORROW
```

图 4.69　滑坡体积计算（Trimble Terramodel
软件计算结果报告）

2010 年 6 月 14 日 23 时 30 分左右，四川省甘孜州康定县金平电站绕坝公路银厂沟河右岸发生双基沟滑坡灾害，体积约 2 万 m^3 的松散堆积层及基岩强风化带内部分灰岩沿倾坡外结构面发生整体滑动，滑体造成其下方的银厂沟河短时断流。同时，滑坡体整体飞越至沟谷对面的人工弃渣堆积体后，向沟谷上、下游抛洒，造成 23 人死亡，7 人受伤。滑坡距坡脚高差约为 100m。滑坡体长约为 100m，宽约为 20m，平均厚度约为 10m，估计体积约为 2.0 万 m^3。这是典型的高位小型松散堆积层滑坡（图 4.70）。双基沟滑坡是在不利的地质结构条件下受公路修建切坡影响而出现的，前期持续降雨和坡体表部渗流、坡体内地下潜流是滑坡形成的重要诱因，由此产生了这一出现重大伤亡的山体滑坡事件。

根据现场应急调查及激光雷达数据分析（图 4.71～图 4.73），得出双基沟滑坡失稳成因如下：

图 4.70　双基沟滑坡全貌

图 4.71　双基沟滑坡激光雷达影像

（1）坡体基岩面倾向坡外有利于滑坡滑动。滑坡区岩层倾向与坡向基本一致，滑体为松散崩坡积物，覆盖于基岩顺层坡面上，是滑坡形成的重要内在因素。

（2）前期降雨和地表渗流及地下潜流是滑坡形成的重要诱因。据访问，灾害现场近 15 天持续降雨，致使斜坡体松散层饱水。最为关键的是，雨水下渗致使坡体松散堆积层与基岩接触面出现大量涌水，大大降低了基覆界面的岩土力学强度，导致滑坡体整体高位快速下滑。

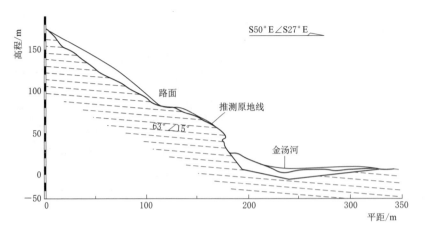

图 4.72　激光雷达数据的地质剖面图

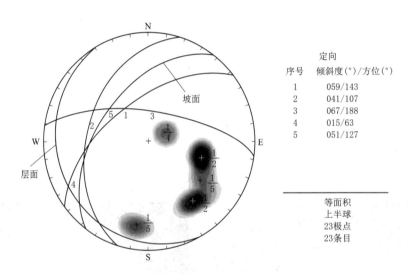

图 4.73　激光雷达数据的岩体结构调查

（3）坡体前缘正在修建的绕坝公路，开挖形成高 6～10m 不等的陡坎，对滑坡的发生也产生了一定影响。

5. 滑坡体灾害调查实例

2009 年 8 月 6 日晚，四川雅安市汉源县猴子岩（306 省道 K73＋000～K73＋330 处）突发滑坡灾害（图 4.74），巨量的山石瞬间堰塞大渡河，堵塞时间长达 4h，形成回水长约 10km 的堰塞湖，堰塞湖库容达 6000m³，306 省道完全中断。现场抢险过程中，采用激光雷达快速获取滑塌体空间数据，查明了坡体的几何形态、地质结构、主要控制性结构面、残留崩塌危岩体的范围，为救援指挥提供基础数据。

发生崩滑的部位为一个三面临空的山嘴，上下游均有支沟切割，岩层倾向坡内（图 4.75）。大渡河强烈切割，高陡岸坡表层强烈卸荷，卸荷作用使倾坡外的长大结构面松弛。这种松弛作用具有累进性发展的特点，因此倾坡外的长大结构面为崩滑的控制性结构面。

图 4.74 猴子岩崩滑体全貌照片

图 4.75 基于三维点云数据的结构面
产状快速测量

外界的诸多诱发因素使猴子岩岸坡表层岩体稳定性逐渐降低，并最终于 8 月 6 日 23 点 30 分月盈时（固体潮引力最大）公路以上近 100 万 m³ 的高位坡体突然失稳，崩滑坠落，瞬间高速冲入大渡河，并在对岸爬高 30～40m，形成横河长约 290m、高约 30m，上、下游宽近 400m 的堰塞坝（坝顶宽度约为 100m）。崩滑过程中，强大的冲击力掀起巨大水浪和气浪，将对岸（右岸）数百米长，约 90m 高范围内的表土和植被毁坏。堰塞坝主要由解体的灰岩及白云岩巨大块石、碎石及破碎砂土组成（图 4.76 和图 4.77），8 月 6 日凌晨河水漫过坝顶后，形成宽约 120m 的泄流口。从堰塞坝的结构判断，泄流后的坝体总体是稳定的，产生突发性溃决的可能性较小。崩滑后，崩塌区残留下一个面积约为 5 万 m² 的光面，该光面清晰揭示崩塌体受陡倾坡外的长大结构面控制。该光面呈波状起伏，延伸长大，贯通性好，倾角陡（倾角 60°～70°），与坡面基本一致。崩塌后的坡体整体是稳定的，但在垮塌区的坡面沿口出，存在拉裂缝和潜在不稳定危岩体，对下方公路的抢通施工造成极大的潜在风险。

图 4.76 堰塞坝调查

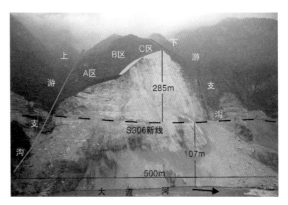

图 4.77 崩滑区调查

现场调查及激光雷达的结果表明，危岩体主要位于上游侧，共有 3 块（图 4.78）。

A 区：位于崩塌区上游侧边界，为一个凸出的长条状"倒悬体"，形似一个"耳朵"，挂在崩塌区的上游侧边界。该区长超过 100m，平均宽度和深度约为 10m，体积约为 1 万 m³；

地表可见发育2~3条纵向断续贯通的张裂缝，缝宽4cm，考察过程中，时有块石从该部位坠落，稳定性最差。

B区：位于崩塌区上游边界的中上部，为崩塌体边界上的强风化、强卸荷带，厚度为3~4m，岩体由于卸荷风化而呈松弛架空状态，稳定性较差。

C区：位于崩塌区顶部的三角区，岩体亦松弛破碎，具有较大的潜在风险。3个潜在不稳定区中，数A区稳定性最差，需要尽快解除隐患，其次是C区和B区。

为此，利用纵向拉裂缝引孔装炸药清爆A区，于8月8日19时10分实施清爆，并取得成功，消除了最大隐患，然后采取分步爆破的方式，将A区和B区陡坎削成缓坡或台阶状。

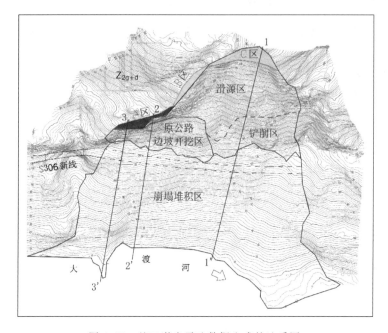

图4.78 基于激光雷达数据生成的地质图

第 5 章

机载激光雷达大场景地质灾害遥感判识技术

5.1　机载 LiDAR 解译基本方法

5.1.1　遥感调查概述

从广义上讲，遥感解译即运用远距离勘测和感应物体的技术手段获取地表物体在可见光波段范围内的地表三维空间信息，并对这些信息进行分析与研究，在不直接接触到物体的前提下，利用远距离的探测器勘测、接收来自地表物体的信息，再对其信息进行传输、处理分析，以揭示地物的特征性质与其变化规律的技术手段。

遥感构建了一个从地到空，通过对地探测，亦即从远处一定高度的平台上利用探测器，对地表各类地物的电磁辐射能量强度进行测量，以此为基础，对电磁波信息进行传输、处理以及判别分析，从而对地球环境和资源加以勘测与监察的集成技术。信息的采集、处理以及判别、分析和应用，全球地表信息勘测与监察的多层次、多角度与多领域的探测系统，是提取地球环境和资源信息的主要技术手段。遥感解译不但需要按照这些信息本身的属性特征对其进行分析，而且需要按照系统间的相互联系对其从整体上作出认知和系统分析，从而作出解译判断。

5.1.2　多源遥感数据判释

机载 LiDAR 在飞行过程中，同轴挂载了光学相机，不仅可以获得测区高精度 DEM、DSM，而且可以获得测区高分辨率正射影像（DOM）。部分处于测区边缘的地质灾害，由于机载 LiDAR 飞行范围有限，获取的信息相对较少，不能全面概括测区边缘的地质信息，因此下载补充了测区范围以外 1m 分辨率的高清卫星影像辅助解译，它们共同构成了多源遥感数据。

遥感图像客观地记录了地物的多种特征，包括地表几何特征和光谱特征，以及松散沉积物下面一定深度地质体的"透视信息"。遥感图像所记录的这些信息特征，是遥感数据判释的基础。遥感数据判译就是依据对客观事物的实践经验，通过各种手段和方法，对影像进行辨认，从而识别、判释对象的信息内容和含义的过程。遥感数据判释，也可称为遥感图像判读，也有人称之为遥感数据解译"判释""判读""解译"只是中文翻译不同而已，其英文原词均为 Interpretation，"解译"一词一般用于计算机的辨认更合适些，以便和目视判释有所区别。实际上，几乎每个人每时每刻都在从事影像判释，书籍、报刊、电影、广告和电视全都对人们提供了信息，而辨认这些信息就是判释。

遥感数据的地质判释是建立在地壳表面各种地质体具有不同波谱特征这个基础上的。运用地学原理对遥感图像上记录的地质信息进行分析研究，从而识别各种地质体和地质现象的过程，称为遥感数据的地质判释。地面地质工作是以岩石露头为主要观察对象的，而在遥感图像上，除了可以看到岩石露头的影像外，还可以看到大量说明各种地质现象的其他判译标志。空中图像能更多地反映地物之间的相互关系，为认识地质现象提供了有利条件。

5.2 机载 LiDAR 解译程序及要求

5.2.1 解译程序

基于机载 LiDAR 数据（pointcloud、DSM、DEM、DOM）资料，结合区域地质、气象水文等资料，初步建立典型地质灾害解译标志，并对已有的各种资料进行分类整理和综合分析，在野外踏勘的基础上修正解译标志，充分理解工作区地质、地理背景，建立工作区地质灾害解译标志卡片，开展地质灾害解译识别工作。地质灾害解译方法方面，采用三维模型、二维影像相结合的遥感解译技术，基于地质灾害发育原理及特征进行地物识别及定性和空间分析，获取灾害及其发育地质环境信息。遥感解译基于 Skyline、ArcGIS 等二维、三维软件平台，以人机交互的方式进行。遥感解译是一个初步解译-野外验证-详细解译的综合、反复的过程。室内解译工作以机载雷达数据结合光学影像分析成果为依据。室内解译主要采用目视解译为主、初步解译与详细解译相结合、室内解译与野外调查验证相结合的工作方法。解译工作应采用从已知到未知、从区域到局部、从总体到个别、从定性到定量，按先易后难、循序渐进、不断反馈和逐步深化的方法进行。测区附近机载 LiDAR 未能获取数据的范围，利用高精度卫星光学影像获取研究区总体地貌特征，尤其要对多时序卫星形象进行分析，搜索大范围区域内可能存在的地质灾害隐患。

5.2.2 解译内容及精度要求

1. 解译内容

解译内容包括地质信息（岩层产状、地层分界线等）、地质构造（断层、断裂、褶皱等）；地质灾害（滑坡、崩塌、错落、危岩体、岩堆、岩屑坡、碎屑流、泥石流等）及其他潜在威胁对象。解译时采用 1∶10000 比例尺。

2. 解译精度

解译出的地质灾害——崩塌、滑坡、泥石流的最小上图精度为 $4mm^2$。图上面积大于最小上图精度的，应勾绘出范围和边界，小于最小上图精度的用规定的符号表示。定位时，滑坡点定在滑坡后缘中部，崩塌点定在崩塌发生的前沿，泥石流点定在堆积扇扇顶，地面塌陷和地裂缝定在变形区中部。

5.2.3 解译标志建立

建立遥感解译标志是解译工作的关键之一。遥感图像解译标志是指能帮助识别目标物及其性质和相互关系的影像特征，如形状、大小、色调、阴影、纹理等。解译标志又可分为直接解译标志和间接解译标志，凡根据地物或自然现象本身所反映的影像特征可以直接判断目标物及其性质的标志称为直接解译标志，如形状、大小、色调等；凡是通过与某地物有内在关系的现象而在影像上反映出来的特征，间接推断某一地物属性及自然现象的标志，称为间接解译标志，如地貌、水系、植物等。

遥感影像的时空变化规律及其相互之间的这种联系都需要利用直接及间接解译标志进行判别。由于影响遥感影像解译效果的变量繁多，其规律及其联系均有随机性、不确定性和模糊性等特性，且解译标志因时因地而异，并非一成不变，因此遥感影像解译期间，应当基于区域整体特征考虑应用解译标志，不但需要了解解译标志的一致性，而且要思考标志的不稳定性，从而恰当地运用这些规律及影像信息特性，并归纳出适用于研究区的解译标志，总结出拥有相对适用性以及稳定的解译标志，不同性质的现象还需有针对性地选择相应的方式进行处理。

5.2.4　解译成果分析内容要求

解译成果分析在内容方面有以下两点要求：

（1）地质构造判译，包括区内明显地质构造的走向等。

（2）地质灾害隐患判译。包括以下四种隐患的判译：

1）滑坡。包括滑坡体所处位置、地貌部位、前后缘高程、沟谷发育状况、植被发育状况等；滑坡体范围、形态、坡度、总体滑动方向，滑坡与重要建筑物的关系及影响程度等。

2）崩塌。包括崩塌所处位置、形态、分布高程；崩塌堆积体的面积、坡度、崩塌方向、崩塌堆积体植被类型。

3）泥石流。包括泥石流流域的边界、面积、形态、主沟长度、主沟纵降比、坡度；物源区水体分布、集水面积、地形坡度、岩层性质，区内植被覆盖程度、植物类别及分布状况，断裂、滑坡、崩塌、松散堆积物等不良地质现象，可能形成泥石流固体物质的分布范围；流通区沟床的纵横坡度和冲淤变化以及泥石流痕迹，阻塞地段堆积类型，以及跌水、急弯、卡口情况等。

4）危岩体。危岩体一般发生在节理裂隙发育的由坚硬岩石组成的陡峻山坡与峡谷陡岸上，它在航片上显示得较清楚，一般位于陡峻的山坡地段，通常在 $55°\sim75°$ 的陡坡前易发生，上陡下缓，表面坎坷不平，具粗糙感，有时可出现巨大块石影像。危岩体上部外围有时可见到张节理形成的裂缝影像。

5.2.5　解译成果外业复核

在遥感调查成果的基础上，按照《滑坡崩塌泥石流灾害调查规范（1∶50000）》（DZ/T 0261—2014）规定的一般区调查要求执行，开展调查区地质灾害调查复核。调查复核的主要内容包括地质灾害区调查、地质灾害体调查、成因调查、危害情况调查及防治情况调查等。

1. 地质灾害区调查内容

（1）灾害地理位置、地貌部位、斜坡形态、地面坡度、相对高度，沟谷发育、河岸冲刷、堆积物、地表水以及植被。

（2）灾害体周边地层及地质构造。

（3）水文地质条件。

2. 地质灾害体调查内容

（1）形态与规模：灾害体的平面、剖面形状，以及长度、宽度、厚度、面积和体积。

（2）边界特征：后壁的位置、产状、高度及其壁面上的擦痕方向；两侧界线的位置与性状；前缘出露位置、形态、临空面特征及剪出情况；露头上滑床的性状特征等。

（3）表部特征：微地貌形态后缘洼地、台坎、前缘鼓胀、侧缘翻边埂等，裂缝的分布、方向、长度、宽度、产状、力学性质及其他前兆特征。

（4）内部特征：通过野外观察和山地工程，调查滑坡体的岩体结构、岩性组成、松动破碎及含泥含水情况，以及滑带的数量、形状、埋深、物质成分、胶结状况，滑动面与其他结构面的关系。

（5）变形活动特征：访问调查滑坡发生时间，当前的发展特点（斜坡、房屋、树木、水渠、道路、坟墓等变形位移情况及井泉、水塘渗漏或干枯情况等）及其变形活动阶段（初始蠕变阶段、加速变形阶段、剧烈变形阶段、破坏阶段、休止阶段），滑动方向、滑距及滑速，分析滑坡的滑动方式、力学机制和当前的稳定状态。

3. 灾害体成因调查

（1）自然因素：降雨、地震、洪水、崩塌加载等。

（2）人为因素：森林植被破坏、边坡不合理开挖、切坡等。

（3）综合因素：人类工程经济活动和自然因素共同作用。

4. 危害情况调查

（1）滑坡发生发展历史，破坏的地面工程、环境和人员伤亡、经济损失等现状。

（2）分析与预测滑坡的稳定性和滑坡发生后可能成灾的范围及灾情。

5. 灾害防治情况调查

调查地质灾害勘查、监测、工程治理措施等的防治现状及效果。

5.3 机载 LiDAR 解译标志

5.3.1 地质构造判译及标志

在遥感图像上，可以看到众多的线形影像特征，这些影像特征大体上沿空间某一方向有规律地展布，由具有不同色调和几何形态的地形地物影像组成。断裂构造的判译主要是通过线形影像特征来实现的，但线形影像特征并不都与地质构造有关系，也就是说线形影像特征并不都是线形构造，同样，线形构造也并非都与断裂构造有关。无人机倾斜航片的断裂构造判译主要寻找识别由断裂构造形成的线形构造。

已公开的文献中，一般把那些在成因上与地质作用有直接或间接关系的线形影像特征称为线形构造。线形构造的含义、分类、译名还不太统一，例如有的译作"线型构造""线性构造""线状构造""线性体"等。线形构造在航片上通常表现为不同岩性或不同沉积物的分界线、不整合界线、成线形延展的各种地形、不同植被或含水程度有差异的土壤边界，以及直接显示在航片上的断裂构造线等。规模较大的断裂构造的某些地段，在遥感图像上可以直接见到断层的形迹，另外一些地段可能成为松散沉积物下的隐伏断裂，还有的地段成了构造破碎地带，或者控制该地区岩性、岩相、地形地貌发育特点而间接地显示出来，并在遥感图像上表现为不同的色调、图形等标志。有些学者根据陆地卫星图像的构造分析，按线形构造的空间分布、数量、频度、延续性，以及与其他区域地质构造特征的关系，将线形构造归纳为五类，即岩性上的线形构造、地形上的线形构造、破裂带的线形构造、沿断层形迹的线形构造和与大地断裂有关的线形构造。

　　遥感图像上的断裂构造判译要比地层、岩性的判译效果好些。任何地表和埋藏一定深度的断裂，它们的力学性质、活动特征和伸展形态及其相关的两侧自然景观都有所不同，因此它们反射太阳电磁波谱的能量也就存在差异，从而构成遥感图像的不同色调和几何形状。尽管各种断裂在遥感图像中的显现千变万化，差异也很大，但是它们必然都通过色调和形状这两个最基本的影像信息显示出来。所以断裂构造的判译主要借助于色调与图形形态两类标志，当然也不能忽视大小、阴影、位置、相关关系等标志。

图 5.1　典型断层判译标志

断裂构造的形态直接判译标志为破碎带的直接出露。大断裂的破碎带在航片上显示得较清楚，由于断裂破碎带容易风化剥蚀，一般都构成负地形，具粗糙感。只有当断裂破碎带遭受岩脉、岩体的充填，或经某些蚀变后，断裂带才有可能例外地构成正地形。大断裂带常由多种构造成分组成，包括碎裂岩、糜棱岩等组成的构造岩带，劈理的密集带，许多小断裂构成的断裂带，以及局部地层陡立、倒转和强烈褶皱地带等。断裂带内还会夹杂大小不一的岩块、断片、构造透镜体等。这些现象在大比例尺航片上往往会在一定程度上显示出来（图 5.1）。这种由破碎带组成的线形构造判译效果，是由构造破碎带的组成特点等多种因素决定的。

5.3.2　地质灾害判译及标志

1. 滑坡

　　自然界中的斜坡千姿万态，特别是经历长期变形的斜坡，往往是多种变形现象的综合体，这就给古滑坡的判释带来了困难。尤其是巨型的古滑坡，其特有的形态特征被破坏殆尽，更增加了判释的难度。因此，在判释滑坡之前首先应对滑坡的形成规律进行研究，以避免判释时的盲目性，使判释工作更容易开展。对大部分滑坡来说，根据其独特的滑坡地貌，是比较容易辨认的。典型的滑坡在航片上的一般判释特征包括簸箕形（舌形、不规则形等）的平面形态、滑坡壁、滑坡台阶、滑坡舌、滑坡裂缝、滑坡鼓丘、封闭注地等（图5.2）。此外，滑坡地表的湿地和泉水、醉林或马刀树等，也是滑坡良好的判释标志。

　　除上述对滑坡体本身影像进行判释外，还应从大范围的地貌形态进行判断，如滑坡多在峡谷中的缓坡、分水岭地段的阴坡、侵蚀基准面急剧变化的主支沟交会地段及其源头等处发育。河谷中形成的许多重力堆积的缓坡地貌，大部分系多期古滑坡堆积地貌。在峡谷中见到垄丘、坑洼、阶地错断或不衔接、阶地级数变化突然、被掩埋成平缓山坡或成起伏丘体、谷坡显著不对称、山坡沟谷出现沟槽改道、沟谷断头、横断面显著变窄变浅、沟底纵坡陡缓显著变化或沟底整个上升等，可能都是滑坡存在的标志。发育比较完全的滑坡景观，像片上可明显地看到滑坡壁、滑坡周长、滑坡台阶、封闭洼地、滑坡裂缝、滑坡舌等要素。滑坡圈椅状地形较为明显，边界清晰可见，滑体滑动痕迹清晰，滑坡后缘有下错台坎或凹槽，侧边界形态呈现完整，堆积体影像表现光滑，滑坡前缘堆积体边界清晰可见（图 5.3）。

图 5.2 实景三维模型显现的典型滑坡

图 5.3 典型滑坡灰度模型

2. 崩塌

崩塌表现为上部地形陡立、坡表岩体破碎、影像粗糙不平、基岩多裸露、堆积呈现三角锥形、处于地形低处、影像有颗粒分选。崩塌在航片上较易辨认，尚在发展的崩塌，岩块脱落山体的槽状凹陷部分色调较浅，且无植被生长，其上部较陡峻，有时呈突出的参差状，有时崩塌壁呈深色调，是崩塌壁岩石色调本身较深所致；趋向于稳定的崩塌，崩塌壁色调呈灰暗灰色调，或浅色调中呈现浅色斑点，生长少量植物，其上方陡坡仍明显存在，崩塌体以粗颗粒碎石土为主；稳定的崩塌，崩塌壁色调较深，植被生长较密，其上方陡坡已明显变缓，崩塌体岩层主要由细颗粒土组成，植被生长较密，有时开辟为耕地。崩塌堆积体表面大多呈均匀的灰白浅灰色调，色调变化受母岩色调的影响。色调的边界较清楚，呈突变状，可区分出供给区、搬运区和堆积区，其中供给区可见参差不齐、具有阴影的峭壁、岩石。山坡破坏作用强烈，堆积物以块石、碎石及岩屑为主，或含少量的细碎屑物质。无植被覆盖或有少量植被生长。崩塌纵坡大都是直线形或回形，坡表生长较稀疏植物，且坡体色调较浅而均一，具粗糙感及深色点状感，物质组成以碎石和大块石为主。崩塌堆积单个出现时，平面形态多呈舌形、梨形等，稳定岩多呈崩塌群；表面色调较深，呈不均匀色调及斑点；纵断面呈直线形或凹形，横断面突起不明显，崩塌边界受植被覆盖而不清楚，是渐过渡状态。

丹巴测区为典型的高山峡谷地区，崩塌灾害多发育在地形陡峭之处，这些区域投影面积较小，机载 LiDAR 采集数据时落在陡立面上的点通常较少，室内处理点云数据构建

DEM 时，地形较陡部位往往由于点数量较少而出现拉花现象（图 5.4 和图 5.5），所以机载 LiDAR 遥感调查之于规模较小的崩塌灾害解译存在一定不足。

图 5.4　陡立地形区拉花现象

图 5.5　典型崩塌灰度模型

5.4　机载激光雷达地质灾害遥感调查技术及标准化

5.4.1　作业流程

综合机载 LiDAR 数据产品（DSM、DEM、DOM）相同区域范围的近期 InSAR 监测成果，区域地质、气象、水文、地震等成果资料，结合专家经验和以往地质灾害资料，建立滑坡、崩塌、泥石流等地质灾害类型的遥感解译标志，开展地质灾害初步解译工作，依据初步解译成果，开展地质灾害野外调查及复核工作。对解译出的疑似灾害隐患点、威胁重大典型区域的灾害点进行野外现场核查验证，填写灾害点现场查证表，编写地质灾害遥感解译调查报告，总体作业流程如图 5.6 所示。

5.4.2　技术要求

1. 数据整合

分析整合已有地质灾害数据并进行空间化，包括已有地质灾害数据库、文献地质灾害数据、地理国情数据库中的地质灾害数据等，深入研究已有地质灾害的遥感图像特征。分析整合地质灾害现状与防治资料，包括历史上发生的各类地质灾害的时间、类型、规模、灾情等资料，已开展调查、勘查、监测、治理、应急处置等方面工作的资料。

图 5.6　地质灾害遥感调查作业流程

分析工作区与地质灾害形成条件与诱发因素相关的地质地理资料,包括气象、水文、地层与构造、新构造与地震、水文地质、工程地质和人类工程经济活动等。

2. 解译要求

影像图上图斑面积大于 $4mm^2$ 的孕灾地质体,长度大于 2cm 的形变线状地质体均应解译出来。

3. 解译方法

地质灾害解译应以计算机为主要工作平台,结合孕灾地质背景资料,采用二维与三维相结合的方式,利用原始分辨率影像人机交互进行。

4. 解译内容

(1)滑坡。主要包括以下内容:

1)解译滑坡体所处位置、形态、边界范围、规模、主滑方向等要素特征。

2)解译滑坡体周边人类工程活动、居民分布,滑坡与重要建筑物的关系及影响程度等。

(2)崩塌。主要包括以下内容:

1)崩塌所处位置、形态、分布高程。

2)崩塌堆积体的面积、坡度、崩塌方向。

(3)泥石流。主要包括以下内容:

1)泥石流流域的边界、面积、形态、主沟长度、主沟纵降比。

2)物源区滑坡、崩塌、松散堆积物等不良地质现象分布范围。

3)流通区沟床的纵横比降和冲淤变化以及泥石流痕迹,阻塞地段堆积类型,以及跌水、急弯、卡口情况等。

4)堆积区分布范围、堆积面积,堆积扇坡降、威胁对象。

(4)地面塌陷。主要包括以下内容:

1)地面塌陷的位置、形状、范围。

2)塌陷对地面设施的破坏程度和导致的成灾范围。

(5)地裂缝。主要包括以下内容:

1)地裂缝群体的总体分布范围、平面组合形态和展布方向等。

2)主要地裂缝单体的分布位置、长度、宽度。

(6)潜在威胁对象。受威胁的居民点、城镇、水电站、公路、河流等基础设施。

5. 解译标志

(1)滑坡。滑坡基本解译特征如下:

1)呈簸箕形、舌形、梨形等平面形态及不规则等坡面形态,规模较大的可见到滑坡壁、滑坡台阶、滑坡鼓丘、封闭洼地、滑坡舌、滑坡裂缝等微地貌形态。

2)常表现为连续的地貌形态突然被破坏,由陡坡和缓坡两种地貌单元组成,坡体下方由于土体挤压,有时可见到高低不平的地貌,缓坡部分深冲沟发育,地形破碎。

3)滑坡多在峡谷中的缓坡、分水岭的阴坡、侵蚀基准面急剧变化的主沟与支沟交会处及其沟头等处发育。

(2)古滑坡。古滑坡解译特征如下:

1）滑坡后壁一般较高，坡体纵坡较缓，有时生长树木。

2）滑体规模一般较大，表面平整，土体密实，无明显的沉陷不均现象，无明显裂缝，滑坡台阶宽大且已夷平。

3）滑体上冲沟发育，这些冲沟系沿古滑坡的裂缝或洼地发育起来的。

4）滑坡两侧自然沟割切较深，有时出现双沟同源现象。

5）滑坡前缘斜坡较缓，长满树木，滑体无松散坍塌现象，前缘迎河部分有时出现大孤石。

6）滑坡舌已远离河道，有些舌部已有不大的漫滩阶地。

7）滑坡体上多辟为耕地，甚至有居民点、寺庙、电线杆等分布。

8）斜坡上部分坡体较周围地形平缓，但可与侵蚀平台、阶地等区分。

9）部分缓坡后及两侧有陡壁及侧壁，大部分没有。

10）局部平缓斜坡有明显的界线与周围分割，这些界线可以是沟谷、陡坡下的突变缓坡等。

11）缓坡后部、后壁下，常有凹陷地带，有时有积水，或形成湖。

12）斜坡上局部存在平缓斜坡，但其上没有深沟，也没有明显的坚硬基岩形态（与稳定斜坡处的基岩相比）。

（3）活动滑坡。活动滑坡解译特征如下：

1）滑坡体地形破碎，起伏不平，斜坡表面有不均匀陷落的局部平台。

2）斜坡较陡长，虽有滑坡平台，但面积不大，有向下缓倾的现象。

3）有时可见到滑坡体上的裂缝，特别是黏土滑坡和黄土滑坡，地表裂缝明显，裂口大。

4）滑坡体地表湿地、泉水发育，呈斑状或点状深色调。

5）滑坡体上无巨大直立树木，可见小树木或醉林，且有新生冲沟，沟床窄而深。

6）滑坡体前沿有地下水渗出线或泉水点。

（4）崩塌。崩塌堆积体解译特征如下：

1）发育在悬崖、陡壁或呈参差不齐的岩块处。

2）高分辨率影像上可见悬崖、陡壁下有巨大岩块者即为堆积体，有时可见巨石形成的阴影，呈粒状；有时落石滚落在距坡脚较远处。

3）崩塌体堆积在谷底或斜坡平缓地段，表面坎坷不平，影像具粗糙感。

4）崩塌体上部外围有时可见到张节理形成的裂缝影像。

（5）危岩体。危岩体解译特征如下：

1）位于陡峻的山坡地段，其纵断面形态上陡下缓。

2）危岩体上部外围有时可见到张节理形成的裂缝。

3）有时巨大的崩塌体堵塞了河谷，在崩塌体上游形成堰塞湖，崩塌体处形成带有瀑布的峡谷。

（6）泥石流。泥石流解译特征如下：

1）标准型泥石流沟可清楚地看到物源区、流通区和堆积区三个区。

2）物源区山坡陡峻，岩石风化严重，松散固体物质丰富，常有滑坡、崩塌发育。

3）流通区一般为泥石流沟的沟床，呈直线或曲线条带状，纵坡较物源区地段缓，但较堆积区地段陡。

4）堆积区位于沟谷出口处，纵坡平缓，成扇状，呈浅色色调，扇面上可见固定沟槽或漫流状沟槽，还可见到导流堤等人工建筑物。

5）泥石流堆积扇与一般河流冲洪积扇的主要区别是，前者有较大的堆积扇纵坡，一般为 $5°\sim9°$，部分达 $9°\sim12°$，后者一般在 $1°\sim4°$。

（7）采空塌陷。采空塌陷解译特征如下：

1）当采空区影响到达地表以后，采空区上方常形成地表塌陷，多伴生地裂缝。规模较大的采空塌陷表现为宽 $1\sim2m$，长数十米至上百米的不规则封闭、半封闭的环形带或条带，其边缘常伴生地裂缝，裂缝两侧地表出现一定高差。环形带的上方色调较亮，下方色调较暗。

2）平原地区，因地下水位埋藏较浅，采空塌陷区多常年积水或季节性积水。

3）规模较小的塌陷坑多呈独立的环形或椭圆形斑点、斑块状，独立个体成群分布，色调明暗不同。由于塌陷坑是有一定深度的负地形，在阴影作用下，立体效果明显。

4）山区采空塌陷坑一般没有与其连接的道路，是区别于其他采矿活动的重要特征。

（8）地裂缝。地裂缝解译特征如下：

1）由于地裂缝处的地表和浅层土壤结构发生了变化，遥感影像上常形成色调和纹理上的光谱差异。

2）平原区地裂缝一般规模较大，呈线状影像特征，有时穿过农田形成一定落差的断陷陡坎。

3）山区规模较大的地裂缝呈条带状，裂缝内常有植被，规模较小的地裂缝多呈折线状断续分布。

4）地裂缝与其他线状地物的区别：①地裂缝具有一定的形态特征，如直线型地裂缝，裂缝平直，延伸方向稳定，曲线型地裂缝，裂缝呈弧形弯曲，大多数由工作面的一侧延伸至另一侧；②地裂缝的走向一般与地形地貌单元走向不一致，并可能切穿不同地形地貌单元；③走向与农业耕作方向不一致，属非人工所为。

（9）潜在威胁对象。潜在威胁对象主要是指通过目视解译查看可能受威胁的居民点、城镇、水电站、公路、河流等基础设施。

5.4.3 野外查证

（1）资料准备。主要包括以下资料：

1）数字正射影像（DOM）。

2）地质灾害遥感调查解译地质灾害遥感解译图。

3）相关地形图等资料。

（2）查证内容。进一步完善解译标志，对室内解译存在疑问的地质灾害及孕灾地质背景要素进行实地调查，对初步解译成果进行系统的检查、修改和完善。对室内解译遇到的不能解决的地质问题进行实地调查，确定地质灾害的类型、边界范围、形态特征、规模大小和危害程度。

（3）查证方法。主要包括以下方法：

1）查证路线应重点布置在解译出的地质灾害分布较为集中地段、室内解译不能确定地段、解译标志不甚明显地段、综合分析存在重大地质灾害隐患地段、现有交通可达地段。

2）首先选择典型地段进行解译标志及初步解译成果验证，在此基础上进行整个工作区的查证；验证时，应确认是否为地质灾害，然后再核定地质灾害的边界范围、形态特征、规模大小、运动方式和危害程度等要素。

3）对典型地质灾害及其孕灾地质背景，应采用摄像或拍照的方式，作为与遥感影像对照、说明地质灾害特征的依据。

（4）查证要求。主要包括以下要求：

1）采用点、线、面相结合的方法进行调查。解译效果好的地段以点验证为主；解译效果中等的地段应布置一定的代表性路线追索验证；解译效果差的地段以面验证为主。

2）新解译出的地质灾害点及重大地质灾害点进行 100% 野外查证。

3）野外查证时应逐一完善解译结果，填写野外实地验证情况，不应遗漏主要调查要素。

（5）资料整理。野外查证结束后，应及时进行野外资料整理，根据查证后的解译标志对地质灾害及孕灾地质背景进行详细解译，修改初步解译成果，对遗漏的地质灾害加以补充，使解译成果完整、客观、全面、准确地反映调查区内的地质灾害状况。对调查中存在的不足或遗漏的问题，应及时安排野外补充工作或现场解译验证。

5.4.4　图件编制

图件编制有以下基本要求和内容。

（1）基本要求。主要包括以下要求：

1）地理底图编制工作应符合《1∶50000 地质图地理底图编绘规范》（DZ/T 0157—95）的规定，并视工作区情况，对交通线路进行修编，对其他要素进行删减。

2）成果图件的编制参照《综合工程地质图图例及色标》（GB/T 12328—90）、《区域地质图图例》（GB/T 958—2015）规定的图式图例、符号等。

（2）编制内容。以编制好的地理底图为基础，依次叠覆符号化的地质灾害点类型、分布及规模等，形成地质灾害分布遥感调查图，比例尺为 1∶10000。

5.4.5　综合分析

在遥感解译、野外查证的基础上，对工作区的地质灾害类型、规模、分布及地面密度等进行统计分析，总结各类地质灾害空间分布特征，编写机载 LiDAR 遥感解译报告。

归纳地质灾害与地貌、地质构造、地层岩性、土地覆盖等孕灾地质背景的关系，探讨地质灾害形成的主要影响因素，总结调查区各类地质灾害的发育特征和分布规律。

5.4.6 报告编写

（1）成果报告应根据具体任务要求，以工作区遥感调查成果为基础，实事求是地反映问题，系统地总结客观规律。

（2）报告应做到内容简明扼要，重点突出，论据充分，结论明确，文、图、表齐全准确。

5.5 大高差无人机仿地飞行技术

近年来，无人机技术越来越成熟，仿地飞行因其适用于地形高差大的作业环境而越来越受到人们的关注。

我国地形比较复杂，山地、丘陵、平原、高原、盆地等各种各样的地形层出不穷而且千变万化，无人机激光雷达飞手在操作过程中稍不注意就会偏离设计航线或者由于调整不及时而直接撞上障碍物。仿地飞行功能的实现，不仅可以解放飞手的眼睛，让飞手不需要像常规作业那样全程紧盯着无人机作业，随时处理突然出现的障碍物，减少炸机事故的发生，减少飞手作业的压力，而且可以减少中断作业的次数，提高作业效率。

目前，大多数无人机前侧方、后侧方与底部分别设置了一部高精度防撞雷达。前后两部斜视雷达可预先探测地形，让飞行器提前调整高度，并结合下视雷达进行精准定高。借助于雷达的不间断扫描，可以感知飞行方向的地形变化，并根据地形和作物高度及时调整飞行高度，实现仿地飞行，确保按设计的航线飞行，获得均匀的点云密度。

5.5.1 仿地飞行技术

仿地飞行是不改变无人机的飞行路线，在纵向上依靠无人机的机动性保持无人机与地表的相对高度不变，无人机根据地形实时调整飞行高度的一种飞行技术，其优势在于飞行器能根据测区地形自动生成变高航线，保持高落差地区地面分辨率一致，从而获取更好的效果。所谓地形高差大，指的是山地为缓坡的情形，陡坡、悬崖、落差大的地形建筑区域，不建议进行仿地飞行，可采用常规平飞方案。若有对陡崖、复杂岩体进行精细化调查的需要，可以采用贴近摄影测量技术，智能规划航线，使飞行器能够以极低的飞行高度紧贴复杂地形进行飞行作业，获取多角度、全方位的陡崖段三维影像数据。

通常情况下，大型滑坡体地形落差大，以恒定高度飞行时，航拍影像经常会出现高高程区域空三建模失败的情况。失败的主要原因是规划飞行航线时设置的航线重叠率是基于无人机的起飞点而言的，当无人机飞行到高高程区域上方时，相对航高变小，单张倾斜影像拍摄的范围同样变小，从而导致飞行航线上航测影像相邻影像间的重叠率变小。

合适的重叠率是保证滑坡区域三维重建质量的关键因素之一，当滑坡区域影像的重叠率小到一定程度时，就会导致滑坡区域的空三建模失败。这种情况在滑坡区域出现较为频繁，基于这种情况，倾斜摄影领域出现了仿地飞行的无人机航测方式，以应对滑坡等地形落差大的区域航测问题。无人机常规飞行和仿地飞行示意图分别如图5.7和图5.8所示。

基于仿地飞行的无人机航测方式可实现滑坡体真实三维重建，其工作原理为：无人机在滑坡区域倾斜摄影测量过程中，提前设定与已知滑坡体的地形情况对应的航测高度，使无人

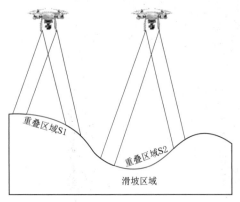

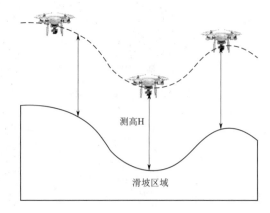

图 5.7　无人机常规飞行示意图　　　　图 5.8　无人机仿地飞行示意图

机在飞行过程中与滑坡体表面保持恒定高差。无人机仿地飞行技术能够较好适用于滑坡区域地形状况下的倾斜摄影测量，根据不同的滑坡区域地形情况，生成滑坡体高程对应的变高航线，使拍摄的滑坡体表面影像的分辨率保持一致，从而形成更为真实的滑坡区域三维模型。

　　无人机仿地飞行摄影测量与传统摄影的作业流程，主要区别在于航线规划，前者的航线设计需要用已有的地形地貌数据作为航线计算支撑。无人机在作业过程中，通过设定与已知三维地形保持固定高度，使飞机与目标地物保持恒定高差。目前，仿地飞行主要有以下两个实现途径：

　　（1）自制数字表面模型（DSM）数据。首先在研究区内采用 2D 正射的方法飞行一遍，利用 Pix4D 等空三软件，生成研究区的 DSM，然后将 DSM 的两个文件（包括 tif 和 tfw）导入遥控器中。该种方法生成的 DSM 相对较为精细，可以实现更好的仿地效果，但工作量较大，且山区高差较大的区域首次飞行时安全问题难以保证。由于蓄水前对研究区已进行大面积的航测工作，已获取研究区高精度 DSM，因此此次仿地飞行工作主要采用自制数字表面模型的方法。

　　（2）使用已有数字高程模型（DEM）替代 DSM。DEM 数据相对于 DSM 数据来说缺少植被、建筑等高程信息，因此在采用 DEM 替代 DSM 进行仿地飞行时要注意飞行区内的植被、建筑物及高压电线塔等构筑物的高度。目前覆盖全国的公开 DEM 数据中，有空间分辨率为 SRTM 90m、ASTER GDEM 30m、ALOS 12.5m 的数据可供下载。推荐使用图新地球，能够比较方便地下载。

　　仿地飞行航线设计一般根据不同地形实际情况进行规划，如平地、丘陵地形区域，无人机仿地飞行航线规划如图 5.9 所示；山地、高山地地形区域，无人机仿地飞行航线规划如图 5.10 所示。

　　仿地飞行适用于地形高差大、为保证山底分辨率与山顶重叠度的情况。但若地形高差大指山地为缓坡的情形，针对陡坡、悬崖、落差大的地形建筑，不建议进行仿地飞行，可采用常规平飞方案。仿地飞行的技术优势在于：解除了地势起伏造成相邻影像重叠度不够而使空三失败的现象；能够保持地面分辨率一致，保证模型精度；降低了为保证模型效果而使飞机撞山的概率。

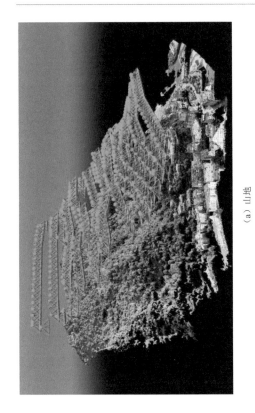

（a）山地

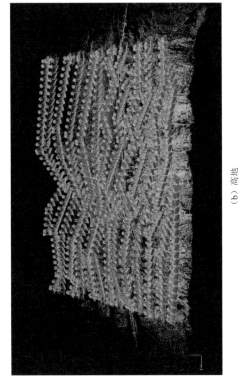

（b）高地

图 5.10 山地、高山地无人机仿地飞行航线规划

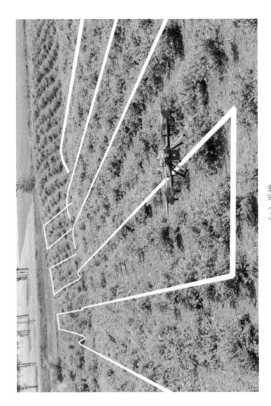

（a）平地

（b）丘陵地

图 5.9 平地、丘陵地无人机仿地飞行航线规划

在对滑坡区域进行仿地飞行航测时，首先要自制滑坡体的 DSM 影像数据，即利用无人机在滑坡测区内通过 2D 正射的航测方法获取滑坡区域的高程数据，将数据导入对应的空三航测软件中，可形成要监测的滑坡区域的 DSM 图形，然后将滑坡区域的 DSM 中的 tif 和 tfw 文件导入无人机遥控器中。利用该种方法进行航测，工作量较大但是航测精度较高。无人机仿地飞行流程如图 5.11 所示。

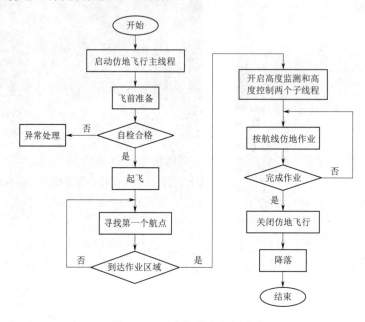

图 5.11　无人机仿地飞行流程

5.5.2　仿地飞行技术应用

某滑坡位于小江右岸王家山北，距坝址约 92.40km。滑坡平面呈近似三角形，顺坡长 800m，宽 90～500m。滑坡体内地形陡缓相间，约 860.00m 高程以下，地形较陡，坡度为 35°～45°，局部可达 50°；870.00～900.00m 高程，发育有平顶小山包及滑坡凹地，地形较缓，坡度为 15°～20°，有耕地和信号塔分布；900.00～1125.00m 高程，地形较陡，坡度为 30°～35°，为荒山；后缘 1125.00m 高程以上，地形较陡，坡度为 40°～50°，为基岩陡坡。滑坡左侧发育有 1 号冲沟，右侧发育有 2 号冲沟，沟内季节性流水，两冲沟分别呈 S62°W 和 N75°W 流向，在滑坡后缘处交汇，具典型的"双沟同源"和"圈椅状"地形特征（图 5.12）。根据已有的勘察报告可知，该滑坡体变形特征明显，主要表现在出现滑坡体内裂缝、鼓胀现象及滑坡前缘塌滑现象，裂缝、鼓胀现象主要发育于滑坡中部，少量发育于滑坡两侧边界内，主要沿 2016 年扩建的 303 省道发生拉裂、鼓胀，滑坡后缘及其他部位由于土层松散或受人类活动影响，未发现有拉裂缝发育。滑坡前缘变形特征主要表现为滑坡前缘坡体时常发生滑塌、塌落等变形破坏，特别是雨季，滑塌破坏尤为明显。

附近电站水库蓄水后，滑坡前缘 1/3 会被库水淹没，在库水长期作用下，坡体内骨架间细颗粒物质受到浸泡，土体物理力学性质降低，滑坡稳定性下降，有发生整体滑动破坏的可能。

图 5.12　滑坡全貌照片

　　综上，库区大型古滑坡堆积体在蓄水期间发生形变的可能性较大。蓄水前对该滑坡体进行过的 1∶2000 比例尺精度的常规飞行所获取的影像，对于滑坡形变的早期识别而言精度略显不足。因此，针对大型滑坡堆积体，采用 DJI P4R 无人机进行仿地飞行。利用仿地飞行获取的高精度的影像以及三维模型数据，为滑坡形变特征早期识别提供基础数据。

　　（1）滑坡区域影像采集。对滑坡区域进行航测之前，首先进行无人机飞行航线规划，其中航线规划利用遥控器内的航测软件 GS RTK App 进行控制操作，航测飞行前导入该滑坡区域的 DSM 图形中的 tif 文件，然后选择航测的飞行区。仿地飞行的飞行界面图和基于仿地飞行模式的无人机航线图如图 5.13 所示，图中航线上的每个点代表一张航拍影像图，无人机在相同时间间隔内拍摄倾斜影像图。

　　在滑坡区域选择合适的无人机起飞点时，基于起飞区域平坦、空旷，起飞点上方无障

图 5.13　滑坡航线规划图

碍物等要求，此次飞行时选择的是滑坡区域一栋楼房的空地区域。由于滑坡区域内有高压线，为了无人机航测的安全，将航测试验飞行作业的飞行高度设置为 80m，根据大疆精灵 Phantom 4 RTK 在该高度下地面采样距离（GSD）$\left(\mathrm{GSD}=\dfrac{\mathrm{H}}{36.5}\mathrm{cm/pixel}\right)$，可以得出地面分辨率大致为 2.19cm/pixel 时能够保证飞行拍摄的滑坡区域航测影像清晰、分辨率高，同时保证无人机的安全。滑坡区域的无人机采用仿地飞行的方式，航向和旁向重叠度皆设置为 80%，滑坡现场航测如图 5.14 所示，航线规划如图 5.15 所示，仿地飞行高度与重叠度设置如图 5.16 所示。

图 5.14 滑坡现场航测

图 5.15 滑坡区域仿地飞行航线规划

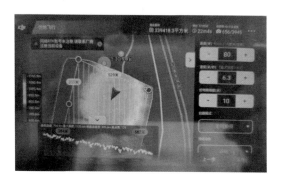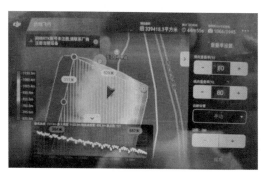

图 5.16 仿地飞行高度与重叠度设置

同样利用无人机遥控器自动控制完成飞行过程，将在滑坡区域采集到的影像实时保存在内存卡中，获取滑坡区域完整的倾斜影像数据。

（2）成果数据对比。将获取的滑坡影像数据导入三维影像后处理建模软件中进行空三建模运算，运算后即可获得滑坡区域的真实三维模型。

将常规飞行获取的三维模型与仿地飞行获取的三维模型进行对比。从整体上看，并不能直观感受到两个数据的显著差异。但放大至局部细节进行对比时可以明显看出，仿地飞行获取的模型的分辨率等有了明显的提升。对滑坡体中部原有公路旁挡墙进行对比可以清楚地发现，常规平飞方案获取的三维影像分辨率较低，无法清晰地辨识出细节特征，而仿地飞行技术获取的三维影像可以清楚地观察到挡墙上细小的裂缝等细节特征。对滑坡体最底部的分辨率进行对比，差别更加明显，裂缝、局部崩塌等形变特征可以更好地识别（图5.17～图 5.22）。

图 5.17 常规飞行三维实景模型　　　　　　图 5.18 仿地飞行三维实景模型

由于库区整体面积较大，加之工作量过大以及时间的限制，并未对整体研究区进行仿地飞行。然而，当需要对可能影响库区安全的大型滑坡体等隐患灾害形变特征进行识别、监测时，建议采用仿地飞行技术获取滑坡体影像数据。试验研究证明，对大型滑坡隐患点进行仿地飞行可以获取更精细化的三维模型，并且利用高精度的三维模型对高风险灾害点的变形特征进行监测的方案是可行的。后期将基于仿地飞行技术获取的多期影像数据，多期数据对比分析的方法进行研究，从而为库区形变区域监测提供新的实用方法。

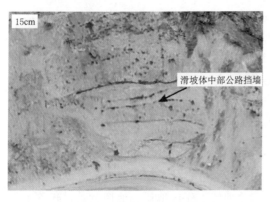

图 5.19　常规飞行数据中部特征

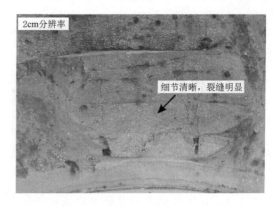

图 5.20　仿地飞行数据中部特征

图 5.21　常规飞行数据底部特征

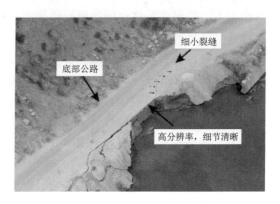

图 5.22　仿地飞行数据底部特征

5.6　高原山区机载 LiDAR 地质灾害隐患排查与解译

为掌握西藏高海拔山区某河段调查区范围内的典型地质灾害及潜在威胁，开展了机载 LiDAR 数据采集、处理和地质灾害解译工作。调查区总面积为 8km²，制作机载 LiDAR 地质灾害解译图并编制地质灾害遥感解译成果。

利用传统地质灾害调查方法与当前已发展成熟的机载 LiDAR 新技术相结合的方法，查明了调查区地质灾害点及地质灾害隐患点的发育特征、分布规律以及形成的地质环境条件，对该河段典型、示范区地质灾害现状进行遥感解译，并利用新技术对地质灾害动态发展趋势进行综合分析，为流域水电工程规划开发的制定以及减灾防灾提供基础地质依据。

该河段调查区 LiDAR 数据采集、处理和地质灾害解译工作具体包括：①办理飞行空域申请手续；②获取工作区总面积 8km² 范围内平均点云密度不低于 20 点/m² 的激光点云数据，光学影像分辨率优于 20cm；③制作数字正射影像图（DOM）、数字表面模型（DSM）、数字高程模型（DEM）及地形图成果；④对该河段调查区范围进行 LiDAR 非接触调查，制作机载 LiDAR 地质灾害解译图；⑤完成 LiDAR 非接触调查文档成果。

此次地质灾害遥感调查范围为该河段 4 个重点区域，实际获取数据总面积约为 8.33km²。4 个区域分别为 TMGou 区域 2.93km²，YRBHu 区域 1.64km²，RYBa 区域

$1.18\mathrm{km}^{2}$ 和 ZYu 区域 $2.58\mathrm{km}^{2}$。

5.6.1　工作部署

采用的无人机设备为飞马 D20 无人机（图 5.23），结构稳定，属大载重长航时无人机平台，任务载荷能力强，最大载荷重量达 6kg，续航时间为 50 分钟，巡航速度为 18m/s。使用的机载 LiDAR 系统为奥地利 Riegl 激光测量系统公司的 RIEGL VUX‐1LR 激光雷达系统（图 5.24），尺寸为 227mm×180mm×125mm，重量为 3.5kg，测量精度为 15mm，最大测量范围为 1350m，激光发射频率高达 750000 点/s，扫描速度高达 200 次/s，运行高度达 1740 英尺（1 英尺＝30.48cm）。采用平行线扫描方式，能获得均匀分布的点云数据，采用最前沿的 Rigel 技术，具有多目标探测能力。

图 5.23　飞马 D20 无人机　　　　图 5.24　激光雷达扫描系统

5.6.2　技术路线

（1）收集分析基础资料。收集整理已有项目区相关资料，查清项目范围内已经开展过的地质灾害调查工作，分析资料的可用性，评估以往地质灾害调查工作的详细程度。该部分资料通过空间矢量化、要素提取等工作，形成地质灾害调查的前期分析数据，作为孕灾地质背景调查中地形地貌、地层岩性、地质构造等解译矢量的基础支撑数据，为项目区进一步开展地质灾害调查的重点工作提供经验。

（2）构建内业解译标志。收集机载 LiDAR 点云数据生产的 3D 成果数据、以往地质灾害调查成果数据和项目区倾斜三维建模数据。以机载 LiDAR 构建的 3D 成果和山体阴影、坡度坡向等成果为基础资料，构建地质灾害遥感解译标志。构建的解译标志需要融合倾斜三维模型资料。

（3）内业遥感解译。基于解译标志开展地质灾害遥感解译工作，同时基于收集的以往地质灾害调查资料和区域地质调查资料，以及最新全国地理国情覆盖资料，综合开展孕灾地质背景解译和修编。依托已有的上述资料，对孕灾地质背景的边界进行修编。地质灾害遥感解译应以计算机为主要工作平台，结合孕灾地质背景资料，采用二维与三维相结合的方式，利用原始分辨率影像人机交互进行。

（4）野外查证。针对室内解译存在疑问的地质灾害及孕灾地质背景要素进行实地调查，对初步解译成果进行系统的检查、修改和完善。对室内解译遇到的不能解决的地质问题进行实地调查，确定地质灾害的类型、边界范围、形态特征、规模大小和危害程度。

（5）地质灾害遥感调查报告编制。基于野外查证资料和室内精修资料，综合开展地质灾害遥感图件编制、统计分析和规律总结。针对重大地质灾害早期识别中新发现的地质灾害和灾害隐患进行重点分析，形成地质灾害遥感调查报告，其工艺流程如图 5.25 所示。

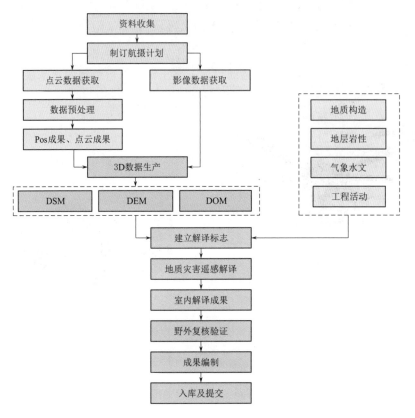

图 5.25　机载 LiDAR 遥感解译方法工艺流程

5.6.3　遥感数据源

基于机载 LiDAR 数据制作 DSM、DEM 和 DOM 成果，其中 DSM 和 DEM 成果格网间距为 0.2m，DOM 地面分辨率优于 0.2m，该数据成果作为遥感地质解译的主要数据源。

（1）TMGou 区域。制作完成的 TMGou 区域数字正射影像（DOM）、数字高程模型（DEM）分别如图 5.26 和图 5.27 所示。

（2）YRBHu 区域。制作完成的 YRBHu 区域数字正射影像（DOM）、数字高程模型（DEM）分别如图 5.28 和图 5.29 所示。

（3）RYBa 区域。制作完成的 RYBa 区域数字正射影像（DOM）、数字高程模型（DEM）分别如图 5.30 和图 5.31 所示。

（4）ZYu 区域。制作完成的 ZYu 区域数字正射影像（DOM）、数字高程模型（DEM）分别如图 5.32 和图 5.33 所示。

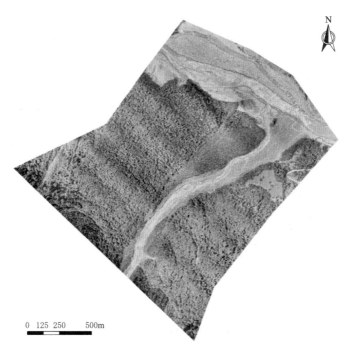

图 5.26　TMGou 区域数字正射影像（DOM）

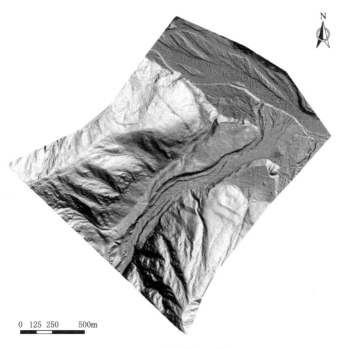

图 5.27　TMGou 区域数字高程模型（DEM）

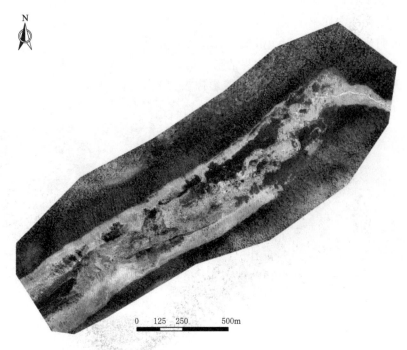

图 5.28　YRBHu 区域数字正射影像（DOM）

图 5.29　YRBHu 区域数字高程模型（DEM）

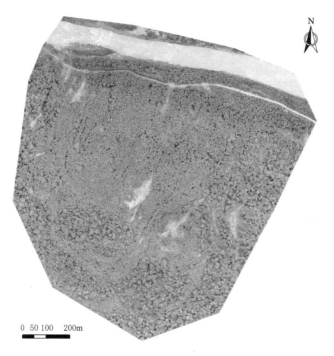

图 5.30 RYBa 区域数字正射影像（DOM）

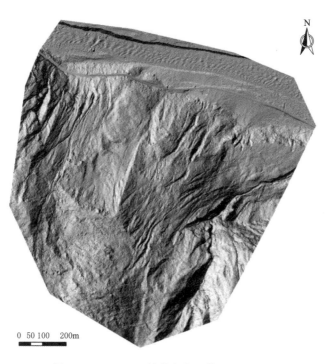

图 5.31 RYBa 区域数字高程模型（DEM）

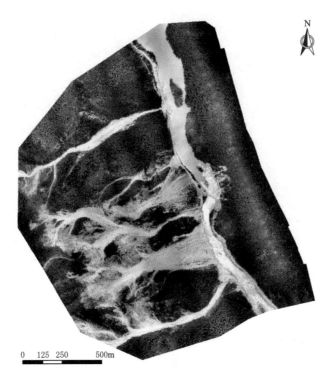

0　125　250　　　500m

图 5.32　ZYu 区域数字正射影像（DOM）

0　125　250　　　500m

图 5.33　ZYu 区域数字高程模型（DEM）

5.6.4　解译方法及要求

1. 解译程序概述

基于机载 LiDAR 数据（Pointcloud、DSM、DEM、DOM）资料，结合区域地质、气象水文等资料，初步建立典型地质灾害解译标志，并对已有的各种资料进行分类整理和综合分析，在野外踏勘的基础上修正解译标志，充分理解工作区地质、地理背景，建立工作区地质灾害解译标志卡片，开展地质灾害解译识别工作；地质灾害解译方法方面，采用三维模型、二维影像相结合的遥感解译技术方法，基于地质灾害发育原理及特征进行地物识别及定性和空间分析，获取灾害及其发育地质环境信息。

此次遥感解译基于 Earth Survey 软件平台搭建的三维解译环境，将 DOM、山体阴影、区域地质图等各种数据实现坐标统一或坐标配准后输入软件平台，利用人机交互的方式在此三维环境中开展地质解译。为了图表的规范化，后期出图成图采用 ArcGIS 软件进行图件的绘制工作。

遥感解译是一个初步解译-野外验证-详细解译的综合、反复的过程。室内解译工作以机载雷达数据结合光学影像分析成果为依据。室内解译主要采用目视解译为主、初步解译与详细解译相结合、室内解译与野外调查验证相结合的工作方法。解译工作应采用从已知到未知、从区域到局部、从总体到个别、从定性到定量，按先易后难、循序渐进、不断反馈和逐步深化的方法进行。测区附近机载 LiDAR 未能获取数据的范围，利用高精度卫星光学影像获取研究区总体地貌特征，尤其要对多时序卫星形象进行分析，搜索大范围区域内可能存在的工程地质问题。

2. 遥感解译技术要求

（1）数学基础。坐标系：2000 国家大地坐标系（CGCS2000）；高程基准：1985 国家高程基准；投影方式：高斯-克吕格 3°投影，坐标单位为 m。

（2）调查底图比例尺。地质灾害遥感调查底图采用 1∶2000 比例尺。

3. 基于遥感成果开展地质灾害遥感调查的内容

基于遥感成果开展地质灾害遥感调查包括孕灾地质背景遥感调查和地质灾害遥感调查两项。

（1）孕灾地质背景遥感调查的内容包括地形地貌、地层岩性、地质构造、森林植被、人类工程活动。

（2）地质灾害遥感调查的内容包括崩塌、滑坡、泥石流、裂缝、地面塌陷、潜在威胁对象。

4. 成果类型

（1）地质灾害遥感解译调查矢量数据。

（2）地质灾害分布遥感调查图。

（3）遥感地质报告。

5. 地质灾害遥感解译调查矢量数据

地质灾害遥感解译调查矢量数据由孕灾地质背景遥感调查数据集（YZ）和地质灾害遥感调查数据集（DZ）组成。其中孕灾地质背景遥感调查数据集（YZ）包括地形地貌、地层岩性、地质构造、森林植被和人类工程活动；地质灾害遥感调查数据集包括崩塌、滑坡、泥石流、裂缝、地面塌陷和潜在威胁对象。

5.6.5　解译流程

在充分收集和熟悉区内地质资料的基础上，通过野外实地踏勘，分别建立相应的地貌类型、地质构造、岩（土）体类型和森林植被类型等环境地质条件以及各类地质灾害的遥感解译标志（如色调和色彩、几何形状、大小、阴影、地貌形态、水系、影纹图案及组合特征等）。以遥感影像（数据）为依据，采用目视解译与人机交互式解译相互补充、初步解译与详细解译相结合、室内解译与野外调查验证相结合的工作方法解译，每个阶段的任务如下：

（1）初步解译阶段。熟悉区内地貌和地质情况；将收集的已有地质灾害按坐标投到影像图上，开展解译工作，掌握已有地质灾害和孕灾地质背景的影像特征并据此建立境内主要地质体、地质现象的室内初步解译标志。

（2）详细解译阶段。野外踏勘后，建立和完善区内不同解译目标的详细解译标志；按调查任务要求对区内地质灾害及孕灾地质背景要素进行详细解译，编制解译成果图件，指导地面调查工作。

（3）综合性解译阶段。综合性解译阶段是在野外检查验证工作基本完成后，其任务是结合野外调查资料，对遥感解译成果进行修改完善和综合分析，编制最终解译成果图件。

5.6.6　解译方法

本书针对不同类型解译要素，采用不同解译方法。针对孕灾地质背景要素中的地形地貌，主要基于收集的高精度 DEM，按照地貌单元类型进行信息提取和类型划分确定，地层岩性主要参考收集区域地质资料进行补充解译并修编完成，森林植被和人类工程活动主要收集地理国情监测数据进行提取，在此基础上基于高精度 DOM 对比补充并解译完成。

孕灾地质背景要素中的地质构造和滑坡、崩塌、泥石流等地质灾害以机载雷达获取的 DOM、DEM 为主要数据源，结合相关基础资料，搭建三维立体场景，结合二维地图，利用原始分辨率影像进行高精度三维遥感解译实现。

原则上，遥感解译的一般步骤是从"面→线→点"到"点→线→面"，即从宏观到微观，再从微观到宏观，循序渐进，反复解译，最终达到准确解译的目的。遥感解译的方法主要有直译法、追索法、类比法及综合分析法 4 种，在实际解译过程中往往是综合应用这4 种方法。就本书研究内容来讲，地质灾害、地貌类型相对于地质内容来说在影像图上比较直观，容易解译。工作区大部分区域植被覆盖较好，属于地质解译程度差的地区。下面以工作区地质解译为例，介绍这 4 种遥感解译方法。

（1）直译法。即利用解译标志，从影像图中直接提取岩石地层、岩体、构造等地质信息。这种方法主要用于圈定地质体的边界，效果较明显。

（2）追索法。即根据地层、岩体、地质构造等各类信息的展布或延伸规律在图像上显示出的不甚清晰的形迹，进行跟踪追索，圈定或勾画地质界线、线性构造等。本书中，这种方法主要用于圈定地质体的边界，效果比较明显。

（3）类比法。即以已知地质体或地质现象的影像特征为参照，推断相邻地区具有某种遥感隐蔽信息特征的地质体或地质现象的属性。本书中，由于需要区分第四系的相对年代，故参考已有地质图上的第四系覆盖的年代和成因类型，并分析其遥感影像特征，运用类比法对第四系各个成因类型的空间分布进行解译。

（4）综合分析法。当解译标志不明显，解译困难时，可针对控制地质单元有因果关系的生成条件、控制条件进行综合分析，最终达到解译的目的。如在线性影像解译过程中，主要针对它的长短、断裂性质、节理带或破劈理带、控岩展布规律，以及不同方向线性构造之间的相互成生关系等。

5.6.7 解译内容

1. 孕灾地质背景要素

（1）地形地貌。从地质灾害形成发育的背景分析角度出发，将工作区地貌单元按照成因和形态进行划分，确定各地貌单元的分区界线。地貌单位类型根据地貌形成的主导营力分为岩溶地貌、溶蚀-侵蚀地貌和侵蚀-构造地貌。

（2）地层岩性。结合项目基础地质资料收集情况，基于遥感影像，修编确定地层、岩性类别和岩性产状，划分区内岩（土）体的工程地质岩组类型，为评价岩（土）体稳定性和工程地质特征提供依据。

（3）地质构造。地质构造包括确定区内主要断裂构造和褶皱构造，解译断层的位置、长度、延伸方向，褶皱的类型、规模、长度及延伸方向等，结合已收集到的地质图分析提取出断层等地质构造信息。鉴于高精度机载 LiDAR 获取的 DEM 数据在断层解译和识别上的显著优势，以项目经过质检的 DEM 为底图，对工作区内的断层相关线性构造进行了高精度解译，获取了各疑似断层的位置、长度和延伸方向信息。

（4）森林植被。以项目经过质检的 DOM 为底图，整合基础性地理国情监测数据，提取出耕地、园地、林地、草地和其他植被等森林植被信息。解译过程中，人工目视解译判定基础性地理国情监测数据的矢量数据与影像不套合区域是否为变化区域，当判定为变化区域且面积大于 $1600\mathrm{m}^2$ 时，矢量数据需要进行边界修改。

（5）人类工程活动。以项目经过质检的 DOM 为底图，整合基础性地理国情监测数据，提取出工程切坡、水库库岸、露天采矿场、尾矿库、固体废物堆场等信息。当影像底图采用项目经过质检的 DOM 数据时，需人工目视判定矢量数据与影像不套合区域是否为变化区域，当判定为变化区域时，变化区域边界需进行修改、新增或删除。

2. 地质灾害

（1）滑坡。解译滑坡体所处位置、地貌部位、前后缘高程、沟谷发育状况、植被发育状况等。解译滑坡体的范围、形态、坡度、总体滑动方向，滑坡与重要建筑物的关系及影响程度等。

（2）崩塌。分崩塌体和堆积体两部分，对崩塌进行解译。解译崩塌所处位置、形态、分布高程。解译崩塌堆积体的面积、坡度、崩塌方向、崩塌堆积体植被类型，确定崩塌所处位置、类型、形态、规模、崩塌方向、崩塌体中心线、滚动路径等。

（3）泥石流。解译泥石流流域的边界、面积、形态、主沟长度、主沟纵降比、坡度。

解译物源区的水体分布、集水面积、地形坡度、岩层性质，区内植被覆盖程度、植物类别及分布状况，断裂、滑坡、崩塌、松散堆积物等不良地质现象，可能形成泥石流固体物质的分布范围。解译流通区沟床的纵横坡度和冲淤变化以及泥石流痕迹，阻塞地段堆积类型，以及跌水、急弯、卡口情况等。解译堆积区堆积物的分布范围，性质、堆积面积，堆积扇坡降、土地覆盖。

图 5.34　结构面信息提取（红色为待测结构面）

（4）潜在威胁对象。在各类地质灾害解译的基础上，分析圈画灾害影响范围，进而解译落在影响范围内的潜在威胁对象，包括受威胁的居民点、城镇、水电站、公路、河流等基础设施和受威胁的耕地、园地、林地等自然资源状况。

（5）结构面信息提取。大多数地表出露的结构面，由于卸荷松弛及地表改造等影响，结构面一般都有面出露。针对这类结构面，可以利用三维模型数据中结构面出露面上的所有点（或者大部分点）来拟合一平面（图 5.34）。这种方法克服了地质罗盘单点测产状存在的不足，效果较为理想。在三维模型数据中识别处结构面的出露面，利用 Earth Survey 软件提取结构面参数。

5.6.8　解译成果

1. TMGou 区域

TMGou 区域解译出堆积体 4 处（编号为 TMG - DJ01～TMG - DJ04），其为泥石流的形成提供物源，DOM 和 DEM 遥感解译分布图如图 5.35 和图 5.36 所示。

（1）TMG - DJ01。TMG - DJ01 所处位置为 95.3095037847E、29.9796898909N，堆积体整体高差约为 57m，整体坡度约为 46°，堆积体纵向长约 43m，横向宽约 252m，分布面积约为 7884m²，估算体积约为 12614m³。从光学影像上看，该处堆积体植被覆盖茂密，位于斜坡坡脚，临近泥石流流通区；从滤除植被的 LiDAR 影像（图 5.37）上看，松散堆积物边界清晰，鼓胀感明显，上部岩体可见崩落痕迹，松散堆积物易汇入沟内，为泥石流的形成提供物源。

（2）TMG - DJ02。TMG - DJ02 所处位置为 95.3073446655E、29.9816618347N，堆积体整体高差约为 107m，整体坡度约为 37°，堆积体纵向长约 156m，横向宽约 433m，分布面积约 50339m²，估算体积约为 120813m³。从光学影像上看，该处堆积体植被覆盖茂密，位于斜坡坡脚，临近泥石流流通区；从滤除植被的 LiDAR 影像（图 5.38）上看，松散堆积物边界清晰，鼓胀感明显，上部岩体可见崩落痕迹，松散堆积物易汇入沟内，为泥石流的形成提供物源。

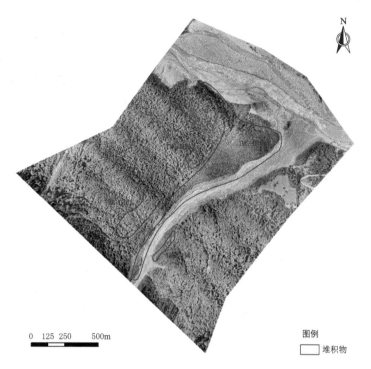

图 5.35 遥感解译分布图（DOM）

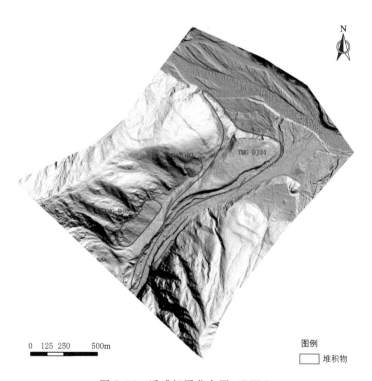

图 5.36 遥感解译分布图（DEM）

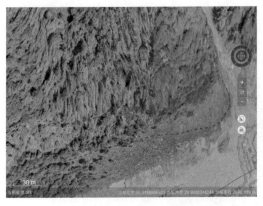

（a）三维实景模型（整体边界）

（b）数字高程模型（整体边界）

图 5.37　TMG - DJ01 三维影像

（a）三维实景模型（整体边界）

（b）数字高程模型（整体边界）

图 5.38　TMG - DJ02 三维影像

（3）TMG - DJ03。TMG - DJ03 所处位置为 95.3117392955E、29.9854738337N，堆积体整体高差约为 77m，整体坡度约为 36°，堆积体纵向长约 127m，横向宽约 113m，分布面积约为 11629m²，估算体积约为 18606m³。从光学影像上看，该处堆积体植被覆盖茂密，位于斜坡坡脚，临近泥石流流通区；从滤除植被的 LiDAR 影像（图 5.39）上看，松散堆积物边界清晰，鼓胀感明显，上部岩体可见崩落痕迹，松散堆积物易汇入沟内，为泥石流的形成提供物源。

（4）TMG - DJ04。TMG - DJ04 所处位置为 95.3143331231E、29.9851490910N，堆积体整体高差约为 237m，整体坡度约为 10°，堆积体纵向长约 1.4km，横向宽约 203m，分布面积约为 253155m²，估算体积约为 607572m³。从光学影像上看，该处堆积体植被覆盖茂密，整体呈不规则 Y 形，临近泥石流流通区与堆积区，分布面积较广；从滤除植被的 LiDAR 影像（图 5.40）上看，松散堆积物边界清晰，沿泥石流沟道分布，随着流水的冲刷与侵蚀作用，松散堆积物易汇入沟内，为泥石流的形成提供物源。

此次遥感调查形成的解译成果信息见表 5.1。

（a）三维实景模型（整体边界）　　　　　　（b）数字高程模型（整体边界）

图 5.39　TMG－DJ03 三维影像

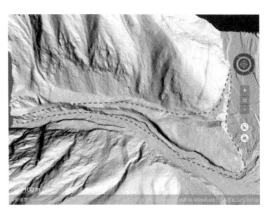

（a）三维实景模型（整体边界）　　　　　　（b）数字高程模型（整体边界）

图 5.40　TMG－DJ04 三维影像

表 5.1　　　　　　　　　　　　　解译成果信息一览表

测区	编号	类型	高差/m	坡度/(°)	体积/m³	规模等级	威胁对象
TMGou	TMG－DJ01	堆积体	57	46	12614	—	—
	TMG－DJ02	堆积体	107	37	120813	—	—
	TMG－DJ03	堆积体	77	36	18606	—	—
	TMG－DJ04	堆积体	237	10	607572	—	—

2. RYBa 区域

RYBa 区域解译出滑坡 1 处，规模为中型 DOM 和 DEM 的遥感解译分布图分别如图 5.41 和图 5.42 所示。

滑坡所处位置为 94.9219116827E、30.0972118346N，滑坡前缘高程为 2126.00m，后缘高程为 2758.00m，整体高差约为 632m，主滑方向约为 8°，整体坡度约为 32°，滑坡体纵向长约 1126m，横向宽约 761m，滑坡体分布面积约为 647397.2m²，滑坡体积约为

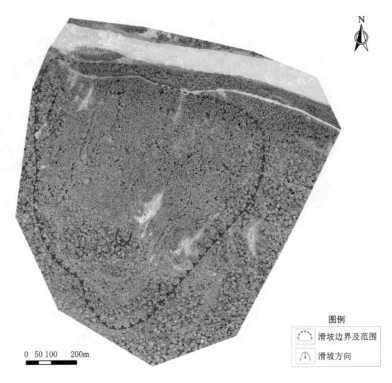

图 5.41　遥感解译分布图（DOM）

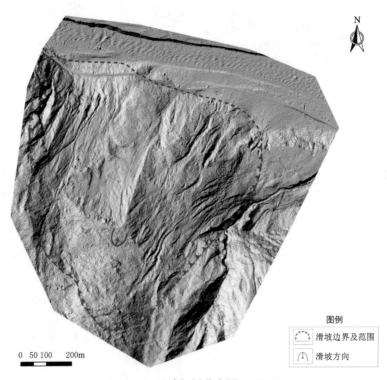

图 5.42　遥感解译分布图（DEM）

207100m³，为一中型土质滑坡。从光学影像上看，该处滑坡植被覆盖较茂密，分布范围较广，高差较大，局部裸露区域可见明显滑动痕迹，坡体下部有道路通过；从滤除植被的 LiDAR 影像（图 5.43）上看，该滑坡体上窄下宽，整体呈裙带状，坡体变形痕迹明显，坡表起伏不平。滑坡体后缘边界清晰，下错明显，坡表多发育次级滑动，滑动痕迹明显。坡体中部形成滑坡台地，可见松散堆积物。滑坡前缘边界清晰，鼓胀感明显，坡脚可见大量堆积物。在暴雨、地震及人类工程活动影响下，可能会使滑坡复活，威胁下方道路。

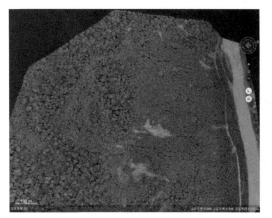

（a）三维实景模型（整体边界）　　　　　　　　（b）数字高程模型（整体边界）

（c）后缘边界　　　　　　　　　　　　　　（d）前缘堆积物

图 5.43　滑坡三维影像

此次遥感调查形成的解译信息见表 5.2。

表 5.2　　　　　　　　　　　　　解译成果信息一览表

测区	编号	类型	高差/m	坡度/(°)	体积/m³	规模等级	威胁对象
RYBa	—	滑坡	632	32	207100	中型	道路

3. ZYu 区域

ZYu 区域共解译出 4 组岩体结构面（编号为 J1～J4）DOM 和 DEM 遥感解译分布图分别如图 5.44 和图 5.45，解译信息见表 5.3。

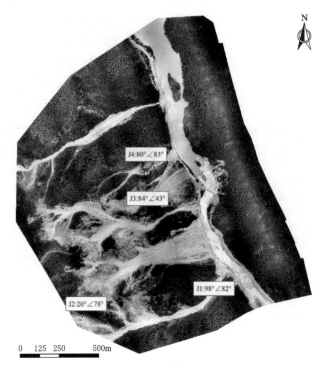

图 5.44　遥感解译分布图（DOM）

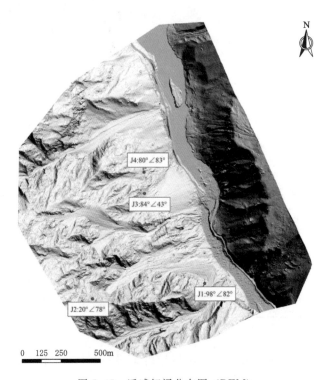

图 5.45　遥感解译分布图（DEM）

表 5.3　　　　　　　　　　　　　结构面解译信息一览表

测区	编号	倾向/(°)	倾角/(°)
ZYu	J1	98	82
	J2	20	78
	J3	84	43
	J4	80	83

第 6 章

激光雷达泥石流灾害调查技术

泥石流调查是地质灾害勘察的重要内容，是泥石流易发性工程地质问题分析与评价的基础。在某些情况下，用传统的手段难以完成正常的地质调查工作，不但耗时、费力，且难以获取高精度数据，同时存在严重的人身安全问题。激光雷达技术在泥石流调查中得到应用，既能保障调查人员的人身安全、提高工作效率、降低作业人员的劳动强度、节约大量人力和财力，也能弥补特危区传统方法难以获取数据成果的不足，是传统调查方法非常有益的补充，甚至在某些方面有着传统方法无法比拟的优势。利用该技术优势和特点，结合传统的工作方法，拓宽适用范围，挖掘其潜能，对于提高工作效率和提升泥石流调查质量等，具有重要的推动作用。

　　下面主要论述激光雷达之于泥石流物理模拟实验以及泥石流等调查方法等的意义与作用。

6.1　激光雷达在物理模拟实验量测中的应用

　　物理模拟是在地质原型调查分析的基础上，对所研究的地质体进行抽象概括。它基于相似理论，根据相似判据选择相似材料并制作物理模型，利用加载、开挖等手段获得试验数据成果，再利用相似理论将试验结果反推到地质原型中，从而揭示物理过程机制，预测灾害发生的趋势，指导工程施工设计。物理模拟试验过程其实是根据原型特征，依据相似条件对其进行抽象概括，采用相似材料按照一定比例尺对原型进行缩小（或者放大），按照一定的力学条件进行加载，通过接触式和非接触式等各类试验测量手段，获取模型的位移、应变、应力、破坏过程及形式等试验数据，再使用相似理论将获取的试验数据反推到原型中去的过程。物理模型的三维形态、位移变化、破坏过程及最终破坏形态都可以采用激光扫描技术进行测量，在物理模型试验中使用激光扫描技术，不仅无须对模型表面进行任何处理，而且无接触测量、精度高、速度快，目前正越来越多地受到使用和重视。

　　1. 离心机模型试验中的应用

　　原型的实地研究是一种获得斜坡变形破坏最基本、最真实的方法，但原型观测需耗费较长的时间和大量的人力物力，同时不能观察到斜坡变形破坏的全过程。为了研究泥石流的形成与破坏过程，也有学者提出制造物源，利用坡脚开挖、模拟降雨等方法，诱发物源滑动。但制造一个较大型的真实泥石流灾害，存在较大的社会问题和经济问题，还有可能带来不必要的次生灾害。所以，相比原型试验，离心机模型试验的优势自然而然地体现了出来。首先，离心机模型试验是一个全过程试验，能够记录泥石流从初始形成到最终破坏阶段的全过程，同时能够达到模拟原型的应力状态和变形破坏机制的目的；其次，离心机模型试验可以多次重复进行，通过改变边坡的工程地质性质,来研究泥石流发生的原因。

物理相似模拟实验中,变形位移规律的常用量测方法有直接量测法和非接触量测法。非接触量测方法主要包括全站仪量测法、激光雷达量测法和数字近景摄影测量法等。

图 6.1 为一滑坡离心机物理模型,试验目的是研究泥石流物源均质土体斜坡变形破坏过程,观测坡表裂缝发育分布特征。模型试验材料选用 600 目的超细黏土,模型制作采用分层夯实的方法,黏土材料含水率控制在 18% 之内,夯实密度为 2.0g/cm³,黏土材料内摩擦角为 10.1°、内聚力为 15.7kPa。模型表面位移采用 PIV 测量系统,在模型外部垂向和水平向各安装高清摄像头一个,模型内部安装土压力计 10 个。

 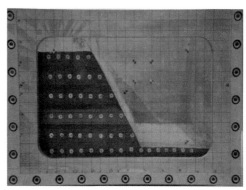

图 6.1 滑坡离心机物理模型

数值计算得知,模型变形破坏加速度值约为 100g（g 为重力加速度）,因此在离心加速度加到 100g 附近时缩小加载幅度,以便观察到起始破坏点。其加载过程如下:①离心加速度从 0 迅速增加至 80g,运转 10min,保证模型完成沉降;②离心加速度为 80～100g 时,以 10g 为一级加载,每级持续时间约为 5min;③离心加速度达到 100g 未完全失稳时,仍以 10g 为一级加载,每级持续时间约为 5min,当离心加速度约为 117g 时,坡体出现明显滑动变形;继续加载至 150g,坡体保持稳定未继续滑动,将离心加速度减至静止。

2. 激光扫描测量

模型试验中,斜坡物源拉裂持续变形,最终失稳破坏,裂缝发育明显。通过对坡表拉裂缝的发育过程和特征进行分析,发现该模型物源滑动时体现出多级滑动的特征,裂缝在滑面后侧表层土体密集发育,主要倾向坡内,这在一定程度上反映了滑面的形成过程,高清摄像机拍摄的影像也表明,坡表裂缝最先在拉张作用下发育,随着拉张力的增大,裂缝向坡体内部扩展,倾角增大。为了准确测量斜坡表部裂缝的发育特征,采用激光雷达测量的方法获取试验后的模型三维点云数据,三维彩色点云如图 6.2 所示。基于获取的三维空间数据,细致提取裂缝空间位置,从而形成斜坡拉裂缝三维分布图（图 6.3）和二维俯视图、侧视图（图 6.4）。

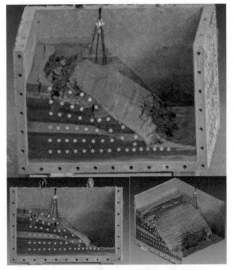

图 6.2　物理模型三维彩色点云数据

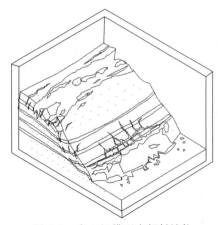

图 6.3　离心机模型表部斜坡拉
裂缝三维分布图

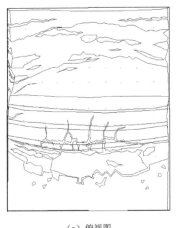

（a）俯视图

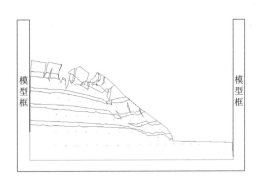

（b）侧视图

图 6.4　离心机模型表部斜坡拉裂缝俯视图和侧视图

6.2　泥石流冲刷模型试验激光扫描同步观测

　　"5·12" 汶川地震之后，地震灾区次生灾害发育，尤其以泥石流灾害最为严重。强烈的震动导致地震山区坡表岩体震裂松动，大量的碎屑物质堆积于沟道等处，地震山区泥石流的启动条件完全不同于震前。2008 年以后，四川地震灾区发生了数次历史罕见的大型泥石流灾害，如 2010 年绵竹清平乡泥石流灾害等。地震灾区泥石流呈现出突发性、群发性、高破坏性及灾害链效应等新的特征，因此开展震后岩体松散堆积物泥石流启动条件、机理的研究成为地质工作者的一个重要研究内容，研究方法主要有现场调查、现场试验、室内试验、数值模拟等。室内试验方便、快捷、因素可控，目前已成为泥石流研究的一个重要方法。本书采用室内水槽装置进行松散堆积体泥石流启动过程的室内物理模拟试验。

汶川大地震后大量的松散物质堆积于沟道，在降雨激发下，容易转化为泥石流而造成灾害。震后泥石流的特点与震前有着显著的不同，加之泥石流成因机理复杂、人们的相关认识仍显不足，震后泥石流灾害治理工作面临严峻的挑战。因此，对震后泥石流的研究刻不容缓。研究泥石流灾害的方法主要有野外调查、野外试验、室内试验、数值模拟等。室内试验具有灵活性强、操作便捷、因素可调控等优势，因此成为研究泥石流的重要手段。

室内水槽冲水松散堆积体转化泥石流启动过程模拟试验是较为常用的方法，本书以此探究泥石流启动机理。

1. 试验设备

水槽试验系统如图 6.5 所示。具体试验设备如下：

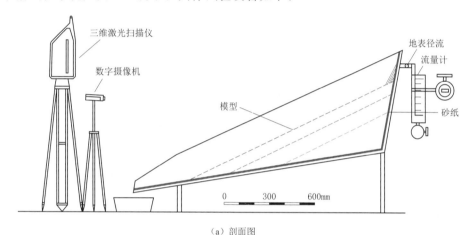

（a）剖面图

（b）侧视图

图 6.5 水槽试验系统

（1）试验水槽。水槽边长为 1.4m，宽 1m，后缘高 0.7m。水槽底板和边侧由有机玻璃组成，并用角钢固定。水槽后缘设有集中水出口，用以模拟地表径流。水槽前端端口收缩，便于盆子接取冲泄而出的土料。水槽边侧和底板都粘贴砂纸，以增大底槽和边侧的摩阻力。

（2）Leica ScanStation2 激光扫描仪。利用激光测距原理，对整个试验模型进行扫描，由此可获得试验模型表面密集的三维坐标点。

（3）含水率监测系统。量程可以由 0 到饱和，测量精度为±2%。

（4）玻璃转子流量计。玻璃转子流量计主要由锥形玻璃管及可以上下自由浮动的浮子组成。其中，锥形玻璃管端口面积较小的一端朝下，端口面积较大的一端朝上。流量计通水时，在上下压力差的作用下，浮子可以在玻璃管中自由上升。当所受的合力为零时，浮子将处于平衡位置。此时，浮子上升的高度与锥形管中水流流通的面积有一对应关系。所以，可以根据浮子的高度读出此时水流的流量。

（5）振动筛设备。利用振动筛设备，使干土料过筛、颗分。筛子的孔径有 0.25mm、0.5mm、1mm、2mm、5mm、10mm 几种。

（6）量程为 100kg 的电子秤。

2. 试验材料

选用四川绵竹文家沟泥石流沟现场松散物质作为试验材料（图 6.6），通过室内颗分试验，获取现场土料的平均颗粒级配（表 6.1）。

（a）试验材料

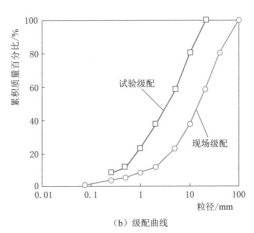

（b）级配曲线

图 6.6　试验材料及级配曲线

根据现场土料筛分结果可知，土料的最大粒径≥40mm。由于试验水槽尺寸限制，试验材料级配按照相似级配法确定。现场土料筛分结果见表 6.1 和表 6.2。试验材料最大粒径定为 20mm，不均匀系数 $K_u=13$（>10），曲率系数 $K_c=1.08$（$1<K_c<3$），选取的试验材料级配较好。经测试，试验材料在松散情况下的干密度 $\rho_d=1.89\text{g/cm}^3$，土粒比重 $G_s=2.72$。根据公式 $e=\dfrac{G_s\rho_w}{\rho_d}-1$，其中 ρ_w 为土颗粒的总体积密度，可得松散体试验材料孔隙比 e 为 0.44。

表 6.1　　　　　　　　　　　文家沟泥石流沟现场土料筛分结果

粒组/mm	≥40	20~40	10~20	5~10	2~5	1~2	0.5~1	0.25~0.5	0.074~0.25	<0.074
累计质量百分比/%	100	80.32	58.53	37.63	23.12	11.65	8.83	5.53	3.88	1.02

表 6.2 　　　　　　　　　　　文家沟泥石流沟现场土料筛分结果

粒组/mm	10~20	5~10	2~5	1~2	0.5~1	0.25~0.5	<0.25
累计质量百分比/%	100	80.32	58.53	37.63	23.13	11.66	8.83

3. 试验过程

试验前，按试验级配配制 500kg 土料，并调整好水槽的坡度。为了控制试验土料的密实度，铺料时采用分层摊铺的方法。模型堆积过程中，共分三层平均摊铺。其中，含水率传感器安设在一层、二层合适的位置。模型堆积后，利用地质罗盘读取模型表面的坡度，并采用激光雷达进行首次扫描。试验时，采用集中冲水方式对模型进行冲刷，试验的流量用流量计控制。每隔 20s 用盆子接取水流冲刷出来的土样。整个试验过程，利用摄像机全程记录。同时，利用激光雷达对模型分阶段进行扫描。另外，需要记录数据采集仪的开始时间和结束时间。试验结束，关闭试验流量，并拷贝采集仪数据、保存试验视频。之后，烘干盆中湿土样，称出每个盆子的干土样重。通过上述方法，每次试验结束后可获得的数据有试验录像、每个水盆的干土重、传感器（含水率）数据、激光雷达数据。对数据进行处理，可以获得每次试验的侵蚀曲线、累积侵蚀曲线，以及沟道的 Surfer 模型、沟道变形曲线、土体内部特征值变化曲线。

模型制作完成后用激光雷达设备对模型表面进行一次数据获取；试验中采用集中冲刷的方式对模型体进行冲刷，对水流量进行控制和测量，中间过程分段获取模型的三维空间数据，全过程采用高清摄像机录像。松散堆积物水槽试验不同阶段的三维点云影像数据如图 6.7 所示。

图 6.7　松散堆积物水槽试验不同阶段的三维点云影像数据

将获取的不同阶段松散堆积体模型三维影像数据叠加，在模型不同位置进行剖面切取，获得剖面图和断面图（图 6.8 和图 6.9），为松散堆积物在冲水条件下转化为泥石流，研究其启动条件、水流冲刷侵蚀等试验内容提供了数据支撑。

4. 重复性试验

为了验证该试验系统的可靠性，在确保所有条件一致的情况下，累计进行 3 次重复性试验。试验方案中，坡度 $\theta=32°$，流量 $Q=0.00044m^3/s$。试验的侵蚀量曲线和累积侵蚀量曲线如图 6.10 和图 6.11 所示。

通过曲线对比可知，在相同的条件下，泥石流的发生过程不尽相同。第 1 次试验（绿色曲线）初期的平均侵蚀量较大，但泥石流结束较早；第 2 次试验（红色曲线）启动时间

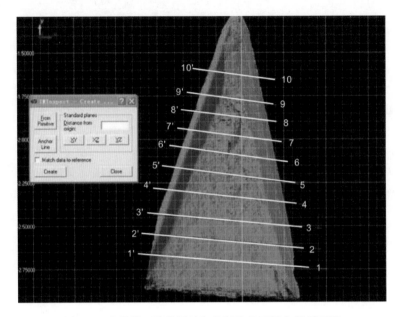

图 6.8　多阶段三维数据叠加并切取的不同位置剖面图

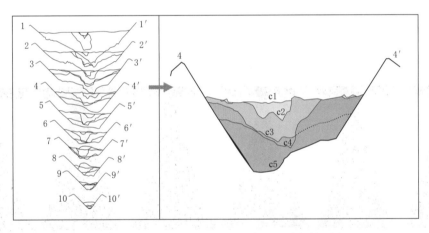

图 6.9　冲刷模型体不同位置处多阶段形态断面图

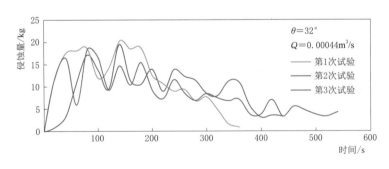

图 6.10　侵蚀量曲线

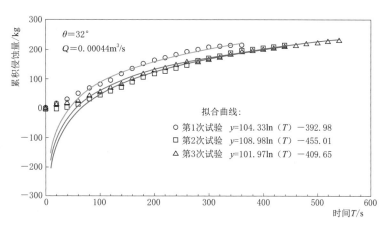

图 6.11 累积侵蚀量曲线

相比另两次试验较长；第 3 次试验（蓝色曲线）获得的侵蚀曲线波动较大，试验过程中阵发性泥石流过程较为明显。造成三次试验差异的主要原因是，泥石流发生过程涉及多种因素的综合作用。另外，试验误差同样可以影响试验的结果。通过分析可知，三次试验获得的侵蚀速率 K 分别为 $104.33\mathrm{kg}/(\mathrm{m}^2 \cdot \mathrm{s})$、$108.98\mathrm{kg}/(\mathrm{m}^2 \cdot \mathrm{s})$、$101.97\mathrm{kg}/(\mathrm{m}^2 \cdot \mathrm{s})$，此结果表明试验在设定相同试验条件的情况下，水流对模型材料的侵蚀速率大致相等。

上述分析表明：相同条件下，试验泥石流的过程表现不一样。但是水流对土料的侵蚀速率大致相等，符合试验的实际情况。由此说明，在该系统装置下，泥石流试验结果仍具有一定的可靠性。

5. 泥石流启动过程的物理模拟

（1）泥石流启动过程分析。试验以干土作为试验材料，并以后缘集中冲水的方式对模型进行冲刷。通过大量的物理模拟试验发现，泥石流启动方式主要表现出以下两种模式：

1）端前堵溃。试验开始，模型后缘表面在集中水流的冲刷作用下被拉切出一道沟槽，被携带而下的土料在模型前端堆积形成小型的堰塞体［图 6.12（b）］。在水流的持续冲刷作用下，后缘沟道土料持续被掏蚀，由此导致前缘堰塞体不断增大，堰塞体后缘壅水水位逐步提高［图 6.12（c）］。一旦超出堰塞体稳定临界状态，堰塞体将迅疾溃决，随后大量的土料随水流倾泻出模型槽，形成首轮泥石流［图 6.12（d）］。堰塞体溃决后，整个试验模型表面被拉切出一道通畅的沟槽［图 6.12（e）］。

2）阵发式堵溃。首轮泥石流后，在水流的冲蚀作用下，沟道发生多起堵溃事件，引发阵发性泥石流过程。此时泥石流侵蚀过程主要表现为侵蚀-边侧滑塌-沟道堵塞-溃决。水流的初期冲刷作用主要以下蚀作用为主，为此，试验模型沟道被下切变深［图 6.12（f）］。下切过程中，沟道边侧斜坡坡脚被不断冲蚀，另外，斜坡的临空面增大，致使边侧土体失稳滑塌，新的土料重新填充于沟道，造成沟道堵塞［图 6.12（g）和图 6.12（h）］。沟道堵塞引发堰塞体后缘局部壅水，随后局部壅水位逐步提高，最终引发堰塞体溃决，由此形成新一轮的泥石流。溃决后，沟道再次恢复通畅［图 6.12（i）］。沟道揭底后，水流作用开始变为以侧蚀为主，在侧蚀过程中引发边侧土体滑塌，重新造成沟道堵塞。

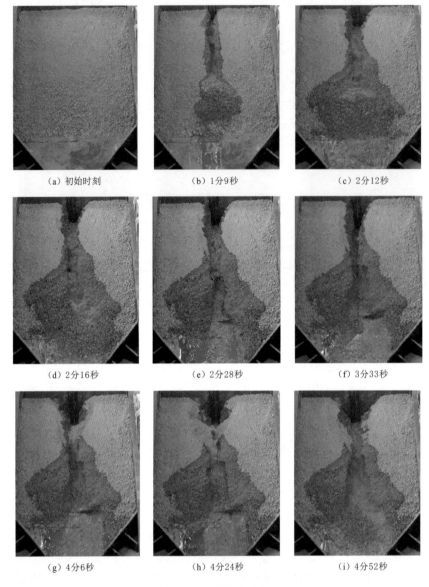

（a）初始时刻　　　　　　　　（b）1分9秒　　　　　　　　（c）2分12秒

（d）2分16秒　　　　　　　　（e）2分28秒　　　　　　　　（f）3分33秒

（g）4分6秒　　　　　　　　（h）4分24秒　　　　　　　　（i）4分52秒

图 6.12　泥石流启动过程

（2）沟道侵蚀分析。泥石流过程中，水流对沟道的侵蚀作用相当复杂。为了较好地描述沟道的侵蚀情况，试验过程中利用激光雷达对模型表面分阶段进行扫描。以坡度 $\theta=$ 29°、流量 $Q=0.00033\mathrm{m^3/s}$ 试验为例。整个试验过程中，累计对模型进行 11 次扫描。对激光雷达的云点数据进行处理，可以获得以下结果：

1）三维模型和模型曲线形式。利用 Surfer 软件对激光雷达的云点数据进行处理，可以建立相应的三维模型，各阶段的三维模型如图 6.13（左）所示。

利用 Polyworks 软件对激光雷达的云点数据进行处理，可以绘制出不同阶段的模型断面图，再将 11 组模型表面全部叠加，利用软件等间距切取剖面的功能对模型 14 等分，由此可以获取模型的表面曲线形式［图 6.13（右）］。

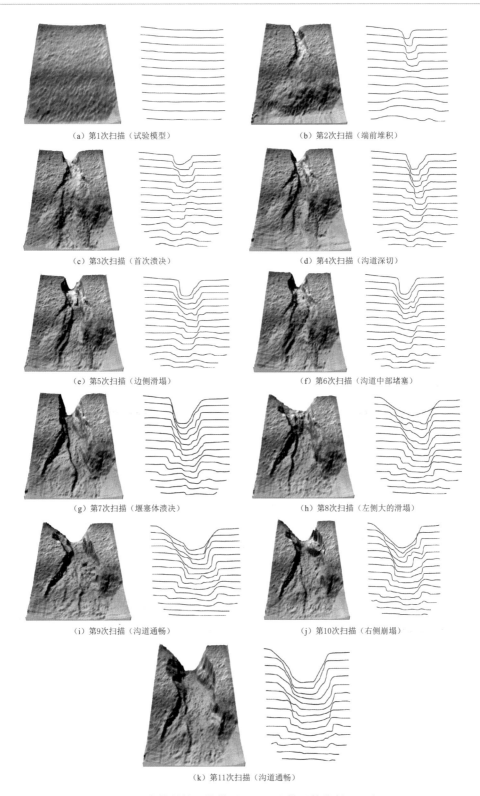

（a）第1次扫描（试验模型）　　　　　　　（b）第2次扫描（端前堆积）

（c）第3次扫描（首次溃决）　　　　　　　（d）第4次扫描（沟道深切）

（e）第5次扫描（边侧滑塌）　　　　　　　（f）第6次扫描（沟道中部堵塞）

（g）第7次扫描（堰塞体溃决）　　　　　　（h）第8次扫描（左侧大的滑塌）

（i）第9次扫描（沟道通畅）　　　　　　　（j）第10次扫描（右侧崩塌）

（k）第11次扫描（沟道通畅）

图 6.13　水槽材料三维模型（左）和模型等分断面（右）

试验过程描述如下：

阶段 1：试验开始后，水流的冲刷作用使模型后缘表面拉切出沟槽，冲刷下来的土料在模型前缘堆积形成堰塞体［图 6.13（b）］。

阶段 2：堰塞体溃决形成畅通沟道［图 6.13（c）］。随后，水流以下蚀作用为主，导致沟道加深［图 6.13（d）］。

阶段 3：水流的下切作用使模型边侧失稳滑塌［图 6.13（e）］。随后，水流冲刷滑塌而下的土料，致使沟道中部堵塞［图 6.13（f）］。

阶段 4：堰塞体溃决，引发大规模泥石流。之后，水流继续下切，导致沟道揭底［图 6.13（g）］。

阶段 5：沟道揭底后，水流侵蚀表现为以侧蚀作用为主。侧蚀过程导致左侧土体大规模滑塌，造成沟道堵塞［图 6.13（h）］。之后，水流再次引发堰塞体溃决，沟道恢复通畅［图 6.13（i）］。

阶段 6：水流继续以侧蚀为主，导致沟道右侧发生大规模崩塌，沟道再次堵塞［图 6.13（j）］。之后，水流继续冲刷堵塞沟道的土料，试验结束时，沟道恢复通畅［图 6.13（k）］。此时，沟道变得深且宽。

2）以同一截面的曲线形式，在 Polyworks 中将 11 个模型曲面叠加，并对模型施以等间距切割处理。选取某一个切割面，可获得同一截面下不同阶段的沟道侵蚀曲线（图 6.14 和图 6.15）。

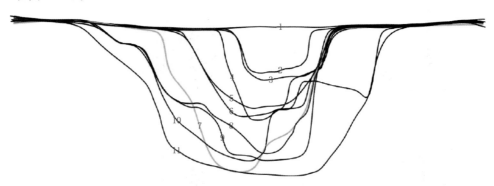

图 6.14 水槽后缘沟道侵蚀变化情况

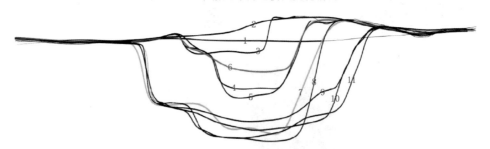

图 6.15 水槽前缘沟道侵蚀变化情况

图 6.14 和图 6.15 中的阿拉伯数字对应第×次扫描。将所有曲线分别与曲线 1 组合，可以获得侵蚀沟道的截面面积。假定曲线下凹部分与曲线 1 组合形成的截面面积为正，曲

线上凸部分与曲线 1 组合形成的截面面积为负,首次扫描的截面面积为 0,则可以获得各阶段截面面积变化曲线 (图 6.16)。

第 1 次扫描:首次扫描时,模型曲线大致为直线。

第 2 次扫描:试验开始,由于水流冲刷作用,后缘出现冲沟,此时沟道曲线下凹,而前缘土料堆积,造成曲线上凸。所以,后缘截面面积为正,前缘截面面积为负。

第 3 次扫描:堰塞体首次溃决,沟道通畅。前缘土料堆积,造成后缘沟道面积增大变缓。而此时前缘曲线下凹,所以沟道的截面面积开始增大。

第 4 次扫描:首次溃决后,后缘侵蚀以下蚀为主。所以相比曲线 3,曲线 4 宽度变

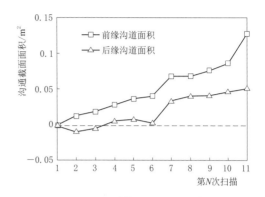

图 6.16 沟道截面面积变化曲线
(据许乾奇、胡伟文章)

化不大,但深度明显加深。而前缘侵蚀表现为下蚀、侧蚀相互作用,所以相比曲线 3,曲线 4 变宽、变深。此阶段,前后缘沟道截面面积明显增大。

第 5 次扫描:扫描时,左侧土体失稳崩塌。此时,相比曲线 4,后缘曲线 5 宽度明显增大,深度因土料填充沟道而变浅。由于扫描前水流已对沟道持续冲刷一段时间,所以后缘沟道面积仍在增大。至于前缘沟道,土体崩塌后土料尚未被冲刷至前缘,所以此阶段对沟道变化未造成影响,沟道面积基本没有变化。通过图 6.16 可知,水流仅对前缘沟道底部进行了小范围的冲刷。

第 6 次扫描:新填充于沟道的土料被水流冲刷而下,造成土料于模型中前部位堆积形成堰塞体。此时,相比曲线 5,后缘曲线 6 宽度不变,深度有一定程度的变深。由于水流仅携带沟底的部分土料,所以面积变化不明显。相比前缘曲线 5,前缘曲线 6 由于前缘堵塞而出现上抬,深度明显变浅。所以,沟道前缘截面面积明显下降。

第 7 次扫描:堰塞体溃决,水流对沟道继续冲刷直至沟道揭底。相比曲线 6,后缘曲线 7 左侧稍微变宽,右侧基本不变。但是水流下蚀作用非常明显,沟道深度显著加深,造成沟道面积显著增大。至于模型前缘,水流的下蚀、侧蚀作用都非常明显。所以相比于曲线 6,后缘曲线 7 的宽度和深度明显增大,导致沟道面积同样显著增大。

第 8 次扫描:在水流的侧蚀作用下,模型后缘左侧发生大范围的滑塌,造成沟道堵塞。对比曲线 7,后缘曲线 8 左侧明显变宽,底部明显抬高。由于之前沟道已揭底,水流并未携带太多的土料,所以滑塌后截面面积基本没变。而在模型前缘,仅有沟道底部部分土料被冲刷出沟道,所以相比曲线 7,后缘曲线 8 变深,截面面积有一定的增大。

第 9 次扫描:堰塞体溃决,沟道通畅。所以相比曲线 8,后缘曲线 9 仅有底部变深,沟道截面面积重新增大。而水流对模型前缘右侧土体部分发生侧蚀作用,造成曲线右侧变宽,截面面积增大。

第 10 次扫描:水流的侧蚀作用,造成右侧大范围崩塌。此时,相比曲线 9,后缘曲线 10 右侧明显变宽并伴有一个下降的台阶。由于上个阶段滑塌的土料被冲蚀而下,所以

截面面积仍表现出增大趋势。崩塌对模型前缘没有影响，水流仅携带沟底部分土料。所以，后缘曲线 10 底部变深。

第 11 次扫描：沟道土料被冲刷干净，试验结束。此时，相比曲线 10，后缘曲线 11 变得宽且深，面积显著增大。前缘由于右侧土料部分被侵蚀，所以面积呈现小幅度的增长。通过沟道曲线对比可知，模型前后缘受到侵蚀的方式不一样。模型后缘，水流初期作用以下蚀作用为主；当沟道出现揭底，水流侵蚀作用表现为以侧蚀为主。模型前缘，沟道侵蚀表现为下蚀和侧蚀的共同作用。

针对泥石流的启动过程，试验中采用激光雷达分阶段对泥石流模型进行扫描，由此获得沟道的三维地质模型、沟道侵蚀的曲线形式。沟道的三维地质模型及沟道侵蚀的曲线形式描述出泥石流发生的各个过程。

通过对扫描数据进行处理，获得同一截面不同阶段沟道侵蚀的曲线形式。比较不同阶段沟道的截面面积，以此分析模型前后缘沟道的侵蚀变化情况。结果表明，水流对模型沟道前后缘表现出不一样的侵蚀方式。模型后缘沟道，水流的侵蚀作用初期以下蚀作用为主；当沟道开始揭底，水流的侵蚀作用开始变为以侧蚀为主；而模型前缘在试验过程中同时受到下蚀和侧蚀作用。

6.3 泥石流灾害调查技术

1. 地面激光扫描泥石流灾害调查方法

大多数情况下，泥石流沟沟道狭窄，处于地形低矮的位置，采用传统方法获取整个泥石流区域的三维空间数据是十分困难的。因此，利用激光雷达设备主要是针对泥石流调查的某些局部地区，取得的成果如图 6.17 和图 6.18 所示。比如，滑源区物源（包括区内不稳定斜坡、堆积体）、流通区的弯道部位、沟口的堆积区或者拦挡坝的库容范围等，可以对这些数据进行分析，从而获知物源区边坡的稳定性、流通区断面尺寸、沟谷弯曲形态的超高计算、堆积区分布特征、大颗粒粒径尺寸测量、拦挡坝库容计算等情况，为泥石流勘察、设计提供基础数据及断面等图件。

图 6.17 泥石流堆积体粒径调查

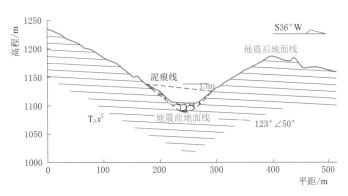

图 6.18 泥石流流通区泥位弯道超高调查

2. 机载激光雷达泥石流灾害调查方法

遥感图像记录了地表瞬时的真实情况，尤其是曾经暴发过泥石流的沟谷，都能逼真地显示在图像上。一般只要发现沟口有明显的泥石流堆积扇，就可明确判别其为泥石流沟。而有些泥石流沟进入大河，堆积物大部分被河水带走，未保留扇形地貌，此时无法说明该沟是不是泥石流沟。故应对流域内与泥石流有关的因素进行详细的判释，如山坡坡度、沟谷纵坡、岩性、断层、不良地质、松散固体物质、植被、人类活动造成的环境破坏情况等。经综合分析后，确定是否为泥石流沟，同时作必要的实地调查访问。有时不仅沟口泥石流堆积物被河流冲走，未保留泥石流堆积扇，而且流域内也未见滑坡、崩塌等不良地质现象，特别是泥石流暴发时间较久，泥石流的主要特征难以直观判别，此时很难用定性方法确定是否有泥石流沟存在，加之每个判释者的经验不一样，何况还存在一定的主观性，因此漏判、误判的可能性加大。在这种情况下，可以采用定量分析的方法予以确定。当然，定量数据的指标各地区不一样，应结合各地区泥石流的特点予以规定。泥石流沟道特征明显，地形上显示具有一定坡度，堆积体多呈扇形分布，发育在沟口部位。堆积区内松散堆积物质影像特征明显，泥石流流域边界清楚，沟内不良地质发育；在颜色上，堆积区新近堆积以灰白色为主，老堆积区为浅棕色、浅绿色，沟内不良地质现象在颜色上表现为浅棕色，灰白色；新近堆积区基本无植被，老堆积区为耕地，沟道两侧植被较少，坡面中上部植被发育（图 6.19 和图 6.20）。机载 LiDAR 获取数据有时会因为地形和海拔关系而未飞过分水岭，导致数据不全，因此解译工作还需结合卫星影像数据开展。

图 6.19 典型泥石流三维实景模型

图 6.20 典型泥石流灰度模型

6.4　泥石流调查应用实例

2013 年 7 月 8 日起,四川绵竹地区连续暴雨,汉清路路基多处被冲毁,数条沟道泥石流爆发,使得清平再次成为孤岛,文家沟上游和下游段都有一定程度的泥石流物质冲入拦挡工程,尤其上游段爆发的泥石流淤满拦挡工程,冲出泥石流规模大。

由于进入清平乡的公路被冲毁,技术人员于 8 月 16 日才进入文家沟泥石流现场开展调查工作,采用激光雷达技术对泥石流堆积物质进行了三维影像获取,并与 2012 年 8 月 24 日的三维影像进行了对比分析,从而得到此次泥石流的堆积变化特征,准确地获取了泥石流冲出方量。

根据现场调查,文家沟泥石流爆发物源主要来自支沟。其中,3 号梳齿坝内拦截的物源主要来自一号支沟,4 号、5 号谷坊坝内的泥石流堆积主要来自四号、五号支沟冲出来的碎屑物质,堆积分布平面图如图 6.21 所示。

下面以 3 号梳齿坝泥石流堆积特征分析为例,说明激光扫描技术在泥石流灾害调查中的应用。

1. 堆积范围确定

3 号梳齿坝入库的堆积物质主要来源于文家沟一号支沟。一号支沟为上游导水隧道排水出口通道,上游大量洪水从一号支沟涌出,导致支沟内堆积的碎屑物质被冲出并大部分堆积在 3 号梳齿坝内,少部分物质经 3 号梳齿坝进入 2 号梳齿坝内,可忽略。文家沟主沟中段(3 号梳齿坝上游主沟)进行了固底的治理措施,上游来水大部分被截断导流,而且设有 4 号、5 号两道谷坊坝,并在 4 号谷坊坝下游设有沉砂池和取水格栅坝。但此次泥石流发生规模巨大,来势凶猛,不仅淤满了两道谷坊坝,而且堆积填满了沉砂池并越过取水格栅坝进入排导槽,上游的泥石流物质基本停留在排导槽内,很少物质进入 3 号梳齿坝内,可忽略不计。图 6.22 和图 6.23 分别为 2012 年 8 月 24 日、2013 年 8 月 16 日拍摄的 2 号、3 号梳齿坝泥石流堆积情况,图 6.24~图 6.27 为 2012 年 8 月 24 日、2013 年 8 月 16 日泥石流爆发堆积后采用激光雷达仪采集的点云数据情况。

通过现场实地调查,结合两期激光雷达点云数据分析,2 号梳齿坝内物质以水流冲蚀携带到下游为主,不是 2013 年 7 月泥石流堆积的主要范围。3 号梳齿坝堆积迹象明显,通过对比,圈定泥石流堆积分布范围如图 6.28 所示。

堆积范围的确定,主要依赖于前后两期泥石流堆积地形的变化,并结合现场实地调查的情况。依据泥石流发生前后的两期扫描三维点云数据,对三维点云数据同一位置的剖面进行对比分析,从而得到剖面位置泥石流堆积特征。

2. 典型纵横剖面及堆积等厚度图

为便于分析泥石流堆积特征,结合两期激光雷达数据,选择典型位置,切取纵横地质剖面,并将 2012 年 8 月泥石流堆积地形线与 2013 年 8 月泥石流堆积的地形线叠加,从而清晰地反映此处泥石流的堆积情况。另外,为甄别 2 号梳齿坝内物质为水流冲蚀携带而非堆积为主,也进行了剖面的切取。其典型纵横剖面共设 5 条,分布如图 6.29 所示,各剖面如图 6.30~图 6.34 所示。

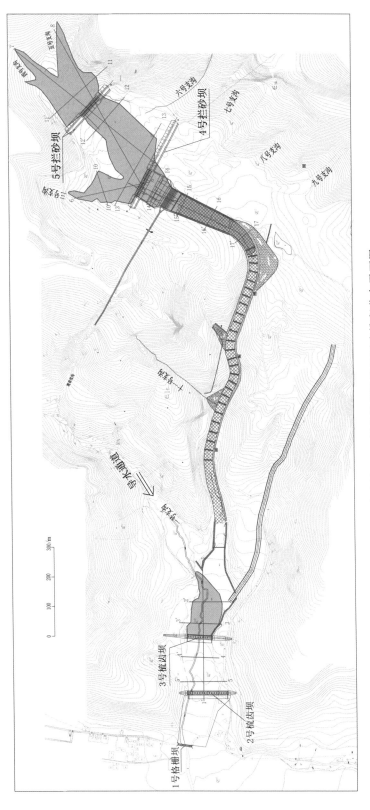

图 6.21 文家沟 2013 年 7 月爆发的泥石流堆积分布平面图

图 6.22　2012 年 8 月 24 日爆发泥石流后 2 号、3 号梳齿坝泥石流堆积情况

图 6.23　2013 年 8 月 16 日爆发泥石流后 2 号、3 号梳齿坝泥石流堆积情况

图 6.24　2012 年 8 月 24 日 2 号梳齿坝激光雷达点云影像数据

图 6.25 2013 年 8 月 16 日 2 号梳齿坝激光雷达点云影像数据

图 6.26 2012 年 8 月 24 日 3 号梳齿坝激光雷达点云影像数据

图 6.27 2013 年 8 月 16 日 3 号梳齿坝激光雷达点云影像数据

图 6.28　3 号梳齿坝 2013 年 7 月（下游区）泥石流堆积分布范围图

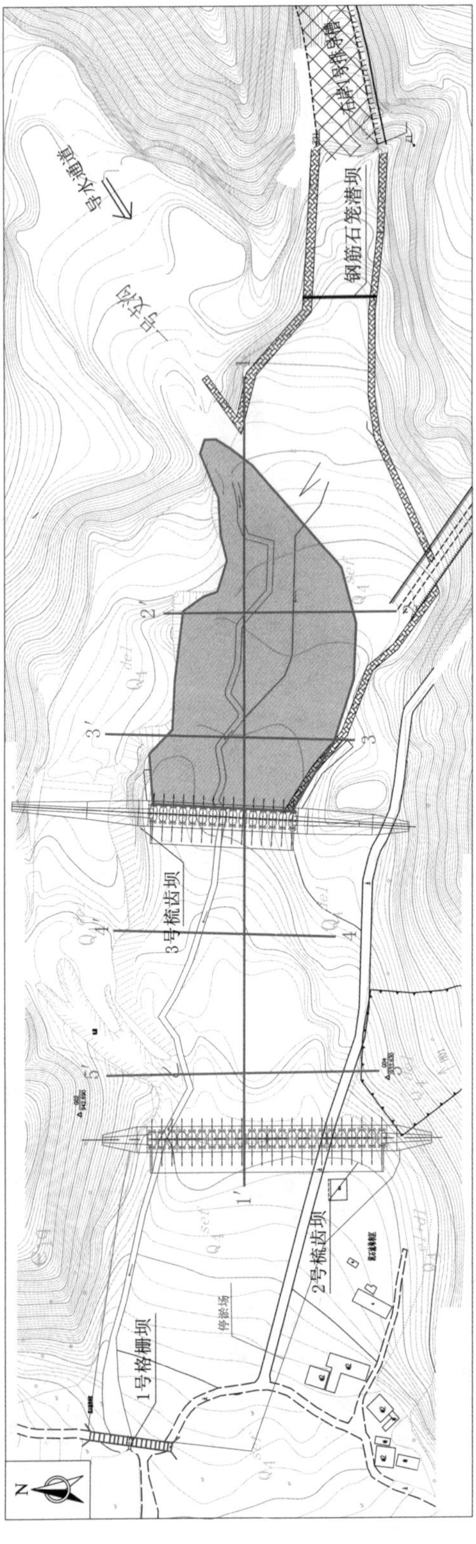

图 6.29　泥石流典型纵横剖面分布图

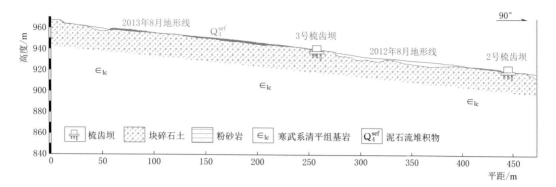

图 6.30 1-1′纵剖面

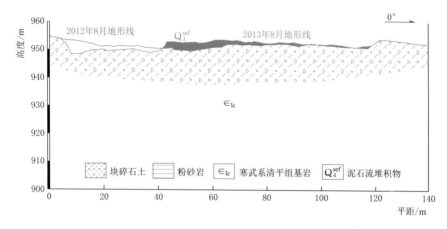

图 6.31 2-2′横剖面

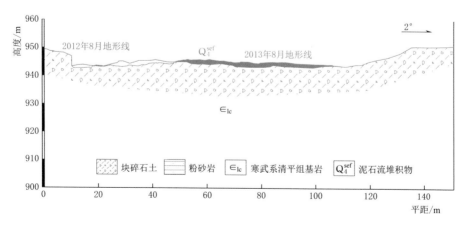

图 6.32 3-3′横剖面

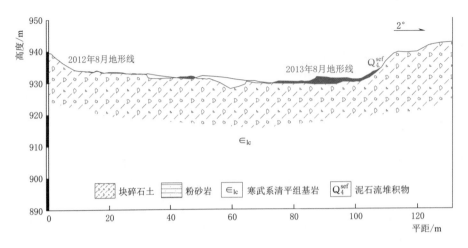

图 6.33　4 - 4′横剖面

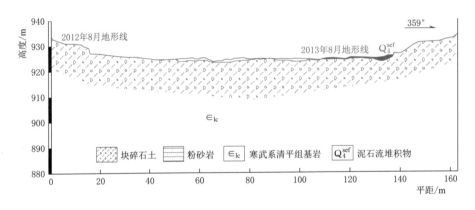

图 6.34　5 - 5′横剖面

由剖面 1 - 1′、2 - 2′、3 - 3′可以得出 3 号梳齿坝内泥石流堆积长约 220m，宽度近 110m，呈舌状，最大厚度为 2.6m，主要堆积于河道右侧，堆积物质左侧少部分被后期水流冲蚀而带走。剖面 1 - 1′、4 - 4′、5 - 5′可以清晰地看出 2012 年 8 月 2 号梳齿坝内的总体物质地面线未明显增高，而主要表现为坝后水流冲刷掏蚀而成深坑，坝内物质表面也有多条絮状水流冲刷而成的通道，从而可以判定 2013 年 8 月冲沟内爆发的泥石流堆积范围主要集中在 3 号梳齿坝内。

为更进一步清晰地表达泥石流堆积的特征，将 2012 年和 2013 年两期地面激光扫描点云数据进行处理，进行叠加计算，从而得到堆积区范围内的泥石流厚度分布特征图（图 6.35）。

3. 泥石流堆积方量计算

泥石流固体物质冲出体积计算，主要利用两期激光雷达点云数据进行。将堆积区范围内点云数据抽稀，拟合生成三角面片模型，然后指定一高程计算拟合后的地面到指定高程间的体积。两次计算的范围一致，指定的计算基底高度一致，由此获得的两个体积相减即为此次泥石流堆积的体积（图 6.36）。以高程 0 为计算基底，2012 年地表数据测量体积为

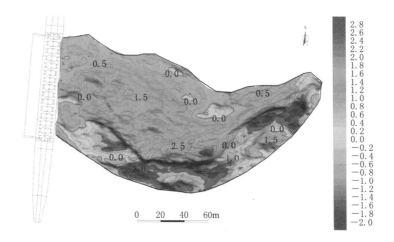

图 6.35　3 号梳齿坝泥石流堆积厚度分布图

$1316219m^3$，2013 年地表数据测量体积为 $1323583m^3$，两者之差为 $7364m^3$，由此可得到 2013 年 7 月 3 号梳齿坝内堆积的泥石流物质为 $7364m^3$。如果考虑到河床左侧后期被冲刷带走的固体物质，根据上文切取的断面估算，约为 $1500m^3$，则泥石流冲出量应为近 $9000m^3$。

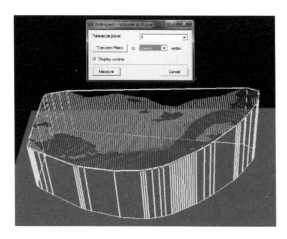

图 6.36　3 号梳齿坝泥石流堆积方量计算

第 7 章

基于地面激光扫描的滑坡监测预警技术

7.1　地面激光扫描滑坡变形监测技术特点与要求

地质灾害监测是一种减灾、防灾的重要手段，地表变形监测常用全站仪、GNSS、水准仪等。根据 GNSS 或全站仪测量的少量特征点实施监测，监测成果的高精度最为人们认可。这种方法的缺点是监测点数少，需要人工安装，不能发现无监测点区域的变形情况。单一的单点监测，如果基于监测点变形部位的变化而对局部或整体做出判断，就会出现以点概全的情况，还存在难以准确界定变形与非变形区、高危陡峭复杂区布点无法有效实施以及一些高速滑坡、崩塌和危岩体等突发性地质灾害失稳破坏无法及时监测的问题，成为监测工作的瓶颈。

激光扫描技术为地质灾害监测带来了全新的技术革命，突破了传统的点式到面式数据采集模式，具有获取数据速度快、非接触、高密度等特点。应用该技术开展变形监测工作，实现了单点到面（体）的整体全局监测，可大范围、高密度地获取变形体表面三维数据，判断出变形区、变形趋势及量值。尤其是高陡山区、临界威胁大的灾害变形体，对这些布点困难区进行有效监测，可及时获取变形值，在确保作业人员安全的同时大幅提高监测效率。其诸多优点受到各行业各领域从事变形监测研究和生产人员的青睐，得到广泛研究应用，而因行业差异和关注重点的不同，其对监测点云精度、数据分类利用及技术指标规范等存在认识和需求上的差异。

7.1.1　激光扫描监测的优势

变形监测的特点是强时效性、高精度和等精度。而激光扫描技术的诸多优点都符合此特性，如无须事先埋设监测点、监测速度快、非接触、高密度点整体监测能反映变形总体趋势等。

（1）无须事先埋设监测点。地面激光扫描能够获取大面积、高密度的海量点云，可采用变形体表面物体特征形体（如建筑物、永久地物或岩体结构面）的特征信息替代设定点而实现监测。

（2）监测速度快。激光的采样点速率每秒可达到数千甚至数万点，是传统测量方式无法比拟的，能大大提高监测区域内的数据采集效率，达到快速分析的目的。

（3）非接触。激光扫描测量无须接触被测物体，即通过主动发射激光，探测发射的激光回波信号直接获取物体表面的三维坐标，可以解决高陡危岩、临滑威胁大的变形体因人员难以企及、布点困难而无法获取监测数据的问题，能消除作业人员的安全隐患。

（4）高密度点整体监测。监测数据的高密度面式采集，多视监测点云能否确定变形体完整的表面形态，建立整体三维模型叠加分析位移趋势，可有效避免传统监测方法变形成果表达带有局部性与片面性的缺陷。

7.1.2 激光扫描监测的差异

采用地面激光扫描监测目标体不同于一般的扫描测量,其在使用过程中具有一定的差异性和特殊性。扫描监测的目的是发现目标体的变化情况,往往具有重复性和比较性,因此存在动与不动的确定问题,精度控制较为严格,尤其是使用的基准点,其稳固与否是可靠地进行比较分析的基础;一般的扫描测量仅为实现一件具体产品的生产而进行的操作,作业程序上具有一定的随意性,精度严格,尺度较大。基于监测的特殊性及产品精度需求的不同,扫描监测受设站自由度的限制,且作业模式存在一些区别,下面列举其不同点。

(1)进行高精度监测时,需要同步采集干温、湿温、气压等气象元素,在进行点云数据后续处理时,要对测距点进行改正归算。

(2)基于标靶拼接的激光扫描,标靶因使用用途不同而分为基准标靶和监测标靶。基准标靶必须固定安置在变形区域外围,用于扫描定向,作为数据拼接的定位和参考标志。监测标靶是安置在地质灾害体上用于监测地表变形的标志,布设形式一般取决于地质灾害的范围大小、变形方向、失稳模式、地质环境、地形地貌特征,布设形状一般为剖面线状;崩塌、滑坡的主滑方向和滑动范围明确的,监测标靶可布设成"十"字形或方格形,尤其是变形量具有 2 个以上方向时,监测标靶按剖面法布设 2 条以上;滑动方向和滑动范围不明确时,监测标靶多为扇形;崩塌、滑坡地质条件复杂时,监测标靶采用任意网型。推移式滑坡、坠落式或倾倒式崩塌,监测标靶在地质灾害体上部加密布置;牵引式滑坡、滑塌式崩塌,在地质灾害下部加密布置监测标靶。

当监测标靶布设的拟定纵向剖面与崩塌、滑坡变形方向一致时,由中部向两侧对称布设;横向剖面与纵向剖面垂直时,由中部向上下方向对称布设。在滑坡的鼓张裂隙带、拉张裂隙带、剪切裂隙带以及崩塌顶部的拉张裂隙带、最大拉张部位、两端延展部位等,应加密布设监测标靶。

(3)地质灾害体的影像数据采集,一般变形灾害需与扫描监测同期获取,随时有可能发生崩塌的则要及时同步采集。

7.1.3 激光扫描监测成果精度问题

大量文献中都提及激光扫描的高精度,表面看这正好符合监测的最大特点——高精度,但此提法要有一定的支撑条件作为前提,正如激光扫描技术的特点和优势不在于单点评价,而是主要针对监测对象表面模型整体化而言。激光扫描采样点间距小而获取的点云密度大,接近真实表面,具有整体化概念,故认为其精度高,但实际上它是相对于相邻点间距精度而言的。即便有试验表明其整体精度可达到毫米级,但在实际应用中,激光扫描本身精度及复杂环境局限性因素制约着扫描监测成果精度,如激光扫描仪的测距精度、测角精度、测距距离远近、目标表面粗糙度、激光信号反射率、反射强度、入射角度等,这些不确定因素导致单点误差累积,从而使精度降到厘米级甚至更低,因而无法满足精密变形监测的要求。

监测工作中,监测对象或专业部门不同,监测目的(监视性监测、应急性监测和专业级监测)不同,对监测成果的精度认识和要求也不同。不论出于哪种监测目的,或对传统单点监测成果进行综合分析补充，精度能满足工程监测需要最为关键。

所以，在实际操作时，想要尽可能提高精度，应采取适当方式予以补偿，以满足工程监测要求，本书认为应采取如下措施：

（1）优选合适的激光扫描仪。根据监测对象植被覆盖率、地表坡度、重要性与损失程度及稳定情况，确定监测精度，结合现场地形条件与监测测程选择性能指标优越的仪器，尽量采用短程测距技术，大范围区还应分区实施。

（2）每期监测使用的激光扫描仪及基准标靶布设方案必须一致，确保基准统一。激光扫描仪必须固定架设在观测墩上，尽量使激光垂直入射目标对象，扫描重叠度、测程及采样点间距应保持一致。

（3）对用监测目标对象自身的明显特征替代变形监测单点的区域进行精细化扫描，以达到提高拟合精度的目的。

7.1.4　点云数据利用问题

激光扫描仪发射激光触碰到物体后，通过反射获取大量离散点，形成的原始点云数据包含一些不稳定点、噪声点等冗余信息，这些冗余信息对后续监测信息的提供和数据分析无利用价值，因此需要进行合理的分类取舍。

根据监测不同于地形测量等其他测量的特点，利用点云数据利用时，建议将数据进行分类，分为植被及异常点、目标体表面点和地物特征点等，植被及异常点对监测工作毫无意义，应予以剔除；目标体表面点、地表表面固定物（如建筑物）等自身具有特征的点或对监测效能有用的点，可用于点、线、面成果处理与信息提供，应予以保留。

7.1.5　激光扫描监测的基本方法

地面激光扫描设备进行地质灾害体监测，是利用同一坐标系下相邻两期高密度的三维空间点云数据进行面状求差比较分析的过程。有两种不同的监测方法：一是单点监测法，二是面状监测法。

（1）海量点云数据单点监测法。对于激光扫描技术而言，单点监测主要通过设定反射标靶，在点云数据中自动识别标靶的中心点坐标，利用变形区内标靶中心点坐标的变化来实现变形监测。这一方法虽然精度相对较高，但是需要注意的是，目前的激光扫描仪自动识别标靶都是有距离限制的，即便是远距离激光扫描仪，其准确识别反射标靶的距离都不是特别远，一般情况下都在 100m 以内。可见，这种监测方法对激光雷达技术而言，既没有体现其高密度点云的特性，很多情况下也达不到全站仪测量的精度，因此并不常用。

对于摄影测量而言，根据立体测量的原理利用单点坐标的变化还是比较常见的，在一定距离以内这种方法是可以实现较高监测精度的，只是相机检校、标志物设定以及后期解算等工作较为烦琐。

（2）海量点云数据面状监测法。地面激光扫描仪快速获取的海量点云数据以高密度点形成目标体表面的三维空间形态。在变形监测应用中，可以在统一空间坐标的前提下，对两期点云数据进行比较分析。需要注意的是，在点云数据获取过程中，每个三维点都是随机分布的，并不能获取物体表面特定位置点的坐标（反射标靶除外）。换言之，两次扫描的点云测点是不可重复的，因而不能直接实现变形监测。扫描测量利用点云数据表达扫描物体表面影像，其技术特点决定了无目标的测量方式，每次测量的测量点都不会重合。前后两期三维点云数据并不能直接对比分析，原因在于这些点分布具有随机性，即便是高密度的点，实际上还是有一定间距的，那么如何利用两期三维点云数据进行变形分析呢？常用的方法有两种：一种方法是利用点云数据生成地形等值线图或者同一位置的断面图，再对这些特征线进行对比分析，从而实现变形监测；另外一种办法是对点云数据进行处理，进而实现变形监测。关于后一种办法首先选择其中一期的点云数据作为基准数据，然后对这些点云数据进行模型化（三角网）处理，也就是说将基准数据由点数据转化为三角网模型数据，那么原来两期点云数据的对比，就转换为三维点与三维面之间的比较。比较时可以选择点与面最短距离、沿某一轴线方向的距离甚至指定的任一方向距离。从原理上讲，在点云数据密度足够的前提下，点云模型化之后的模型精度要较单点精度有所提高。利用海量点云数据进行变形分析，不应注重单点的测量精度，而应关注趋势变化，从而在大面积的监测区域中发现大变形区域的范围、变形趋势等。

7.1.6　地质灾害激光扫描监测的要求

对即将发生或已经发生过且可能再次发生崩塌、滑坡的地质灾害建立高速地面监测系统。采用地面激光扫描设备对地质灾害地表进行连续或定期重复的测量工作，准确测定监测标靶点或地表特征点的三维坐标，分析地表变形监测标靶点和特征点的水平位移、垂直位移等动态变化，掌握地质灾害绝对位移、相对位移的量值和方向。

用地面激光扫描仪获取灾害体表面的点云数据，分析获取地质灾害体上点、线、面（体）多角度变形特征，掌握崩塌、滑坡等灾害体的变形方向、量级、速率等信息，为地质灾害防治方案的确定提供依据，或掌握地质灾害治理工程的效果。对不宜实施工程处理或临灾、危险的地质灾害，监测其动态变化，为预警预报、防止造成地质灾害发生提供可靠资料。

（1）激光扫描监测实施要点。监测工作不同于一般性测量，监测有其特殊性，目的是发现扫描物体的变化情况。但地质灾害环境往往各有不同，需要根据地质灾害的表面形态、地形条件、扫描距离等实际情况选用适宜的地面激光扫描仪。一般优先选用具有双轴补偿功能的激光扫描仪，在植被覆盖率介于 $30\%\sim60\%$ 的区域通常选用具有多回波技术的激光扫描仪。

采用地面激光扫描技术进行监测时，必须固定激光扫描仪及基准标靶，要确保监测基准的稳定，一般扫描前，应采用其他测量手段扫描测站及基准标靶，进行必要的校核。同时激光扫描仪需架设在带有强制对中盘的观测墩上，每期扫描站对应的基准标靶固定且布网方案一致，同一测站设置的扫描范围、测程及采样点间距等参数应与上期相同。

激光扫描获取的目标体点云具有随机性，并不具有唯一性或特定合作目标。因此，在有需要的单点或特征点监测数据时，需确定地质灾害体坡表的实物或虚拟监测合作目标，如构筑物及固定附属物等实体特征，以及岩质崩滑灾害体坡表岩质结构面，在有布置条件的，可在土质崩滑灾害体人为设置特定标靶等。

在数据处理过程中，每期点云数据的处理方法、边界范围与采样间隔需要统一，同时保留关键特征点及所需点。虚拟断面线端点需设置在地质灾害体外围，提取方法及参数设置保持一致，才能确保点、线的唯一性，分析时才有可靠性。

（2）监测数据处理与信息提供。地质灾害扫描监测经数据处理后，需要从海量点云数据中提取点、线、面（体）三种成果，用于成果的比对分析。

1）点坐标提取。根据点云数据，利用坡表构筑物、墩标等拟合建立立体模型，识别选取房屋转角点、构筑物拐角点、岩石尖角点等地表特征点，手工捕获固定位置点坐标。从点云的反射强度和灰度信息中识别自然岩体结构面，用重心法获取面重心点坐标，或自动拟合计算预先设置的监测特定标靶点坐标。

2）断面线成果提取。将点云数据投影到某一固定平面上，构建 TIN（不规则三角网），生成等高线。采用离散点云数据建立的崩滑灾害体坡表数字高程模型（DEM），采用等高线重叠的方法，实现灾害体坡表指定位置断面线的离散高程点或线交点高程数据的序列提取，输出并绘制断面图件。

3）点云模型化。对每期点云数据采用统一的采样间距，利用离散点云数据的几何拓扑信息，构建三角网模型，用孔填充、边修补、简化、细化、光滑处理等方法优化三角网模型，使其逼近灾害体原始形状的表面平滑模型。对于坡体表面光滑的曲面崩滑灾害体，亦可采用曲面片划分或曲面拟合的方法生成模型。

7.1.7 基于监测成果的变形分析

基于激光扫描监测的灾害体数据分析，不确定的点云数据可通过模型叠加求差的方法识别、计算，具体方法为：首期点云模型（PCM_1）作为基准模型数据，第 n 期点云模型（PCM_n）叠加在基准模型上，第 n 期点云模型上的任意点 i（P_i^n）到首期点云模型最近点 j（p_j^2）的最小距离即为变形量值 Δ_{xyz}，其计算公式为

$$\Delta_{xyz} = \min PCM_n \in PCM_1 \mid P_i^n - P_j^1 \mid \tag{7.1}$$

2009 年水库初期蓄水后，变形体平台及岸坡多处形成拉裂缝，呈现倾岸里的裂缝内侧下降，倾岸外的裂缝外侧下降的特点，平台前缘和坡表中高高程发生倾倒变形，低高程以完整岩体的不断解体和局部坍塌变形为主。为确保电站安全运营，及时掌握特高岸硬岩巨型变形体的倾倒变形规律，以便有效预估其变化趋势，对变形体的活动状态进行了较全面的变形监测。

初期监测采用高精度智能化全站仪（极坐标和前方交会）和 GNSS 技术相结合的传统监测方法，监测点具体布置如图 7.1 所示。

传统监测前缘具有代表性的 5 个变形点的垂直位移变化趋势如图 7.2 所示。

从图 7.2 可以看出，1 月内前缘 5 个变形点水平位移变化累计值达 569.2～923.5mm，变化方位基本一致；垂直位移变形累计值达 -570.4～-460.3mm。

从传统监测资料来看，变形体岸坡顶部平台发育数条塌陷带并发生了明显的拉裂错位，之间相对完整的岩体发生了倾倒变形，后缘陡坎下错数十米。水库蓄水后，岸坡巨型

图 7.1 全站仪及 GNSS 监测点布置图

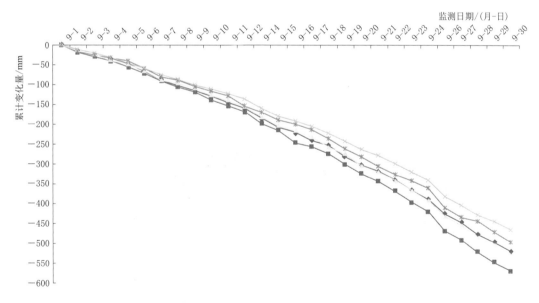

图 7.2 传统监测前缘 5 个变形点的垂直位移变化趋势

变形体持续变形，且随时间的推移呈增大态势，前缘变形位移量值大，前缘日均变形量和月累计变形量巨大。用传统监测方法获取的特征点位数据精度高，可反映构造断面线上点位的山体变化趋势，但其监测分析仅仅基于单一点位来判断。面对如此巨大的变形量，掌握变形体的整体变化趋势对于研究特高岸硬岩倾倒机理和安全性预估非常重要，而传统监测手段具有一定的局部性和以点概全的片面性，给分析研究特高岸硬岩倾倒机理和安全性预估带来了困难。尤其在蓄水初期，日均变形量巨大，坡表中部拉裂、倾倒明显，下部完整岩体不断解体和局部坍塌。崩塌滚石多发，传统监测点位破坏严重，单点监测失去效能，使得传统监测手段无法实施有效的监测。因此，为了及时预测整个变形体的变化趋势，有针对性地对变形体进行治理和采取控制措施，引入了最为先进的激光扫描技术，利用其测量的非接触性、数据采样效率高、海量点云信息量丰富等优势特点，为特高陡岸变形监测提供一种非常有效的监测手段。

7.2　地面激光扫描滑坡变形监测方法

7.2.1　地面激光扫描变形体监测方案布置

监测点的变形信息是相对于扫描基准点而言的，如果所选基准本身不稳定或基准内部不统一，则获得的变形值就不能反映真正意义上的变形。为了保证扫描监测成果与传统监测数据的连续性和可比性，扫描采用的监测基准点位和基准与传统监测保持一致，且精度匹配。针对变形体扫描监测盲区，在变形区域之外扫描测程范围之内地基稳固区增设统一基准的固定扫描工作基点。

基准点布设方案为：在变形体平台后缘外围稳固的区域布设 5 个基准点，包括 3 个监测基点和 2 个校核基点，用于平台监测；在岸坡稳固的外围布设 2 个工作基点，在黄河左岸布设 2 个基准点和 2 个工作基点，用于岸坡监测。

7.2.2　监测扫描实施与特征提取

采用 Riegl VZ-1000 型激光扫描仪对灾害变形体进行连续 10 期的追踪扫描，每期监测人员、设备及作业方案固定，采集整个灾害体的完整点云数据及坡表人为设置特定标靶（图 7.3）数据。

图 7.3　灾害体岸表人工特定标靶

（1）仪器参数。监测选用 Riegl VZ - 1000 型激光扫描仪，其主要参数为：测程为 2.5～1400m，发射激光束最多为 300000 个/s，测量精度（100m 范围）为±5mm，扫描角度水平方向为 0°～360°、竖直方向为－40°～60°，采用一级激光。

（2）监测扫描要求。

1）进行外业扫描作业时，应避开恶劣天气，如大风、大雾、冰雪等。

2）激光扫描仪架设在具有强制对中装置的基准点或工作基点，设置统一的测程、采样间距等。

3）应对变形体进行精扫和重复测量。

4）采集作业时段内的温度、气压和湿度。

5）相邻站点之间的重叠区域不低于 30%，重叠区域应选在非变形体。

7.2.3 监测数据快速采集

数据采集过程如下：

（1）在带有强制对中盘的基准点或工作基点上架设激光扫描仪，并采用置平装置进行置平（图 7.4）。

（2）设定统一的扫描参数，测定输入作业时的干湿度、温度及气压，对变形体区域进行精细和重复扫描。

（3）重复上述第 2 步操作，直到完成整个变形体点云数据的获取。

（4）特征数据点提取。从每期扫描

图 7.4　Riegl VZ - 1000 扫描监测仪

的点云数据中辨识人工布设的标靶或特定特征点，先粗略标识处特征位置的区域，利用特征位置周围的点按拟合圆形面圆心的方法求解出其中心点的三维坐标。变形体岸坡埋设了大量的全棱镜，常规观测点可作为扫描监测点使用（图 7.5），利用这些点采用拟合法计算出其位置的三维坐标成果（图 7.6）。

图 7.5　变形体岸坡扫描监测点

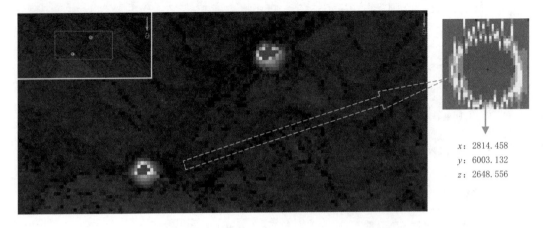

图 7.6　变形体岸坡扫描监测点 (局部放大)

7.2.4　监测成果分析

1. 成果分析方法

(1) 利用变形体表面已建立的白色监测桩点同一固定位置和已安装的反射率较高的反射标志,根据点云数据和形状,从扫描的点云中将设置标志分辨出来,用 Polyworks 软件建立模型并输出模型坐标,通过比较各时段扫描数据中同一位置的坐标变化来获取变形信息。

(2) 根据点云数据建立变形体的数字高程模型 (DEM),统一各时段 DEM 的坐标系统,用基于模型求差的方法分析变形。DEM 是一定范围内格网点的平面坐标 (X,Y) 及其高程 (Z) 的数据集,它主要描述区域地貌形态的空间分布。基于不同时间段的数据建立的 DEM 不完全相同,为了比较相同水平坐标点的高程变化,需要以初始 DEM 数据作为参考,将后面的 DEM 进行内插计算,即以某坐标相邻点的高程加权平均值作为该点高程。通过比较共位点的水平和垂直位移,分析变形体变形大小。

(3) 将点云数据预处理、建立模型,最终得到高精度的 DEM 模型,这一过程运用激光扫描仪配套的软件就可以完成。将首次和末次观测得到的 DEM 模型相减,即得到整个区域对应任意坐标的下沉值,然后将区域划分成一定大小的格网,输出格网结点的大地坐标和下沉值,记为 (x,y,h),即获得整个区域的下沉数据。

2. 结果分析

根据连续多期扫描获取的点云数据,拟合或自动提取特定标靶或虚拟特征点坐标成果,识别计算自然岩体面的重心坐标成果。将提取的点坐标成果与获取的表面点坐标结合,采用不规则三角网法重构边坡 $0.1m \times 0.1m$ 格网数字地形三维模型 (图 7.7),在此模型基础上提取重点部位细部固定位置的剖面成果 (图 7.8)。研究中,为了分析研究边坡的局部细节和整体变形趋势,对相邻两期三维模型叠加求差 (图 7.9),即计算出用直立方示例显示的变形色度图 (图 7.10,高程下降为正,上升为负)。

（a）岸坡三维数字地形模型（201004期）　　　　（b）岸坡三维数字地形模型（201203期）

（c）岸坡三维数字地形模型（201301期）　　　　（d）岸坡三维数字地形模型（201408期）

图 7.7　各期次岸坡三维数字地形模型

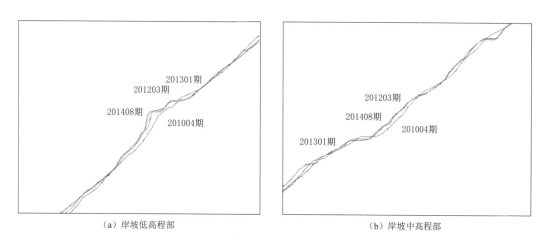

（a）岸坡低高程部　　　　　　　　　　　（b）岸坡中高程部

图 7.8（一）　各期次岸坡细部变化特征剖面图

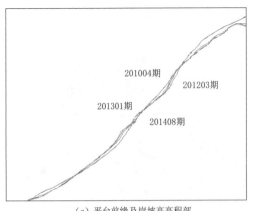

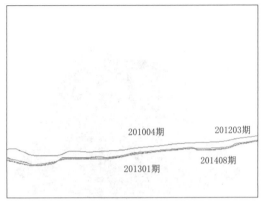

（c）平台前缘及岸坡高高程部　　　　　　　　　（d）平台顶部

图 7.8（二）　各期次岸坡细部变化特征剖面图

（a）201004期与201203期比较模型　　　　　　　（b）201004期与201408期比较模型

图 7.9　岸坡各期次数字地形模型叠加图

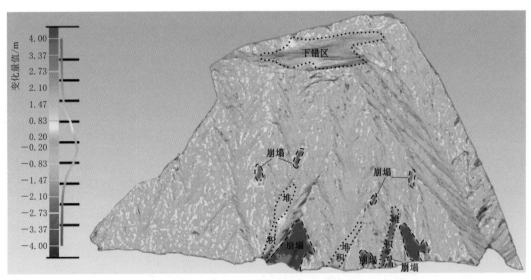

图 7.10　岸坡相邻监测期变形色度图

图 7.11 岸坡相邻监测期变形分区图

根据多期点、线和模型综合分析，扫描监测较好、直观地反映了研究边坡监测间隔期的动态变化。直立方色阶图显示研究边坡表面局部细节解体崩塌下滑区（红色）和碎屑堆积物（蓝色）明显，斜坡后缘高陡滑动、平台错落（黄色）显著（图 7.10 和图 7.11）。该扫描监测结果可为边坡灾害体开展有针对性的宏观分析提供完整可靠的数据，实现了对边坡灾害体的定量监测。

3. 监测结论

初步的研究结果表明，激光扫描监测与传统监测在变形量值上基本一致，方法可行可靠。针对类似大滑速变形体，采用该技术进行监测，在数据获取效率和模型数据精度方面优势明显，且扫描监测数据分析是从点、线和模型进行，包含关系综合评判，能够较为全面地判定变形体的变形趋势，避免传统单点监测分析的局限性和片面性，可完整掌握变形体整体变形态势，在一定程度上是对传统监测手段的有益补充。尤其在变形体急剧变形阶段，过大变形导致监测点遭到破坏，该技术能提供视场有效测程内、基于一定采样间距的采样点三维坐标，并具有较高的测量精度和极高的数据采集效率，满足应急临界预报要求。

7.3 监测平台软件流程与过程

7.3.1 开发工具

基于项目需要、系统跨平台、安全性等因素的综合考虑，该项目拟选择 Java 语言并在 Eclipse、Visual Studio 2008、Visual Studio Code 环境中进行系统开发。

Java 广泛应用在企业和互联网应用中，具有简单性、面向对象、分布式、健壮性、安全性、平台独立与可移植性、多线程、动态性等特点。它不仅吸收了 C++ 语言的各种优点，而且摒弃了 C++ 里难以理解的多继承、指针等概念，因此 Java 语言具有功能强大和简单易用两个特征。Java 语言作为静态面向对象编程语言的代表，极好地实现了面向对象理论，允许程序员以优雅的思维方式进行复杂的编程。

Eclipse 是一个开放源代码、基于 Java 的可扩展开发平台。就其本身而言，它只是一个框架和一组服务，用于通过插件组件构建开发环境，附带了一个标准的插件集，包括 Java 开发工具（Java Development Kit，JDK）。

　　Visual Studio 2008 整合了对象、关系型数据、XML 的访问方式，语言更加简洁。设计器中可以实时反映变更，XAML 中智能感知功能可以提高开发效率。同时支持项目模板、调试器和部署程序，可以高效开发 Web 应用，集成了 AJAX 1.0，包含 AJAX 项目模板，它还可以高效开发 Office 应用和 Mobile 应用。

　　Visual Studio Code 是一款免费开源的现代化轻量级代码编辑器，支持几乎所有主流开发语言的语法高亮、智能代码补全、自定义热键、括号匹配、代码片段及代码对比 Diff、GIT 等特性，支持插件扩展，并针对网页开发和云端应用开发做了优化。软件跨平台支持 Win、Mac 以及 Linux。

　　软件平台的主要特性如下：

　　（1）操作系统：Windows 64 位、Linux。

　　（2）浏览器：支持 Htm 15 的 chrome、IE 8 及以上。

　　（3）应用服务器：Apache Tomcat、Nginx 1.15.2。

　　（4）数据库：MySQL 5.6。

　　（5）手机 APP：支持 Android 和 IOS。

　　（6）Java 环境：JDK 1.8。

　　（7）开发环境：Eclipse、Visual Studio 2008、Visual Studio Code。

7.3.2　开发流程

　　软件开发流程即软件设计思路和方法的一般过程，包括对软件先进行需求分析，然后设计软件的功能与实现的算法和方法、软件的总体结构设计和模块设计、编码和调试、程序联调和测试以及编写、提交程序等一系列操作，以满足客户的需求并且解决客户的问题。如果有更高需求，还需要对软件进行维护、升级处理及报废处理，具体流程如图 7.12 所示。

　　（1）需求分析。主要包括以下几个方面：

　　1）系统分析员向用户初步了解需求，然后用相关的工具软件列出要开发的系统的大功能模块，每个大功能模块有哪些小功能模块，对有些需求明确相关的界面时，这一步可以初步定义好少量的界面。

　　2）系统分析员深入了解和分析需求，根据自己的经验和需求用 Word 或相关的工具再做一份文档系统的功能需求文档。该文档清楚列出系统大致的大功能模块，大功能模块有哪些小功能模块，且列出相关的界面和界面功能。

　　3）系统分析员向用户再次确认需求。需求确定的流程和方法如图 7.13 所示，软件需求层次如图 7.14 所示。

　　（2）总体设计。首先，开发者需要对软件系统进行总体设计，即系统设计。总体设计需要对软件系统的设计进行考虑，包括系统的基本处理流程、系统的组织结构、模块划分、功能分配、接口设计、运行设计、数据结构设计和出错处理设计等，为软件的详细设计提供基础。软件总体设计架构如图 7.15 所示。

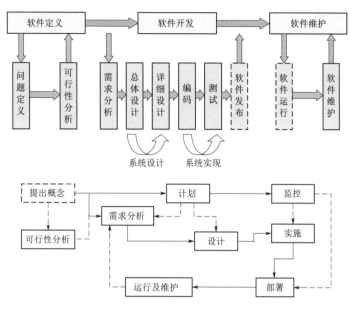

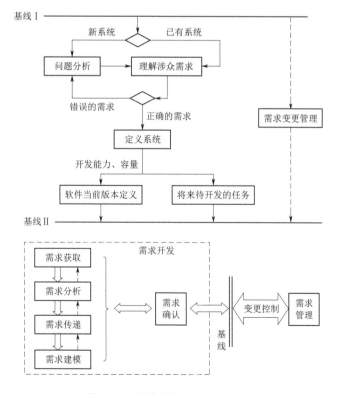

图 7.12 软件开发的一般流程

图 7.13 需求确定的流程和方法

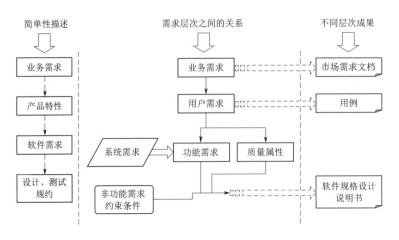

图 7.14　软件需求层次

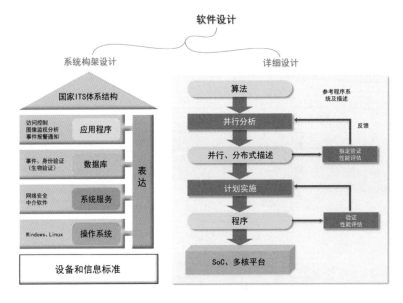

图 7.15　软件总体设计架构

（3）详细设计。在概要设计的基础上，开发者需要进行软件系统的详细设计。在详细设计中，描述实现具体模块所涉及的主要算法、数据结构、类的层次结构及调用关系，需要说明软件系统各个层次中的每一个程序（每个模块或子程序）的设计考虑，以便进行编码和测试。应当保证软件的需求完全分配给整个软件。详细设计应当足够详细，能够根据详细设计报告进行编码。

（4）编码。在软件编码阶段，开发者根据《软件系统详细设计报告》中对数据结构、算法分析和模块实现等方面的设计要求，开始具体的编写程序工作，分别实现各模块的功能，从而实现目标系统就功能、性能、接口、界面等方面的要求。在规范化的研发流程中，编码工作在整个项目流程里最多不会超过 1/2，通常用 1/3 的时间。设计过程完成得好，编码效率就会极大提高，编码时不同模块之间的进度协调和协作是最需要关注的，也许一个小模块的问题就可能影响整体进度，让很多程序员因此被迫停下工作等待，这种问题在很多研发过程中都出现过。编码时的相互沟通和应急的解决手段都是相当重要的，对于程序员而言，bug 永远存在，必须面对。

（5）测试。测试编写好的系统，交给用户使用，用户使用后一个一个地确认每个功能。软件测试有很多种：按照测试执行方，可以分为内部测试和外部测试；按照测试范围，可以分为模块测试和整体联调；按照测试条件，可以分为正常操作情况测试和异常情况测试；按照测试的输入范围，可以分为全覆盖测试和抽样测试。总之，测试同样是项目研发中一个相当重要的步骤，对于一个大型软件来说，3 个月到 1 年的外部测试都是正常的，因为永远都会有不可预料的问题存在。完成测试后，完成验收并完成最后一些帮助文档，整体项目才算告一段落。当然，日后少不了升级、修补等工作，要不停地跟踪软件的运营状况并持续修补升级，直到这个软件被彻底淘汰为止。

（6）软件发布（交付）。通过软件测试，证明软件达到要求后，软件开发者应向用户提交开发的目标安装程序、数据库的数据字典、《用户安装手册》《用户使用指南》、需求报告、设计报告、测试报告等文件。

《用户安装手册》应详细介绍安装软件对运行环境的要求、安装软件的定义和内容，以及在客户端、服务器端及中间件的具体安装步骤和安装后的系统配置。

《用户使用指南》应包括软件各项功能的使用流程、操作步骤、相应业务介绍、特殊提示和注意事项等方面的内容，在需要时还应举例说明。

（7）验收。用户验收。

（8）维护。根据用户需求的变化或环境的变化，对应用程序进行全部或部分修改。

7.3.3　软件开发

（1）软件生存周期过程和软件过程。国际标准化组织关于软件生存周期过程在 ISO/IEC12207 中、软件过程在 ISO/IEC15504 中的过程分别如图 7.16 和图 7.17 所示。

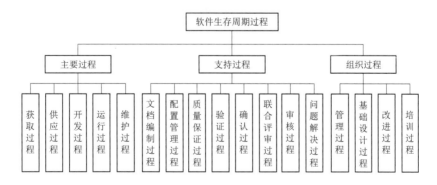

图 7.16　ISO/IEC12207 软件生存周期

（2）生命周期模型比较。各种生命周期模型对比见表 7.1。

经比选，拟采用螺旋模型。完整的螺旋模型如图 7.18 所示。

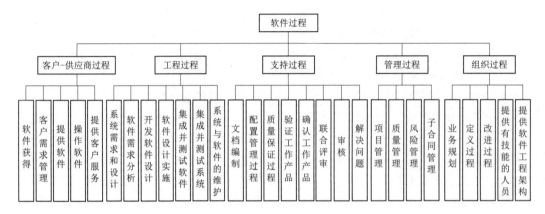

图 7.17 ISO/IEC15504 软件过程

表 7.1   各种生命周期模型特性对比表

生命周期模型	优 点	缺 点
建造-修补模型	适用于不需要任何维护的小程序	不适于重要的程序
瀑布模型	是文档驱动的有序方法	交付产品可能不符合客户的要求
快速原型模型	确保交付的产品符合客户的要求	还没有证明无懈可击
增量模型	增大投资的早期回报	要求开放的结构,可能退化为建造-修补模型
螺旋模型	结合上述所有模型的特性	只能用于大型的内部软件产品,开发者必须精通风险分析和风险排除

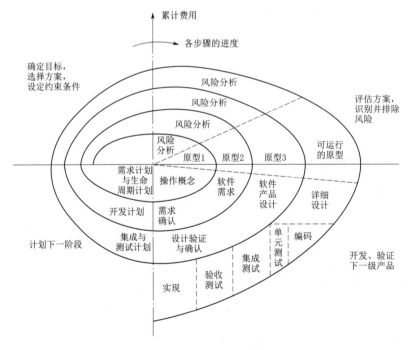

图 7.18 完整的螺旋模型

（3）过程产物及要求。图 7.19 主要列出了开发阶段需要输出的过程产物，包括产物名称、成果描述、负责人及备注，即谁、在什么时间、应该提供什么内容、提供内容的基本方向和形式是什么。

1）项目启动阶段。主要包括以下工作内容：

➤ 产品名称，成果描述（负责人）

➤ 调研文档，了解项目背景，了解项目干系人、目标方向（产品经理）

➤ 团队组建，确认团队人员及配置（产品总监）

➤ 业务梳理，明确项目的目标、角色、各端口及模块（产品经理）

2）需求阶段。主要包括以下工作内容：

➤ 产品，原型产品的线框图（产品经理）

➤ 需求概要，基于线框图作技术评估，达成业务理解的一致性（研发工程师）

➤ 项目里程碑，确认项目重大时间节点（研发项目经理）

➤ 项目开发计划，梳理各阶段、各端口的开发计划（研发项目经理）

➤ 项目任务分解表，将计划分配到团队（研发项目经理）

3）设计阶段。主要包括以下工作内容：

➤ UI 界面及标注，基于线框图作效果图，须适量考虑交互内容（UI 设计师）

➤ UI 设计规范，在 UI 界面基础上，输出主要界面的设计规范（UI 设计师）

➤ 需求规格，基于效果图明确业务实现细节，消除对最终成果理解的不一致（研发工程师）

➤ 概要设计，功能实现可视化，有助于理清思路，减少技术盲区和低级缺陷，实现并行开发，提高效率（研发工程师）

➤ 通信协议，通信协议是指双方实体完成通信或服务所必须遵循的规则和约定（研发工程师）

➤ 表结构设计，确认要建的数据库表及其表结构（研发工程师）

4）开发阶段。主要包括以下工作内容：

➤ 产品代码

5）测试阶段。主要包括以下工作内容：

➤ 测试用例，明确测试方案，包括测试模块、步骤、预期（测试工程师）

➤ 测试结果报告，输出测试结果（测试工程师）

➤ 用户手册，系统操作手册（测试工程师）

➤ 常规文档

➤ 项目周报，每周开发内容及下周开发计划（研发项目经理）

➤ 测试周报，每周测试内容及下周测试计划（测试工程师）

➤ 评审会议纪要，评审的过程文档（整体团队）

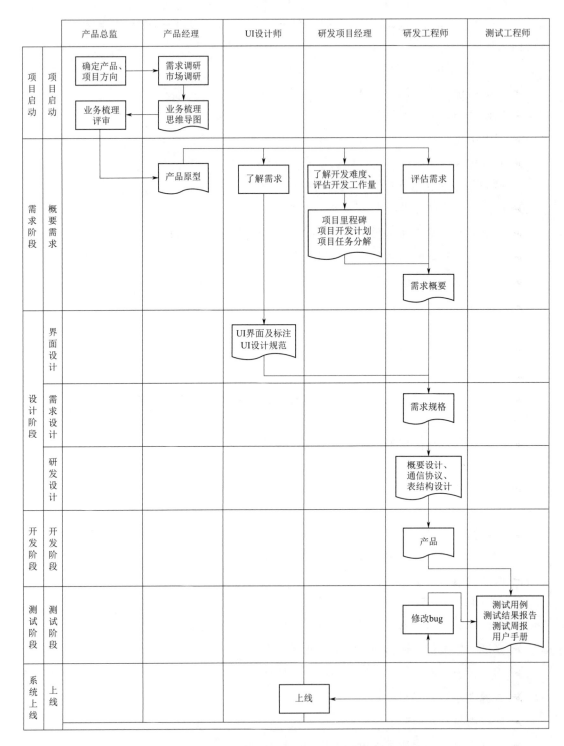

图 7.19 软件开发不同阶段输出产物及控制流程总图

7.4 黄河某水库岸坡监测预警体系

7.4.1 监测预警系统的建立

黄河某水库岸坡监测预警系统建立的方法及步骤主要如下：

（1）建立岸坡三维地形、地质模型。

（2）根据现有的监测仪器设备、设施布置，在已有的三维地形、地质模型上添加融合监测测点。

（3）根据已有的地质研究成果，融合三维模型建立变形范围及分区分块工程监测模型。

（4）根据监测方法、监测布置、影响程度筛选确定监测指标。

（5）根据确定的监测指标和工程监测模型，建立监测预警机制，包括预警启动、分析判断、预警内容等流程体系。

（6）依托集成的自动化系统提取监测成果，利用建立的监测模型和监测预警机制进行分析对比，实现预警预报。

7.4.2 岸坡三维地形、地质模型的建立

根据岸坡已有的测量成果，包括常规三维测量地形图、倾斜摄影成果建立三维地形图，建立相应的三维模型。岸坡倾斜摄影成果如图 7.20 所示，地质结构剖面图及三维地质模型分别见图 7.21 和图 7.22 所示。

图 7.20 黄河某水库岸坡倾斜摄影图

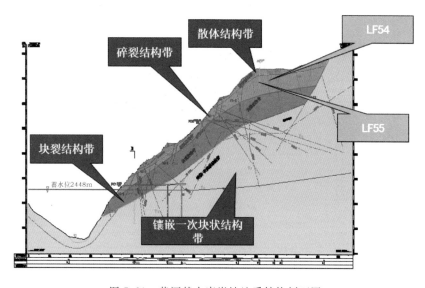

图 7.21 黄河某水库岸坡地质结构剖面图

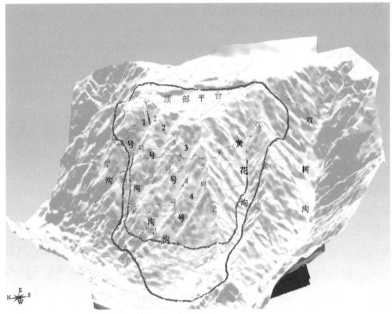

图 7.22　黄河某水库岸坡三维地质模型

7.4.3　监测模型建立

1. 变形界限确定

上游侧边界高高程（2800.00m）以双树沟为边界；2800.00m 高程以下的上游侧边界以黄花沟为界。下游侧高高程（2800.00m）以上边界向下延伸不明显。边坡后缘滑移陡壁横切高高程下游边界，向青草沟下部延伸的变形迹象不明显，从 TP1 - 8、TP1 - 9 观测点之间转向 1 号沟，2800.00m 高程以下以 1 号沟为界。水库岸坡变形区，2800.00m 高程以上，岸坡深部变形受 LF1 控制；2800.00～2700.00m 高程，其中 3 号梁下游侧已不受 LF1 控制，3 号梁上游侧可能仍受 LF1 或同组断裂控制；2700.00m 高程以下边坡岩体变形已不受 LF1 控制；2700.00m 高程以下不受同一结构面或几条结构面的控制，而受多条结构面按各自不同产状衔接控制或呈台坎状衔接控制。2370.00m 高程附近可能成为坡体变形的前缘边界位置。

总体变形范围如下：

（1）顶部变形区顺河长度最大为 1251m，顶部平台最大宽度为 295m。

（2）岸坡变形底部高程 3 号梁下游侧为 2350.00～2370.00m，3 号梁以上游侧逐渐到 2235.00m 附近，顶部高程为 2950.00m，高程差为 700m。

（3）上下游侧边界中下部以沟为界，上游为黄花沟，下游为 1 号沟；中上部均斜跨山梁，上游斜跨双黄梁沟脑至双树沟下游支沟，下游斜跨 1 号梁。

（4）根据以上确定的变形界线，变形区平面面积约为 103.83 万 m^2，顶部平台面积约为 13.7 万 m^2，中下部最大水平深度为 452m，中上部水平深度为 490m，整个岸坡变形体累计方量约为 1.1 亿 m^3。

2. 变形分区

按上述分区原则，可将岸坡分为三个区，三维模型如图 7.23 所示。

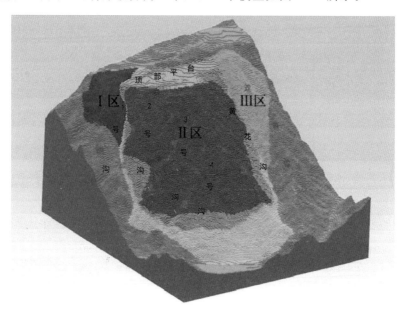

图 7.23 黄河某水库岸坡三维分区图

Ⅰ区主体位于 1 号梁 2770.00m 高程以上至顶部平台，为岸坡变形主体Ⅱ区顶部的下游侧缘，与Ⅱ区约在 2690.00m 高程相交，包括石门沟顶部、1 号梁上部、青草沟顶部一带，平面面积约为 8.74 万 m^2，体积为 512.4 万 m^3。Ⅰ区变形主要受Ⅱ区大变形牵引影响变形所致。

Ⅱ区为 2 号沟至黄花沟库岸,是整个岸坡变形最为严重的地段。受边坡持续变形影响,2 号梁至 5 号梁坡体表部塌滑变形迹象极为显著。根据区内变形破坏程度的不同,将该区细分为Ⅱ1、Ⅱ2 两个亚区。该区平面面积约为 84.74 万 m²,总体积为 9332.3 万 m³。

Ⅲ区主体位于黄花沟至双树沟之间双黄梁的中上部,边界特征较明显。Ⅲ区变形较Ⅱ区明显微弱,但略强于Ⅰ区。

3. 变形区内的次级分块

除前述分区外,岸坡变形区范围分块特征也很明显,主要表现在Ⅱ区。从Ⅱ区坡面沟梁相间的地形特征、各山梁变位情况、深部探硐揭露的岩体结构分带情况等综合考虑,第一层次最易失稳的部位无疑是各山梁浅表层的散体结构层,厚度一般小于 30m,局部已渐次失稳。只有第一层次失稳后,才会导致碎裂结构层并向深部传递渐进性失稳破坏。以各山梁为独立单元,各山梁各块体再根据规模较小的拉裂分次级块体(表 7.2)。各次级块体位置如图 7.24 所示,各次级块体坡面示意图如图 7.25 所示。

表 7.2　　　　　　　　　　　　各块体中次级块体体积

梁号	块体编号	次级块体编号	分布高程/m	上游侧	下游侧	易失稳块体		
						后缘控制裂缝	最大水平厚度/m	体积/万 m³
2 号梁	W2-1	W2-1-1	24900.00~2560.00	2 号沟底	1 号沟底	LX	19	9
		W2-1-2	2560.00~2620.00	2 号沟底	1 号沟底	LX10	21	14.2
	W2-2	W2-2-1	2620.00~2800.00	2 号沟底	1 号沟底	LX2-6	50	42
		W2-2-2	2800.00~2870.00	2 号沟底	1 号沟底	LX2-5	50	33
	W2-3	W2-3-1	2870.00~2900.00	2 号沟底	1 号沟底	LX15	42	17
		W2-3-2	2900.00~2920.00	2 号沟底	1 号沟底	LF54	46	23
3 号梁	W3-1		2430.00~2500.00	LX3-9	2 号沟底	LX3-9	28	28.5
	W3-2		2500.00~2590.00	LX3-7	2 号沟底	LX3-7	47	27.6
	W3-3	W3-3-1	2590.00~2632.00	LX3-6	2 号沟底	LX3-6	57	12
		W3-3-2	2632.00~2640.00	LX3-5	2 号沟底	LX3-5	39	6
	W3-4	W3-4-1	2640.00~2675.00	3 号沟底	2 号沟底	LX3-4	32	19
		W3-4-2	2675.00~2720.00	3 号沟底	2 号沟底	LX3-9	27	18
		W3-4-3	2720.00~2802.00	LX3-2	LX3-2	LX3-2	40	25.5
	W3-5	W3-5-1	2802.00~2815.00	3 号沟	2 号沟	LX3-3	68	9
		W3-5-2	2815.00~2900.00	3 号沟	2 号沟	LX3-1	90	32
		W3-5-3	2900.00~2930.00	3 号沟	2 号沟	LF54	103	38

续表

梁号	块体编号	次级块体编号	分布高程/m	上游侧	下游侧	易失稳块体		
						后缘控制裂缝	最大水平厚度/m	体积/万 m³
4号梁	W4-1	W4-1-1	2450.00~2530.00	4号沟	3号沟	LX4-8	32	41
		W4-1-2	2530.00~2600.00	4号沟	3号沟	LX4-6	44	51
	W4-2	W4-2-1	2600.00~2630.00	4号沟	3号沟	LX4-5	40	18
		W4-2-2	2630.00~2650.00	4号沟	3号沟	LX4-4	40	15
		W4-2-3	2650.00~2750.00	4号沟	3号沟	LX3-4	38	28
		W4-2-4	2750.00~2900.00	4号沟	3号沟	LX3-1	60	31
		W4-2-5	2900.00~2930.00	4号沟	3号沟	LF55	65	6
5号梁	W5-1	W5-1-1	2430.00~2490.00	黄花沟	LX5-4	LX5-4	32	50
		W5-1-2	2490.00~2530.00	黄花沟	LX5-4	LX	34	43.3
	W5-2	W5-2-1	2530.00~2570.00	黄花沟	LX5-3	LX5-3	50	41
		W5-2-2	2570.00~2600.00	黄花沟	LX5-3	LX	55	53
	W5-3	W5-3-1	2600.00~2700.00	黄花沟	LX5-2	LX5-2	54	55
		W5-3-2	2700.00~2810.00	黄花沟	4号沟	LX4-2	53	42
	W5-4		2810.00~2930.00	黄花沟	4号沟	LF54	64	87

图 7.24 黄河某水库岸坡块体各次级块体位置

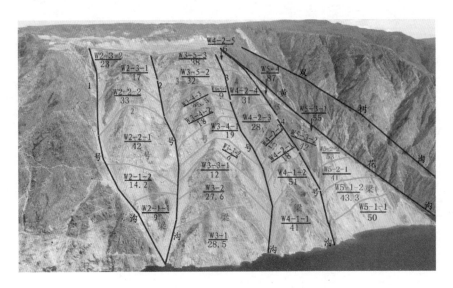

图 7.25　黄河某水库岸坡各次级块体坡面示意图

7.4.4　监测指标的确定

1. 监测指标的筛选原则

监测指标筛选的原则为：

（1）对边坡稳定性判断具有决定性或重要性意义的效应量。

（2）对边坡稳定性有重大影响的环境量，包括环境因素及边界条件。

（3）监测量简单直观，易于获取，意义明确，方便用于对比分析。

2. 监测指标的筛选与确定

根据以上筛选原则，监测指标主要包括以下几项：

（1）效应量：①合成孔径雷达及其他表部测量变形监测数据（指标 $\alpha1$）；②高清及红外视频系统监测统计到的日塌方频次及方量（指标 $\alpha2$）；③微震破裂事件频率及日能量变化率（指标 $\alpha3$）；④深部监测效应变化量（指标 $\alpha4$）；

（2）环境量：①降雨量（指标 $\beta1$）；②发生强震（指标 $\beta2$）；③库水位变化（指标 $\beta3$）。

7.4.5　监测预警体系

1. 预警分析与管理

典型工程水库岸坡变形体地质灾害隐患排查、分级和管理等方面已有较为成熟的经验首先按灾害危害程度（严重、中等、轻微三个等级）和失事风险水平（高、中、低三个等级）对水电地质灾害进行分级，最后综合失事危害程度和失事风险水平两个因素，将水电地质灾害隐患分为四级进行管理（表 7.3～表 7.5）。

表 7.3 地质灾害失事后果等级划分表

危害性	判断依据	
严重	①发生死亡 3 人及以上或直接经济损失 1000 万元及以上的地质灾害; ②对电站枢纽建筑物、主要生产设施、生活办公营地造成严重破坏; ③对库区或下游地区造成严重破坏; ④严重威胁水库和电站安全,以及电站防汛安全,造成严重威胁电站及其上下游的次生灾害; ⑤造成电站长期(2 年以上)不能达到正常蓄水位,严重影响电站发电量及经济效益; ⑥造成电站全厂停运	满足所列条件之一
中等	①发生死亡 3 人以下或直接经济损失 100 万元及以上、1000 万元以下的地质灾害; ②对电站枢纽建筑物、主要生产设施、生活生产营地造成损害; ③对库区或下游地区造成损害;威胁水库安全和电站安全度汛,存在导致电站及其上下游发生次生灾害的危险; ④造成电站在一定时间内(2 年以内)不能达到正常蓄水位,影响电站发电量及经济效益; ⑤造成电站部分机组和主要发电设备停运,对电站正常生产生活造成较大困难	
轻微	干扰电站生产和运行人员的生产生活	

表 7.4 地质灾害失事可能性等级划分表

风险性	判断依据	备注
高	①处于不稳定或临界状态,随时会失事; ②处于持续变形发展过程中,最终会丧失稳定而失事; ③在汛期和大雨等条件下,失事可能性极大	满足所列条件之一即成立
中	①处于稳定状态,但是安全储备较低; ②处于变形发展过程中,安全储备降低,存在丧失稳定而失事的可能性; ③地质条件极其复杂且处于发展过程中,其安全性难于判断; ④在汛期、大雨等不利条件下有失事的可能性	满足所列条件之一即成立
低	①处于稳定状态,安全储备较高; ②处于变形发展过程中,但逐步收敛,失事的可能性低; ③受汛期、大雨等不良条件干扰小,失事可能性低	满足全部条件即成立

表 7.5 库岸地质灾害隐患分级表

水电工程地质灾害隐患分级表			
可能性	后果		
	严重	中等	轻微
高	Ⅰ	Ⅰ	Ⅳ
中	Ⅱ	Ⅱ	Ⅳ
低	Ⅲ	Ⅳ	Ⅳ

预警系统采用分级预警和分级管理。风险等级分为极高(Ⅰ)、高(Ⅱ)、中(Ⅲ)、低(Ⅳ)四级,具体分为红色预警(Ⅰ级响应)、橙色预警(Ⅱ级响应)、黄色预警(Ⅲ级

响应)、蓝色预警（Ⅳ级响应）。具体定义如下：

（1）红色预警（Ⅰ级响应）：监测数据达到或超过红色预警指标，可能出现表部散体结构、碎裂结构、块裂结构的大规模塌方（参考范围：50 万～215 万 m^3），大概率出现重大险情，需给予密切关注，并启动风险防控预案，采取相应的风险防控措施。

（2）橙色预警（Ⅱ级响应）：监测数据达到或超过黄色预警指标，可能出现表部散体结构、碎裂结构、块裂结构的较大规模塌方（参考范围：1 万～50 万 m^3），有可能出现较大险情，需给予更多关注，并采取一定的风险防控措施。

（3）黄色预警（Ⅲ级响应）：监测数据达到或超过橙色预警指标，可能出现表部散体结构或碎裂结构的一定规模塌方（参考范围：0.1 万～1 万 m^3），有一定险情，需给予更多关注。

（4）蓝色预警（Ⅳ级响应）：监测数据达到或超过蓝色预警指标，可能出现表部散体结构的塌方（参考范围：不大于 0.1 万 m^3），无较大险情，需给予一定关注。

2. 监测指标拟定

（1）合成孔径雷达测量及其他表部变形监测数据（指标 α1）。各测点预警值确定方法为：按照岸坡表面变形测点长期以来的监测资料，以数理统计理论为基础，采用自 2019 年 1—3 月期间测点变形速率最大值的正常倍数（1.8～2 倍）作为各测点蓝色预警（Ⅳ级响应）的预警值；其他级别预警值根据历史数据、当前值、蓝色预警值放大一定系数综合确定。但预警指标不能设为一个永久固定值，应有一个逐步完善的过程，随着内、外部环境及时间的推移适当调整和完善。

根据岸坡的分区分块成果和已有的监测数据，顶部平台各部位预警值见表 7.6，各块体中次级块体体积及预警值见表 7.7。

表 7.6　　　　　　　　　　　　顶部平台各部位预警值

部　位	预警值/（mm/d）			
	Ⅳ级响应	Ⅲ级响应	Ⅱ级响应	Ⅰ级响应
1 号梁 2800.00m 高程以上岸坡	1.0	1.9	3.4	6.1
1 号梁顶部平台	1.0	1.9	3.4	6.1
2 号梁顶部平台	1.8	3.2	5.8	10.4
3 号梁顶部平台	4.0	7.1	12.8	23.1
4 号梁顶部平台	2.3	4.2	7.6	13.6
5 号梁顶部平台	2.1	3.7	6.7	12.1
双黄梁顶部平台	1.0	1.9	3.4	6.1
双黄梁 2800.00m 高程以上岸坡	1.0	1.9	3.4	6.1

红色预警（Ⅰ级响应）：各部位分区分块测点测值超过对应级别预警值的比例达到 70%。

橙色预警（Ⅱ级响应）：各部位分区分块测点测值超过对应级别预警值的比例小于 50%。

黄色预警（Ⅲ级响应）：各部位分区分块测点测值超过对应级别预警值的比例小于 30%。

蓝色预警（Ⅳ级响应）：各部位分区分块测点测值超过对应级别预警值的比例小于 10%。

表7.7 各块体中次级块体体积及预警值

梁号	块体编号	次级块体编号	分布高程/m	位置 上游侧	位置 下游侧	后缘控制裂缝	易失稳块体 最大水平厚度/m	易失稳块体 体积/万m³	预警值/(mm/d) IV级响应	预警值/(mm/d) III级响应	预警值/(mm/d) II级响应	预警值/(mm/d) I级响应
2号梁	W2-1	W2-1-1	2490.00~2560.00	2号沟底	1号沟底	LX	19	9	$V<0.5$	$0.5 \leqslant V<0.9$	$0.9 \leqslant V<1.6$	$V \geqslant 1.6$
		W2-1-2	2560.00~2620.00	2号沟底	1号沟底	LX10	21	14.2	$V<1.1$	$1.1 \leqslant V<2$	$2 \leqslant V<3.6$	$V \geqslant 3.6$
	W2-2	W2-2-1	2620.00~2800.00	2号沟底	1号沟底	LX2-6	50	42	$V<2.1$	$2.1 \leqslant V<3.9$	$3.9 \leqslant V<6.9$	$V \geqslant 6.9$
		W2-2-2	2800.00~2870.00	2号沟底	1号沟底	LX2-5	50	33	$V<1.6$	$1.6 \leqslant V<2.9$	$2.9 \leqslant V<5.3$	$V \geqslant 5.3$
	W2-3	W2-3-1	2870.00~2900.00	2号沟底	1号沟底	LX15	42	17	$V<2.1$	$2.1 \leqslant V<3.9$	$3.9 \leqslant V<6.9$	$V \geqslant 6.9$
		W2-3-2	2900.00~2920.00	2号沟底	1号沟底	LF54	46	23	$V<2.1$	$2.1 \leqslant V<3.9$	$3.9 \leqslant V<6.9$	$V \geqslant 6.9$
3号梁	W3-1		2430.00~2500.00	LX3-9	2号沟底	LX3-9	28	28.5	$V<0.7$	$0.7 \leqslant V<1.2$	$1.2 \leqslant V<2.1$	$V \geqslant 2.1$
	W3-2		2500.00~2590.00	LX3-7	2号沟底	LX3-7	47	27.6	$V<3$	$3 \leqslant V<5.4$	$5.4 \leqslant V<9.7$	$V \geqslant 9.7$
	W3-3	W3-3-1	2590.00~2632.00	LX3-6	2号沟底	LX3-6	57	12	$V<3.1$	$3.1 \leqslant V<5.6$	$5.6 \leqslant V<10.1$	$V \geqslant 10.1$
		W3-3-2	2632.00~2640.00	LX3-5	2号沟底	LX3-5	39	6	$V<3.1$	$3.1 \leqslant V<5.6$	$5.6 \leqslant V<10.1$	$V \geqslant 10.1$
	W3-4	W3-4-1	2640.00~2675.00	3号沟底	2号沟底	LX3-4	32	19	$V<1.8$	$1.8 \leqslant V<3.2$	$3.2 \leqslant V<5.8$	$V \geqslant 5.8$
		W3-4-2	2675.00~2720.00	3号沟底	2号沟底	LX3-9	27	18	$V<0.5$	$0.5 \leqslant V<0.9$	$0.9 \leqslant V<1.6$	$V \geqslant 1.6$
		W3-4-3	2720.00~2802.00	LX3-2	LX3-2	LX3-2	40	25.5	$V<0.8$	$0.8 \leqslant V<1.4$	$1.4 \leqslant V<2.6$	$V \geqslant 2.6$
	W3-5	W3-5-1	2802.00~2815.00	3号沟	2号沟	LX3-3	68	9	$V<3.1$	$3.1 \leqslant V<5.6$	$5.6 \leqslant V<10.1$	$V \geqslant 10.1$
		W3-5-2	2815.00~2900.00	3号沟	2号沟	LX3-1	90	32	$V<3.1$	$3.1 \leqslant V<5.6$	$5.6 \leqslant V<10.1$	$V \geqslant 10.1$
		W3-5-3	2900.00~2930.00	3号沟	2号沟	LF54	103	38	$V<4$	$4 \leqslant V<7.1$	$7.1 \leqslant V<12.8$	$V \geqslant 12.8$

续表

梁号	块体编号	次级块体编号	分布高程/m	位置		后缘控制裂缝	易失稳块体		预警值/(mm/d)			
				上游侧	下游侧		最大水平厚度/m	体积/万m³	IV级响应	III级响应	II级响应	I级响应
4号梁	W4-1	W4-1-1	2450.00~2530.00	4号沟	3号沟	LX4-8	32	41	$V<2.1$	$2.1 \leqslant V<3.8$	$3.8 \leqslant V<6.8$	$V \geqslant 6.8$
		W4-1-2	2530.00~2600.00	4号沟	3号沟	LX4-6	44	51	$V<3.5$	$3.5 \leqslant V<6.4$	$6.4 \leqslant V<11.5$	$V \geqslant 11.5$
	W4-2	W4-2-1	2600.00~2630.00	4号沟	3号沟	LX4-5	40	18	$V<3.5$	$3.5 \leqslant V<6.4$	$6.4 \leqslant V<11.5$	$V \geqslant 11.5$
		W4-2-2	2630.00~2650.00	4号沟	3号沟	LX4-4	40	15	$V<3.9$	$3.9 \leqslant V<7$	$7 \leqslant V<12.7$	$V \geqslant 12.7$
		W4-2-3	2650.00~2750.00	4号沟	3号沟	LX3-4	38	28	$V<3.9$	$3.9 \leqslant V<7$	$7 \leqslant V<12.7$	$V \geqslant 12.7$
		W4-2-4	2750.00~2900.00	4号沟	3号沟	LX3-1	60	31	$V<4.7$	$4.7 \leqslant V<8.4$	$8.4 \leqslant V<15.2$	$V \geqslant 15.2$
		W4-2-5	2900.00~2930.00	4号沟	3号沟	LF55	65	6	$V<3.8$	$3.8 \leqslant V<6.8$	$6.8 \leqslant V<12.3$	$V \geqslant 12.3$
5号梁	W5-1	W5-1-1	2430.00~2490.00	黄花沟	LX5-4	LX5-4	32	50	$V<0.5$	$0.5 \leqslant V<0.9$	$0.9 \leqslant V<1.6$	$V \geqslant 1.6$
		W5-1-2	2490.00~2530.00	黄花沟	LX5-4	LX	34	43.3	$V<1.3$	$1.3 \leqslant V<2.4$	$2.4 \leqslant V<4.3$	$V \geqslant 4.3$
	W5-2	W5-2-1	2530.00~2570.00	黄花沟	LX5-3	LX5-3	50	41	$V<1.3$	$1.3 \leqslant V<2.4$	$2.4 \leqslant V<4.3$	$V \geqslant 4.3$
		W5-2-2	2570.00~2600.00	黄花沟	LX5-3	LX	55	53	$V<2.5$	$2.5 \leqslant V<4.5$	$4.5 \leqslant V<8.1$	$V \geqslant 8.1$
	W5-3	W5-3-1	2600.00~2700.00	黄花沟	LX5-2	LX5-2	54	55	$V<2.5$	$2.5 \leqslant V<4.5$	$4.5 \leqslant V<8.1$	$V \geqslant 8.1$
		W5-3-2	2700.00~2810.00	黄花沟	4号沟	LX4-2	53	42	$V<0.6$	$0.6 \leqslant V<1$	$1 \leqslant V<1.8$	$V \geqslant 1.8$
	W5-4		2810.00~2930.00	黄花沟	4号沟	LF54	64	87	$V<2.1$	$2.1 \leqslant V<3.7$	$3.7 \leqslant V<6.7$	$V \geqslant 6.7$

注：V 为体积，m^3。

（2）日塌方频次及方量（指标α2）。主要根据历史及当前塌方频次和方量制定，具体如下：

红色预警（Ⅰ级响应）：超过橙色预警（Ⅱ级响应），且日塌方频次≤30次或日垮塌方量≤1000m³。

橙色预警（Ⅱ级响应）：超过黄色预警（Ⅲ级响应），且日塌方频次≤15次或日垮塌方量≤500m³。

黄色预警（Ⅲ级响应）：超过蓝色预警（Ⅳ级响应）指标，且日塌方频次≤7次或日垮塌方量≤100m³。

蓝色预警（Ⅳ级响应）：日塌方频次≤3次或日垮塌方量≤35m³。

（3）微震破裂事件频率及日能量变化率（指标α3）。具体如下：

红色预警（Ⅰ级响应）：全通道能量加权日平均值（mV/d）较上日增长500%，或微震破裂事件日发生次数增长300%，且微震破裂事件日矩震级之和增长300%。

橙色预警（Ⅱ级响应）：全通道能量加权日平均值（mV/d）较上日增长300%，或微震破裂事件日发生次数增长200%，且微震破裂事件日矩震级之和增长200%。

黄色预警（Ⅲ级响应）：全通道能量加权日平均值（mV/d）较上日增长200%，或微震破裂事件日发生次数增长100%，且微震破裂事件日矩震级之和增长100%。

蓝色预警（Ⅳ级响应）：全通道能量加权日平均值（mV/d）较上日增长100%，或微震破裂事件日发生次数增长50%，且微震破裂事件日矩震级之和增长50%。

（4）深部监测效应变化量（指标α4）。深部监测效应量入选仪器包括静力水准仪、四点式多点变位计、杆式水平位移计、六点式多点变位计、阵列式位移计、渗压计。

根据岸坡地勘洞深部仪器的测量成果，选取发生明显变形的关键监测测点，采用自2019年1—3月期间测点每天变形量最大值的正常倍数（1.5～2倍）作为各测点蓝色预警（Ⅳ级响应）的预警值。其他级别预警值根据历史数据、当前值、蓝色预警值放大一定系数综合确定。但预警指标不能设为一个永久固定值，应有一个逐步完善的过程，随着内、外部环境及时间的推移适当调整和完善。

根据岸坡的分区分块成果和已有的监测数据，深部测点预警值见表7.8。

表7.8　　　　　　　　　　　　　　　深部测点预警值

平硐	仪器类型	仪器编号	仪器位置	每天测值变化量预警值			
				Ⅳ级响应	Ⅲ级响应	Ⅱ级响应	Ⅰ级响应
PD6	静力水准仪	TC3－PD6	PD6硐0+116	−13.2mm	−19.8mm	−29.7mm	−44.6mm
PD7	静力水准仪	TC9－PD7	PD7－3硐0+55	−1.2mm	−2.2mm	−3.2mm	−4.9mm
		TC10－PD7	PD7－3硐0+100	−1.0mm	−1.8mm	−2.7mm	−4.1mm
	四点式多点变位计	M401－PD7	PD7－5硐0+126	0.5mm	0.8mm	1.1mm	1.7mm
	杆式水平位移计	IS01－PD7	PD7－6硐0+17	0.5mm	0.8mm	1.1mm	1.7mm

续表

平硐	仪器类型	仪器编号	仪器位置	每天测值变化量预警值			
				Ⅳ级响应	Ⅲ级响应	Ⅱ级响应	Ⅰ级响应
PD8	六点式多点变位计	M602 - PD8	PD8 - 6 硐 0+73	0.5mm	0.8mm	1.1mm	1.7mm
	杆式水平位移计	IS01 - PD8	PD8 - 5 硐 75 - 209	0.8mm	1.2mm	1.8mm	2.7mm
		IS10 - PD8	PD8 - 9 硐 81 - 105	0.6mm	0.9mm	1.4mm	2.0mm
PD9	四点式多点变位计	M402 - PD9	PD9 - 8 硐 0 - 0	0.5mm	0.8mm	1.1mm	1.7mm
	杆式水平位移计	IS10 - PD9	PD9 - 8 硐 245 - 265	0.5mm	0.8mm	1.1mm	1.7mm
	阵列式位移计	ZK29 - 150	PD9 - 6 硐 ZK29 孔	5.2mm	7.8mm	11.7mm	17.6mm
		ZK29 - 90		3.6mm	5.4mm	8.1mm	12.2mm
PD10	杆式水平位移计	IS12 - PD10	PD10 - 7 硐 0 - 110	2.2mm	3.3mm	5mm	7.4mm
		IS14 - PD10	PD10 - 6 硐 5 - 40	0.5mm	0.8mm	1.1mm	1.7mm
	渗压计（水位变化）	P1 - ZK07	PD10 - 2	1.2m	2.4m	4.8m	9.6m
	阵列式位移计	ZK15 - 150	PD10 - 6 硐 ZK15 孔	2.1mm	3.8mm	5.7mm	8.5mm
		ZK15 - 115		1.0mm	1.8mm	2.7mm	4.1mm

红色预警（Ⅰ级响应）：各部位分区分块测点测值超过对应级别预警值的比例达到 70%。

橙色预警（Ⅱ级响应）：各部位分区分块测点测值超过对应级别预警值的比例小于 50%。

黄色预警（Ⅲ级响应）：各部位分区分块测点测值超过对应级别预警值的比例小于 30%。

蓝色预警（Ⅳ级响应）：各部位分区分块测点测值超过对应级别预警值的比例小于 10%。

（5）降雨量（指标 β1）。根据降雨强度分级和实测降雨量确定。

红色预警（Ⅰ级响应）：达到暴雨以上强度。

橙色预警（Ⅱ级响应）：达到大雨强度。

黄色预警（Ⅲ级响应）：达到中雨强度。

蓝色预警（Ⅳ级响应）：达到小雨强度。

降雨强度分级如下：

小雨：12h 内雨量小于 5mm，或 24h 内雨量小于 10mm。

中雨：12h 内雨量为 5~14.9mm，或 24h 内雨量为 10~24.9mm。

大雨：12h 内雨量为 15~29.9mm，或 24h 内雨量为 25~49.9mm。

暴雨：12h 内雨量为 30~69.9mm，或 24h 内雨量为 50~99.9mm。

大暴雨：12h 内雨量为 70～140mm，或 24h 内雨量为 100～250mm。

特大暴雨：12h 内雨量大于 140mm，或 24h 内雨量大于 250mm。

（6）发生强震（指标 β2）。

红色预警（Ⅰ级响应）：岸坡任何一台强震仪峰值加速度达到 0.104g。

橙色预警（Ⅱ级响应）：岸坡任何一台强震仪峰值加速度达到 0.05g。

（7）库水位变化（指标 β3）。

红色预警（Ⅰ级响应）：库水位变化速率不大于 5m/d。

橙色预警（Ⅱ级响应）：库水位变化速率不大于 3m/d。

黄色预警（Ⅲ级响应）：库水位变化速率不大于 1.5m/d。

蓝色预警（Ⅳ级响应）：库水位变化速率不大于 0.5m/d。

由于岸坡变形机制复杂，因此监测指标的拟定也十分复杂，需要不断地根据实际监测和运行情况进行复核调整，因此建议监测指标系统每半年或 1 年进行 1 次全面的复核、调整。

3. 预警指标体系

（1）红色预警（Ⅰ级响应）。预警指标均满足指标 α1、α2、α3、α4 红色预警（Ⅰ级响应）标准，或指标 β1 满足红色预警（Ⅰ级响应）标准；或指标 β2 满足红色预警（Ⅰ级响应）标准；或指标 β3 满足红色预警（Ⅰ级响应）标准。

（2）橙色预警（Ⅱ级响应）。预警指标均满足指标 α1、α2、α3、α4 橙色预警（Ⅰ级响应）标准，或指标 β1 满足橙色预警（Ⅰ级响应）标准；或指标 β2 满足橙色预警（Ⅰ级响应）标准；或指标 β3 满足橙色预警（Ⅰ级响应）标准。

（3）黄色预警（Ⅲ级响应）。预警指标均满足指标 α1、α2、α3、α4 黄色预警（Ⅲ级响应）标准，或指标 β1 不超过黄色预警（Ⅲ级响应）；或指标 β3 满足黄色预警（Ⅲ级响应）标准。

（4）蓝色预警（Ⅳ级响应）。预警指标均满足指标 α1、α2、α3、α4 蓝色预警（Ⅳ级响应）标准，或指标 β1 不超过蓝色预警（Ⅲ级响应）标准；或指标 β3 满足蓝色预警（Ⅳ级响应）标准。

4. 预警内容

预警内容主要包括预警级别、预警级别启动主要因素分析、岸坡现状情况分析、影响分析、建议等。

预警级别主要指预警启动对应的等级，即红色预警（Ⅰ级响应）、橙色预警（Ⅱ级响应）、黄色预警（Ⅲ级响应）、蓝色预警（Ⅳ级响应）。

预警级别启动主要因素分析主要指预警启动因素中什么指标或因素引起预警启动和预警级别判定，入选的其他相关指标状态如何。

岸坡现状情况分析主要基于当前的监测数据对岸坡整体情况进行分析判断。

影响分析指在当前的预警级别情况下可能发生的塌方量、测算时间。

第 8 章

总结与展望

8.1　总结

本书主要对空地激光雷达数据处理技术和行业应用进行研究，发挥激光扫描点云高密度的技术特征，重点针对不同平台设备，应用于不同环境，形成融合互补。尤其在水利水电工程高山峡谷区、重植被覆盖区、地下空间及异形结构建筑等特点显明的工程应用，以及地质灾害早期识别和变形监测，以期得到有效可靠的地面信息，达到工程需求成果的制作，解决复杂艰险环境工程地质勘测难题，实现高效地质勘测目的，极具适用性和创新性。其在成果精确性、整体性、时效性、安全性、经济性、干预因素等方面均优于常规技术，与传统方法相结合在具体的工程勘察项目中加以深化应用。实践表明激光扫描技术在岩土、地质工程领域勘测方面有着巨大的应用潜力。地质、测绘等是一门实践性很强的学科，本书研究探索激光扫描技术在工程地质测绘、地质灾害调查和工程测量中的应用。

（1）工作及成果。本书所做的工作及研究成果如下：

1）对激光雷达扫描技术现场数据获取及数据后处理过程进行了全面梳理及总结分析，同时对国内外扫描设备的技术指标进行了系统整理。

2）结合具体的工程项目应用，系统地说明了激光雷达野外获取数据的操作流程，分析了后处理软件获取海量点云数据的处理过程及处理的原因，建立了三维实体模型。

3）对提出的数据处理方法或关键技术进行了验证，对激光雷达扫描数据处理的相关内容进行了研究。

4）利用激光雷达系统，对具体的工程进行了扫描并获取了点云数据，分析了结构面全自动识别方法与半自动识别方法的差异，参考半自动识别岩体结构面的方法拟合结构面平面方程，编写了结构面产状计算、节理玫瑰花图绘制、优势结构面提取等程序，建立了岩体结构快速辅助地质编录技术方法。

5）研究形成了包括崩塌、滑坡、泥石流等灾害调查在内的地质勘测技术方法，并在多个工程项目及灾害应急项目中得到应用。

6）提出了激光扫描技术在地质灾害监测中的应用方法。

（2）不足与困难。通过大量的理论研究和工程实践，激光扫描技术在推广使用中还存在诸多不足与困难，主要包括如下：

1）当前，主流的激光雷达还以国外产品为主，设备价格还较昂贵，难以大量普及化。而具有自主知识产权的国产激光扫描在产能、测程、精度等方面还尚需较大的提升。

2）激光雷达自校和精度检校存在困难，目前国内还无官方的精度检校机构，而且检校方法单一，基准值求取复杂，精度不好评定。今后应研究检校对激光扫描仪的性能、校正、误差的影响。

3）点云数据处理软件的公用化和多功能化还有待进一步提高，尤其是深度使用的行业软件开发空间巨大。

激光雷达技术具有很强的工程适用性，有着巨大的应用潜力，具有非常鲜明的技术优势。但也要认识到，该技术还在不断发展、完善，存在诸多不足，使用理论、方法还需更为精细地归纳总结。

8.2 展望

虽然在行业应用中，激光雷达和点云展现了足够的优势，但在数据的共性和应用软件方面，如数据管理、共享、分析与应用中，还有诸多困难需要克服，综合主流技术观点，激光雷达数据处理需要解决的关键问题如下：

（1）数据处理平台的多源、时空数据融合能力。从以上应用场景来看，激光雷达虽然单点能力很强，但静态、单数据源能力依然有限，需要融合多源（遥感、GIS 等）、多时相地理空间数据进行综合管理应用，才能更好地实现信息提取、目标识别和变化检测等功能，同时高效构建场景级、行业级与城市级的数字孪生综合管理应用。

（2）分布式、高性能数据处理引擎。激光扫描数据体量大，文件多达数千兆，在高精度地图中，甚至高达 TB - PB 级数据量，在处理时需要充分发挥 GPU、集群等硬件性能，以及好的数据组织、优化算法等。更重要的是，在自动驾驶和数字孪生时代下，激光雷达数据需要完善基于云的分布式存储，实时更新分发机制，这样才能保证数据处理与共享的快速、高效，充分发挥 LiDAR 技术高精度空间构建能力的优势。

（3）数据标准与数据产品自动化生产能力。LiDAR 数据是基础测绘地理信息产品的重要"素材"，也是新型地理信息产品，如高精度地图的重要"原料"。因此，研制好算法，提供自动化、少人工干预的交互工具、质量检查方法，在行业内形成统一的数据生产标准等，是完善 LiDAR 数据技术的重要趋势。

（4）多维度空间分析应用。LiDAR 数据已经能够生产所有的基础测绘产品，同时支持三维内容场景的构建，但还未充分发挥其空间分析交互特性与业务数字化深入结合的能力。这也是重大挑战，不仅需要在理论和算法上创新，更需要深入行业，掌握行业应用的需求和规律，推动激光雷达技术发展驱动与政企业务数字化转型需求结合的创新，例如自然灾害风险评估、数字城市虚实映射空间桥接等。

（5）推进多平台激光扫描勘察设计一体化技术应用。开展面向特殊地质环境、复杂气象环境下的激光扫描遥感目标识别技术研发，实现地质勘测手段的高效率、高精度、高适应性；研究北斗卫星导航、机载雷达、无人机低空遥感、航空物探、移动同步定位与建图（SLAM）等技术，推动空天地一体化勘察技术、卫星定位测量方法系统应用；研发地理信息系统大数据、云计算技术支持下的智能选线技术，实现多方案自动生成和多维度智能评价；研究复杂环境地质勘察关键技术，提升工程勘察技术抗干扰、精细化水平；研发智能科技和空天地海信息一体化等技术的勘察、测绘技术平台，建成基于建筑信息模型（BIM）技术的地质工程多专业协同的信息化设计施工管理平台。

可预见的是，激光雷达实时感知世界、构建数字世界和其高精度、可机器交互的特性，将在未来数字孪生城市、元宇宙中发挥越来越关键的作用。但要成为真正的"地表最强"，激光雷达点云还需要融入多源时空数据汇聚的海洋，在数据协作与融合中突破自身局限，并获得底层基础支撑、算法、AI 智能应用的加持，不断深入行业和组织业务的数字化、智能化转型。

所以，激光雷达感知层与底层基础设施，高性能、高可用的综合数据平台，交互工具与算法 AI，直到客户端业务应用需求，形成快速协作与贯通性，将成为激光雷达产业发展的主要趋势和目标，以及核心场景构建的发展牵引。

我们也期待激光雷达扫描成为未来数字经济中的"技术驱动担当"。

参 考 文 献

［1］　中国电建集团西北勘测设计研究院有限公司. 复杂环境下空地激光雷达地质灾害精准识别与监测关键技术及应用［Z］. 2022.

［2］　中国水电顾问集团西北勘测设计研究院. 三维激光扫描技术在地质测绘和工程测量中的综合应用研究［Z］. 2015.

［3］　赵志祥，董秀军，吕宝雄，等. 地面三维激光扫描技术应用理论与实践［M］. 北京：中国水利水电出版社，2019.

［4］　中国地质灾害防治工程行业协会. 地质灾害地面三维激光扫描监测技术规程：T/CAGHP 018—2018［S］. 北京：中国地质大学出版社，2018.

［5］　常鹏斌，吕宝雄，缪志选. 基于激光点云的巨型倾倒大变形体监测研究［J］. 地理空间信息，2019，17（4）：18 - 19，28.

［6］　吕宝雄，赵志祥. 三维激光扫描仪应用于形变监测的问题思考［J］. 地理空间信息，2018，16（6）：104 - 105.

［7］　董秀军，黄润秋. 三维激光扫描技术在高陡边坡地质调查中的应用［J］. 岩石力学与工程学报，2006，25（Z2）：3629 - 3635.

［8］　吕宝雄，巨天力. 三维激光扫描技术在水电大比例尺地形测量中的应用研究［J］. 西北水电，2011（1）：14 - 16.

［9］　吕宝雄. 基于三维激光扫描的建筑立面测绘关键技术［J］. 西北水电，2015（5）：30 - 32，45.

［10］　吕宝雄，李为乐，申恩昌. 基于三维激光扫描的崩滑地质灾害地表监测研究［J］. 工程勘察，2017，45（8）：45 - 47.

［11］　刘宏，董秀军，向喜琼，等. 用三维激光成像技术调查高陡边坡岩体结构［J］. 中国地质灾害与防治学报，2006，17（4）：38 - 41，45.

［12］　董秀军. 三维激光扫描技术及其工程应用研究［D］. 成都：成都理工大学，2006.

［13］　董秀军，戚万权. 徕卡 ScanStation2 激光扫描仪在水电工程地质编录中的应用［J］. 测绘通报，2011（6）：84 - 85.

［14］　杨必胜，梁福逊，黄荣刚. 三维激光扫描点云数据处理研究进展、挑战与趋势［J］. 测绘学报，2017，46（10）：1509 - 1516.

［15］　霍俊杰，Reidar Lovli，董秀军. 3D 激光扫描工艺与锦屏Ⅰ级水电工程右岸建基面绿片岩实测迹长分布研究［J］. 工程地质学报，2010，18（5）：790 - 795.

［16］　陈才明，张雷，宋浩军，等. 数字地质编录中的产状量测［J］. 地矿测绘，2002，18（1）：11 - 14.

［17］　翟瑞芳，张剑清. 基于激光扫描仪的点云模型的自动拼接［J］. 地理空间信息，2004，2（6）：37 - 39.

［18］　郑德华，沈云中，刘春. 三维激光扫描仪及其测量误差影响因素分析［J］. 测绘工程，2005，14（2）：32 - 34，56.

［19］　马立广. 地面三维激光扫描测量技术研究［D］. 武汉：武汉大学，2005.

［20］　潘建刚. 基于激光扫描数据的三维重建关键技术研究［D］. 北京：首都师范大学，2005.

［21］　陶立. 彩色三维激光扫描成像系统的研究［D］. 天津：天津大学，2004.

[22] 张兴平. 激光三维真彩扫描仪配套软件的开发及其关键技术的研究 [D]. 西安：西北大学，2004.

[23] 惠增宏. 激光三维扫描、重建技术及其在工程中的应用 [D]. 西安：西北工业大学，2002.

[24] 罗旭. 基于三维激光扫描测绘系统的森林计测学研究 [D]. 北京：北京林业大学，2006.

[25] 霍俊杰. 锦屏Ⅰ级水电站坝基岩体质量评价与可利用性研究 [D]. 成都：成都理工大学，2010.

[26] 陈晓雪. 基于三维激光影像扫描系统的边坡位移监测预测研究 [D]. 北京：北京林业大学，2008.

[27] S SLOB，H R，G K HACK. Fracture mapping using 3D laser scanning techniques [J]. 11th Congress of the International Society for Rock Mechanics，2007 (1)：45.

[28] 施星波. 基于三维激光扫描数据的岩体结构面产状识别方法研究 [D]. 北京：中国地质大学，2010.

[29] Nicolas Brodua. DimitriLague [J]. ISPRS Journal of Photogrammetry and Remote Sensing，2012 (68)：121 - 134.

[30] 刘昌军，张顺福，丁留谦，等. 基于激光扫描的高边坡危岩体识别及锚固方法研究 [J]. 岩石力学与工程学报，2012，31 (10)：2140 - 2146.

[31] 刘昌军，赵雨，叶长锋，等. 基于三维激光扫描技术的矿山地形快速测量的关键技术研究 [J]. 测绘通报，2012 (6)：43 - 46.

[32] 许智钦，孙长库，陶立，等. 彩色三维激光扫描测量方法的研究 [J]. 光学学报：2003，23 (8)：1008 - 1012.

[33] 许智钦. 便携式彩色三维激光扫描系统的研究 [D]. 天津：天津大学，2002.

[34] 袁夏. 三维激光扫描点云数据处理及应用技术 [D]. 南京：南京理工大学，2006.

[35] 朱凌，石若明. 地面三维激光扫描点云分辨率研究 [J]. 遥感学报：2008，12 (3)：405 - 410.

[36] 张文. 基于三维激光扫描技术的岩体结构信息化处理方法及工程应用 [D]. 成都：成都理工大学，2011.

[37] JACOBS. Understanding laser scanning terminology [J]. Professional Surveyor，2005，25 (2)：26 - 31.

[38] 孙宇臣. 激光三维彩色数字化系统关键技术研究 [D]. 天津：天津大学，2005.

[39] 严剑锋. 地面 LiDAR 点云数据配准与影像融合方法研究 [D]. 徐州：中国矿业大学，2014.

[40] 齐建伟，纪勇. 地面 3D 激光扫描仪反射标靶中心求取方法研究 [J]. 测绘信息与工程，2011，36 (1)：37 - 39.

[41] Harrison. Improved analysis of rock mass geometry using mathematical and photogrammetric methods [D]. London：Imperial College，1993.

[42] Siekfo S，Robert H，Bartvan K，etal. A method for automated discontinuity analysis of rock slopes with 3D laser scanning [C]. TRB：Annual Meeting，2005.

[43] Feng Q，Sjogren P，Stephansson O，etal. Measuring fracture orientation at exposed rock faces by using a non - reflector total station [J]. Engineering Geology，2001 (59)：133 - 146.

[44] 聂恒卫. 基于激光测量系统的数据测量和数据处理技术研究 [D]. 无锡：江南大学，2006.

[45] A Abellan，J M Vilaplana. Rockfall monitoring by terrestrial lasers canning - case study of the basaltic rock face at castellfollit de la Roca (Catalongia，Spain) [J]. Natural Hazards and Earth System Sciences，2011 (11)：829 - 841.

[46] 郑德华，沈云中，刘春. 三维激光扫描仪及其测量误差影响因素分析 [J]. 测绘工程，2005，14 (2)：32 - 34，56.

[47] COE J A. Close - range photogrammetric geological mapping and structural analysis [D]. USA：Colorado School of Mines，1995.

[48] 佘金星，程多祥，刘飞，等. 机载激光雷达技术在地质灾害调查中的应用——以四川九寨沟 7.0 级地震为例 [J]. 中国地震，2018，34 (3)：435 - 444.

[49] 潘星，佘金星，董秀军，等. 基于机载 LiDAR 遥感技术的滑坡早期识别研究——以深圳盐田区为例 [J]. 测绘. 2020，43 (6)：243 - 247.

[50] 谢勇辉. 三维激光扫描系统的标定自动化技术及精度研究 [D]. 武汉：华中科技大学，2004.

[51] 李峰，崔希民，刘小阳，等. 机载 LIDAR 点云定位误差分析 [J]. 红外与激光工程，2014 (6)：1842 - 1849.

[52] 黄颖. 大规模 LiDAR 数据的建模方法与应用研究 [D]. 成都：西南交通大学，2012.

[53] 杜婷，李浩，杨彪，等. 低空机载 LiDAR 点云定位误差分析 [J]. 测绘工程，2018，27 (3)：25 - 29，34.

[54] 林峰，石田松，卢艳军，等. 基于激光雷达的无人机仿地飞行系统设计与实现 [J]. 火力与指挥控制，2020，45 (9)：146 - 151，156.

[55] 许乾奇. 震后松散体转化泥石流成因机理探究——考虑坡度、流量、初始含水率的影响 [D]. 成都：成都理工大学，2014.